Cruise Tour

21세기 유망 레저산업 크루즈

크루즈 여행 실무론

류기환 저

백산출판사

21세기 전략산업으로 인식되며 관광산업의 총아인 크루즈여행이 인/아웃 바운드 모두 봇물 터지듯 상품들이 출시되고 있다. MICE와 의료관광에 이어 고부가가치산업으로 크루즈여행이 자리매김하고 있는 것이다.

크루즈여행은 매년 11%대의 높은 성장을 하고 있는데 2010년 전 세계 크루즈 인구는 1,800만 명에 이를 것으로 전망되며, 대형 크루즈선도 속속 건조되고 있어 높은 시장성을 가늠케 한다.

우리나라의 크루즈여행도 매년 성장을 거듭해 2010년 부산을 모항으로 로얄 캐리비안 크루즈와 코스타 크루즈가 노선을 확정하고 본격적인 마케팅을 통해 모객을 하고 있다. 모항 크루즈는 외래 관광객 유치는 물론 내국인의 아웃 바운드 크루즈여행의 활성화 계기가 될 것으로 전망되는 만큼 크루즈산업이 여행문화의 한 축을 형성할 것으로 관련업계는 전망하고 있다.

크루즈는 일반여행과는 달리 하드웨어인 항구와 터미널 시설의 건설을 통해 수요를 창출하는 장치산업인 만큼 주요 항구에 관련 시설의 투자가 시급하다. 또한 소프트웨어인 수용태세 개선을 통해 만족도를 높이고 재방문할 수 있는 기틀을 마련해야 한다.

크루즈는 이미 미주 지역과 유럽의 지중해 등에서는 일반적인 여행 형태로 자리 잡고 있다. 세계의 주요 선사들은 1백여 개 이상의 크루즈 코스를 개발해 고객을 유치하고 있는데, 차별화된 코스 개발을 통해 시장에서 우위를 점하기 위해 다양한 마케팅을 펼치고 있다.

정부는 물론 국내의 각 항구도시들이 대형 선사들의 크루즈 코스 개발에 대한 새로운 마인드 정립이 절실한 시점이다. 크루즈의 입항은 고부가가치의 관광수입원으로 지역경제 활성화와 문화 진작, 지역 이미지 제고에 큰 몫을 하고 있다.

이 책은 이러한 크루즈산업의 중요성에 바탕을 두고 집필된 만큼 크루즈산업과 여행을 전공하거나 관심 있는 분들에게 매우 귀한 실무서가 될 것으로 사료된다.

본서는 모두 7개의 장으로 구성되어 있다. Ⅰ. 크루즈 관광산업, Ⅱ. 크루즈 관광산업의 현황과 전망, Ⅲ. 크루즈 관광시장 환경, Ⅳ. 크루즈 관광산업 육성과 나아갈 방향, Ⅴ. 크루즈 선사, Ⅵ. 크루즈 승무원과 선상생활, Ⅶ. 크루즈의 목적지와 상품을 소개하고 있다. 부록으로 크루즈 용어와 크루즈 목적지 지명을 게재해 크루즈산업을 이해하는 데 도움이 되도록 했다.

여러 가지로 부족한 사람이 본 서적을 내놓게 되어 고명하신 선·후배들에게 오히려 누가 되지 않을까 염려된다. 그러나 크루즈를 전공하는 대학생과 대학원생 그리고 앞으로 이 분야를 전공할 분들에게 다소나마 도움이 될 수 있는 지침서가 되기를 희망하며 출간하였다. 미흡한 부분이 많이 있을 것으로 여기며, 부족한 부분은 향후 계속적으로 보안하고 증보해 나갈 것을 약속한다.

이 책의 많은 부분은 프린세스 크루즈의 한국 GSA인 크루즈씨씨케이 주식회사의 자료와 한국관광공사의 크루즈 자료를 활용했음을 밝혀 둔다. 끝으로 본 서적이 나오기까지 애써 주신 진욱상 사장님과 백산출판사 편집진께도 고마운 마음을 전한다.

류기환

Contents

Ⅶ 크루즈의 주요 목적지와 상품 ---- 255

I Cruise Tour

크루즈 관광산업

1 크루즈여행

크루즈여행이란 "운송보다 순수관광 목적의 여행으로 국내·외항을 정기 또는 부정기적으로 운항하는 선박에서 다양한 등급의 숙박·음식 및 식당 시설, 다양한 위락활동 등에 필요한 시설을 갖추고, 수준 높은 관광 서비스를 제공하면서 기항지를 안전하게 순항하는 여행"이라고 정의하고 있다.

크루즈는 페리와 다르다. 페리는 승객에게 최소한의 숙박만을 제공한다. 그러나 크루즈는 승객 중심의 숙식 제공에 리조트 기능을 갖추고 있다. 그러므로 크루즈여행은 리조트에 초점이 맞춰진다. 즉, 리조트를 가지고 다니는 여행으로 생각하면 좋을 듯싶다.

크루즈여행에 대한 관심이 증폭되고 있는 것은 항공기 혹은 육지 교통수단을 이용할 때와 같이 짐을 싸고 풀고 하는 번거로움이 없다는 것이 가장 큰 장점으로 크루즈 선내의 다양한 시설의 무료 이용, 최고급의 쇼를 비롯한 격조 높은 선내 프로그램 그리고 매일 저녁 최고의 요리사들이 마련해 주는 세계 요리와 다양한 세계 문화를 접할 수 있는 좋은 기회를 가질 수 있기 때문이다. 또한 크루즈 기항지에서 하선하여 고객의 취향에 맞는 선택 관광(Option Tour) 프로그램을 즐길 수 있으며, 획일적으로 짜인 여행이 아닌 휴식이 있는 여유롭고 자유로운 여행이기 때문이다.

게다가 해외여행의 급속한 성장과 더불어 새로운 여행 문화를 추구하는 고객 욕구에 부응하는 새로운 여행상품 즉, 크루즈여행상품의 등장은 해외여행이 성숙 단계에 접어든 우리나라의 여행상품 트렌드와도 밀접한 관련이 있다.

크루즈산업이 경제에 미치는 영향이 매우 높아지면서 미개척 분야 중 하나였던 크루즈산업 활성화와 발전 가능성을 놓고 정부는 물론 각 여행업체들이 각고의 노력을 기울이고 있으며, 외래객을 유치하는 인 바운드(In Bound)와 내국인을 송출하는 아웃 바운드(Out Bound) 크루즈 상품 개발이 봇물처럼 출시되고 있다.

여행업계의 최후 보루로 일컬어지는 크루즈여행상품의 중요성은 관광산업의 "황금알 중의 황금알 자원"이라 불릴 만큼 아직도 미개척 분야 중의 하나이며, 많은 성장과 수익이 창출될 것으로 예상된다. 특히 세계 관광시장에서 크루즈여행상품의 판매에 중추적 역할을 담당하고 있는 여행사 측면에 있어서도 국내 일부 여행사들은 이미 오래전부터 세계적 크루즈 선사와의 판매계약을 통해 국내에 크루즈여행상품을 출시하고 있으며, 기존의 타깃 마케팅 차원을 뛰어넘어 대중 마케팅(Mass Marketing)으로 선회하고 있다.

국내 아웃 바운드 여행사의 경우 크루즈여행상품의 판매수익률이 일반 패키지 여행상품에 비해 매우 높다고 인식되면서 크루즈여행상품만을 전문으로 취급하는 여행사가 증가하고 있는 추세이며, 크루즈여행시장의 수요 확대도 가속화되고 있다.

소비자인 국민들도 소득과 의식수준의 향상 그리고 크루즈여행이 소비성 향락산업이 아닌 고부가가치산업이라는 인식의 변화로 인하여 해양관광, 특히 크루즈여행에 관심이 급속히 고조되고 있는 것도 크루즈여행상품의 활성화에 영향을 미치고 있다. 또한 지난 1989년 해외여행 자유화 이후 해외여행 경험이 풍부하고 여행문화가 성숙되면서 지상 관광과 차별화된 대안 여행상품의 출시에 대한 문의가 늘어나고 있다. 게다가 외국의 대형 크루즈 선사의 국내 총판대리점(GSA : Gross Sales Agents)의 진출과 부산과 제주, 인천을 비롯한 주요 항구에 크루즈선이 대거 입항함으로써 크루즈여행에 대한 관심이 증폭되고 있으며 크루즈에 대한 연구가 활발히 진행되고 있다.

그러나 대부분이 크루즈여행상품에 대한 연구보다는 크루즈산업과 항구개발 등 주변 시설이나 여건에 대한 연구에 치우쳐 있어 크루즈산업 활성화의 본질적인 문제를 발견하지 못하고 있는 실정이다.

크루즈산업이 발전하기 위해서는 물론 기반 시설인 하드웨어 여건도 중요하지만 크루즈산업의 본질, 즉 소프트웨어인 크루즈여행상품과 마케팅에 대한 연구 또한 간과해서는 안 될 것이다. 특히 인 바운드 여행상품의 경우 양적으로는 중국 시장과 그리고 질적으로는 일본 시장과 근접하고 있기 때문에 한·중·일의 연계와 아웃 바운드의 차별화된 마케팅 전략을 구사하는 데 있어 향후 통일을 대비한 북한 연계성 등 좋은 여건이 형성되어 있어 발전 전망은 매우 밝다고 할 수 있다.

그러나 이러한 다양한 좋은 조건을 제대로 활성화시키지 못하고 있는 것이 우리의 현실이다. 이에 본서는 크루즈여행상품 특히 크루즈여행의 증가하는 수요에 부응하여 크루즈여행 실무에 필요한 내용들을 담고 있다. 크루즈산업 개괄을 비롯해 크루즈산업 현황, 전 세계 크루즈 선사의 정보 그리고 크루즈 여행 목적지와 상품을 소개한다.

2 크루즈산업의 중요성

세계관광기구(WTO)는 최단시간에 다양한 경험을 즐길 수 있는 크루즈여행을 21세기 최고의 관광상품으로 전망하고 있다.

1980년대 이후부터 크루즈산업은 다양한 상품을 개발·보급하면서 급속도로 성장하기 시작했으며 전 세계 크루즈시장의 약 70%를 차지하고 있는 북미지역을 중심으로 다국적 대형 크루즈 선사들이 공동 전략을 수립하여 세계 크루즈시장을 석권하고 있다. 세계 크루즈산업은 관광객의 소비 지출의 증대 및 항공사와 연계된 Fly & Cruise 등 다양한 상품 개발에 따른 항공, 해운, 조선, 항만, 관광 등 관련 산업에 긍정적인 영향을 미치고 있어 21세기 고부가 가치산업으로 각광받고 있다.

전 세계 크루즈 승객은 2000년 1,010만 명에서 2003년 1,220만 명, 2004년 1,340만 명으로 증가했으며 오는 2010년에는 1,800만 명을 상회할 것으로 전망하고 있다. 이는 1980대 이후부터 연간 8.1% 이상의 높은 성장률(Cruise Lines International Association, 2005)을 보이는 것으로써 향후 다국적 대형 크루즈 선사들 간의 경쟁은 더욱 심화될 것으로 전망된다.

19세기부터 크루즈여행은 영국 · 미국 등 서양에서는 고품질 여행상품으로 보편화되어 있지만, 국내 크루즈여행은 상품의 비친숙성, 비용 부담, 근거리 · 중소규모 운항 등으로 국제적 크루즈산업과 비교해 경쟁력이 매우 미약한 분야이다.

특히 아시아 지역은 지속적인 경제성장과 차별화된 문화와 관광거리로 크루즈여행을 할 만한 인구가 약 5억 명에 이를 것으로 전망되고 있는 만큼 한 · 중 · 일 동북아 지역의 교류협력 증진과 역내 관광시장 규모의 증가는 크루즈여행의 새로운 기회가 될 것으로 전망되며, 국민소득 증대, 주 40시간 근무제와 주5일 수업제 그리고 가족단위 여행을 선호하는 신세대 부모들의 해외여행 패턴의 변화 등으로 크루즈여행이 새로운 여행 패턴으로 자리 잡을 것으로 전망된다.

따라서 크루즈여행산업의 전략적 육성, 한 · 중 · 일 연계관광의 새로운 기회 창출 등을 위해 중 · 장기적인 발전 방안을 마련하여 체계적인 지원 체제를 구축하고 세계 크루즈여행시장에 전략적으로 접근할 필요가 있다.

크루즈산업 육성은 해양자연자원과 지역문화관광자원의 연계 · 활용을 극대화한 다양한 크루즈여행상품을 개발하고 국내 · 외 관광객을 적극적으로 유치하여 국내 관광산업 발전에 기여하는 데 목적이 있다. 또한 이를 한 · 중 · 일 등 동북아시아의 경제 · 문화 교류의 장으로 활용하여 우리나라가 해양문화관광 중심지로 발돋움할 수 있는 계기를 마련함과 동시에 선박, 항만 등 국가기간산업의 부가가치, 생산성 향상에 이바지하도록 해야 한다.

3 크루즈의 개념

순수관광의 목적으로 숙박 · 식음료 · 위락 시설 등 편의시설을 갖추고 수준 높은 서비스를 제공하면서 비교적 장기간 수려한 관광지를 정기 또는 부정기적으로 순항하는 선박을 크루즈라고 부른다. 반면 유람선, 페리는 운항

목적, 숙박 시설 등에서 크루즈선과 차이가 있다. 유람선은 단시간에 제한된 지역 내 자연경관이나 관광 명소가 있는 만 · 연안 등을 주유하며 숙박 시설이 갖추어지지 않은 선박을 일컫는다. 페리(카페리)는 자동차를 싣고 운항하는 선박으로 운송이 주목적이며 주로 정기 운항을 하고 출발지와 도착지가 정해져 있다. 최근 다수의 유람선들이 크루즈라는 명칭을 사용하고 있으나 크루즈의 일반적 운영 형태와 상이한 경우가 많다.

크루즈는 항해 자체가 승객의 휴가활동의 일부이므로 운송 목적인 페리와는 달리 호텔, 관광, 리조트 그리고 운송의 개념을 포함한다. 크루즈는 용어의 사용 목적과 시점 그리고 연구자에 따라 다양한 관점에서 해석될 수 있으며 크루즈여행을 숙박과 다양한 오락 · 여가 시설을 갖추며 국내 · 외 여행 목적지를 관광 목적으로 12시간 또는 그 이상의 기간을 운항하는 부정기 여행으로 정의된다.

Table 1-1 크루즈 관광의 정의

구 분	연구자	크루즈의 개념
사전적 정의	-	· 여러 항구를 방문하며 항해하는 것(to sail about touching at a series of ports) · 여행 목적이나 목적지 없이 여행하는 것(to travel without destination or purpose) · 신속하고 평온하게 또는 힘들이지 않고 움직이는 것(to move or proceed speedily, smoothly, or effortlessly)
법적 정의 (국내)	해운법	· 국내항 간, 국내항과 외국항 간 또는 이국항 간을 13인 이상의 여객 정원을 가진 5톤 이상의 선박으로 정기 또는 부정기적으로 운항하는 해상여객운송사업(해운법 제2조 1항 및 2항, 해운법 제7장 보칙 제51조) *현재 해양수산부에서는 크루즈 관련 항목을 신설할 계획

구 분	연구자	크루즈의 개념
법적 정의 (국내)	관광진흥법	· 관광유람선업에 해당하며 해운법에 의한 해상여객운송사업 면허를 받은 자 또는 유선 및 도선업법에 의한 유선사업의 면허를 받거나 신고한 자로 선박을 이용하여 관광객에게 관광을 할 수 있도록 하는 업(관광진흥법 시행령 제2조 3항) *국제적으로 통용되는 크루즈 선박의 기준 상세화가 필요
협회·연구 기관의 정의	CLIA(1995)	· 떠다니는 리조트
	한국관광공사(1987)	· 운송보다는 순수관광 목적의 선박여행으로 숙박, 음식, 위락 등 관광객을 위한 시설을 갖추고 수준 높은 관광상품을 제공하면서 수려한 관광지를 안전하게 순항하는 여행
	한국관광연구원(1999)	· 숙박과 오락 및 여가활동을 할 수 있는 시설을 가지고 수준 높은 서비스를 제공하면서 2개국, 2개 기항지 이상을 연계하여 비교적 장거리의 일정에 따라 관광을 목적으로 운항하는 선박여행
학문적 정의	Kendall(1983)	· 위락 추구 여행자들에게 다수의 매력적인 항구를 방문하게 하는 해안 항해여행
	Holloway(1985)	· 선박을 이용해 관광을 목적으로 하는 주요 항해
	Ritter & Schafer(1998)	· 유영성(遊泳性)의 여가환경 구조에 맞게 만들어진 선상여행
	김천중(1999)	· 숙박, 오락 및 여가활동을 할 수 있고 비교적 장거리 여행도 가능케 하는 시설을 갖춘 선박여행
	이경모(2004)	· 운송보다 순수관광 목적의 여행으로 국내·외 항을 정기 또는 부정기적으로 운항하는 선박에서 다양한 등급의 숙박·음식 및 식당 시설, 다양한 위락활동 등에 필요한 시설을 갖추고, 수준 높은 관광서비스를 제공하면서 기항지를 안전하게 순항하는 여행
	하인수(2004)	· SIT(Special Interest Tour) 성격이 강한 위락 선박여행으로, 선내에서의 다양한 여가활동과 다수의 매력적인 항구 방문 및 해안에서의 수상 레크리에이션 활동 등을 통해 관광 욕구를 충족시키는 여행

4 크루즈의 분류

크루즈는 크게 항해 지역별, 선박 크기별, 크루즈 성격별, 크루즈 목적별로 크게 구분된다.

항해 지역별로는 해양 크루즈(ocean cruise), 연안 크루즈(coastal cruise), 리버 크루즈(river cruise)로 구분되며, 해양 크루즈는 대양으로 항해를 하거나 국가 간을 항해하는 개념의 크루즈를 해양 크루즈라고 하며, 한 지역의 해안선을 따라 항해하는 크루즈는 연안 크루즈, 미시시피강이나 라인강 상을 따라 운항되는 크루즈를 리버 크루즈라고 한다.

크루즈의 크기별로는 소형, 중형, 대형, 초대형으로 구분되는데 2.5만 톤 이하로 승객이 500명 승선하는 크루즈는 소형, 2.5~7만 톤으로 500~1,700명 승선하는 크루즈는 중형, 7~10만 톤 사이로 1,700~2,500명이 승선 가능한 크루즈는 대형이다. 초대형은 10만 톤급 이상에 승객이 2,500명 이상 승선하는 크루즈이다.

국제크루즈선주협회(CLIA : Cruise Lines International Association)는 크루즈의 성격에 따라 전통형(value / traditional), 리조트형(resort / contemporary), 고급형(premium), 호화형(luxury), 특선형(niche / specialty) 등으로 구분한다. 또한 크루즈 목적별로 관광 크루즈, 세미나 크루즈, 테마 크루즈로 구분한다.

한편 워드는(Douglas Ward, 2003) 크루즈선을 특성에 따라 스탠다드(standard), 프리미엄(premium), 럭셔리(luxury) 등으로 구분했다.

더비스는(Dervaes, 2002) 크루즈를 대중 크루즈(mass market), 호화 크루즈(luxury market), 고급 크루즈(upscale market), 특수 크루즈(specialty market) 등으로 구분하며, 벌리츠(Berlitz, 2002)는 표준 크루즈(standard cruise), 호화 크루즈(luxury cruise), 고급 크루즈(upscale cruise) 등으로 구분했다.

맨시니(Marc Mancini, 2000)는 크루즈 선사를 시장 중심으로 하여 저비용(low cost) 지향 선사, 중간계층 및 대중시장(Mid-level & Mass market) 지향 선사 그리고 고급형(Deluxe) 지향 선사로 구분했다.

Cruise Industry News(2000)는 크루즈 선사를 일반대중시장, 고급시장, 호화범선, 탐험 · 모험시장, 틈새시장 등으로 구분했다.

Ⅱ Cruise Tour

크루즈 관광산업의 현황과 전망

1 크루즈여행 현황

크루즈 선사 간의 인수 · 합병이 가속화되고 있어 선사의 대형화를 초래하고 있고 규모의 경제에 의한 크루즈의 과점체제화 현상이 나타나고 있다. 세계 크루즈 선사는 월드 리딩 크루즈 라인(World's Leading Cruise Lines), 로얄 캐리비안 크루즈(Royal Carribbean Cruises), 스타 크루즈(Star Cruises)가 세계 3대 선사이다. 2000년대 들어와 크루즈산업에 뛰어든 MSC를 비롯해 전 세계 350척의 크루즈가 운항되고 있다.

최근 들어 크루즈 선사들은 생산성 향상과 경쟁력 확보, 선상 매력물 확보 등의 기술적 이유로 크루즈 선박이 대형화되고 있는데, 쿠나드의 15만 톤급 크루즈를 시작으로 로얄 캐리비안은 22만 톤 이상의 크루즈선을 속속 선보이고 있다. 또한 북미권은 공급 초과에 따른 경쟁 심화로 크루즈 상품가격 하락과 시장세분화가 진행되고 있는 추세이며 이미 시장세분화가 정착되었다.

크루즈 상품은 출항지 지역의 거주민은 물론 출항지까지 항공을 이용해 승선할 수 있는 광역의 시장 수요를 표적으로 하는 항공연계 크루즈 상품(fly & cruise)이 증가하고 있다. 시장 수요의 욕구 변화와 수요층의 확대에 따라 기존 6~14일 이상의 장기 크루즈 상품이 상대적으로 감소하고 2~5일 여정의 단기 크루즈 상품이 지속적으로 증가 추세를 보인다. 이는 출항항과 하선항의 선박 입 · 출항을 잦아지게 하여 타 지역 승객의 방문 횟수를 증가시키는 것은 물론 지역의 경제적 이익 증대에 기여했다.

과거에 비해 크루즈 상품의 대중화가 진행되고 있으나 WTO(World Tourism Organization)의 조사에 따르면 크루즈 이용객의 46%가 크루즈 이용객의 연평균 소득이 7만 5천 달러 이상으로 크루즈 상품 소비자가 비교적 고소득층에 분포하고 있는 것으로 나타났다. 크루즈산업이 발달한 북미와 유럽권은 크루즈 권역 점유율의 대부분을 차지하고 있다.

권　역	점유율(%)
카리브해	46.58
중 남 미	12.74
유　럽	10.89
지 중 해	10.22
알래스카	7.95
하와이, 남태평양	4.3
미국연안, 캐나다	2.38
기　타	2.26
대 서 양	1.58
극동아시아	0.57
동남아시아	0.54

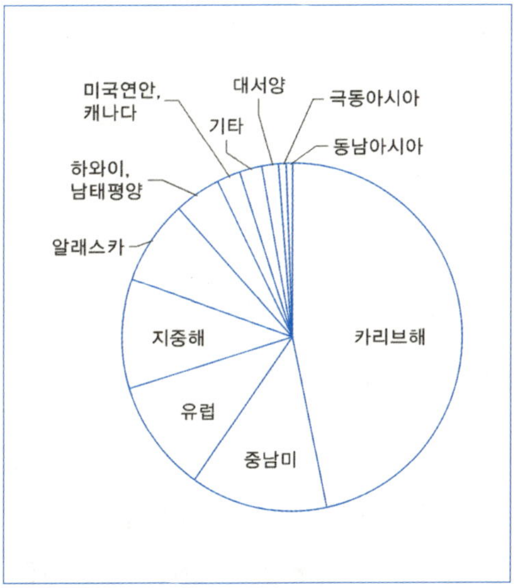

[그림 2-1] 크루즈 기항지 점유율 현황

2 크루즈여행 추이 및 전망

1990년대 초반 크루즈 수요는 440~590만 명 수준이었으나 2000년에는 980만 명을 기록하는 등 매우 급격한 증가율을 보이고 있으며, 전 세계 크루즈 수요는 1980년부터 2003년까지 연평균 8.1%씩 성장한 것으로 나타났다.

2004년 전 세계 크루즈 관광객수는 1,338만 명으로 전년 대비 8.5% 성장하였으며, 2005년에는 1,455만 명으로 전년 대비 8.7% 증가한 것으로 나타났다.

OSC(Ocean Shipping Consultants)에 따르면 세계 크루즈 관광객수는 2010년 1,800만 명, 2015년 2,260만 명, 2020년 2,700만 명으로 증가할 것으로 예상되는 등 크루즈 수요에 대하여 협회, 컨설팅사 간의 예측에는 다소 차이가 있으나, 전 세계 크루즈 수요는 지속적으로 증가하고 그 증가세는 점차 커질 것으로 전망되고 있다.

Table 2-1 OSC의 세계 크루즈 관광객수 추이 및 전망

연 도	크루즈 관광객수	연 도	크루즈 관광객수
1994	5,500,000	2004	13,400,000
1996	7,000,000	2005	13,600,000
1998	8,000,000	2010	18,000,000
2000	9,800,000	2015	22,600,000
2002	11,800,000	2020	27,000,000

*주 : 2005년부터는 예측치
*자료 : CLIA(1994~2004 수치)와 OSC(2004~2020 예측) 자료를 토대로 구성

전 세계 크루즈 수요 예측을 2010년을 기준으로 보면 G. P. Wild는 20.7백만 명, Tony Peisley는 18.8백만 명에 이를 것으로 예상하는 등 예측 주체에 따라 다소 차이가 있는 것으로 나타났다.

Table 2-2 Peisley의 세계 크루즈 관광객수 전망

연 도	크루즈 관광객수	연 도	크루즈 관광객수
2006	15,110,000	2011	20,088,000
2007	16,168,000	2012	21,273,000
2008	16,960,000	2013	22,507,000
2009	17,944,000	2014	23,760,000
2010	18,841,000	2015	24,924,000

*주 : 2005년은 14,390,000명으로 추정
*자료 : Tony Peisley(2006), *The Future of Cruising*

지역별로 볼 때는 전 세계 크루즈시장 중 북미시장이 차지하는 비율이 가장 크며, 유럽, 아시아 순으로 나타났다.

Table 2-3 지역별 크루즈 관광객수 현황 단위 : 천명

구 분	2001	2002	2003	2004	2005
북 미	6,906	7,470	8,195	9,107	9,918
영 국	776	824	963	1,029	1,071
유럽(대륙)	1,130	1,296	1,718	1,806	2,145
아시아(일본 제외)	600	600	500	450	430
일 본	200	220	200	200	200
호 주	75	116	154	158	187
남미 / 기타	505	672	590	633	600
총 계	10,192	11,198	12,320	13,383	14,451

*자료 : Tony Peisley(2006), *The Future of Cruising*

OSC(Ocean Shipping Consultants)에 따르면 향후 유럽과 아시아시장의 성장률이 높을 것으로 전망하고 있는 것으로 나타났다.

Table 2-4 지역별 크루즈 관광객수 추이 및 전망 단위 : 천명

구 분	2005	2010	2015	2020
북 미	9,250	12,000	14,500	17,200
유 럽	3,200	4,500	5,900	7,100
아시아	840	1,270	1,700	2,020
총 계	13,600	18,000	22,600	27,000

*자료 : Ocean Shipping Consultants(2005), *The Cruise Shipping Industry to 2020*

III

Cruise Tour

크루즈 관광시장 환경

제1절 아웃 바운드(Out-Bound)

1 국내 크루즈 GSA / PSA 현황

현재 국내에서 판매되는 대부분의 크루즈 상품은 각 크루즈 선사의 한국 총판대리점(General Sales Agent)과 크루즈 상품판매여행사(Wholesaler)를 통해 판매되고 있다.

총판대리점은 우리나라에서의 해당 크루즈 선사의 상품 판매에 대해서는 독점적 권한을 갖는 형태이다. 홀세일러는 단지 도매상의 역할을 수행하는 계약 형태이며, 국내 크루즈 상품판매대리점은 GSA 체제에서 PSA 체제로 바뀌고 있다.

투어마케팅코리아는 국내 크루즈시장의 확대에 따라 하나투어 GSA팀이 독립하여 만든 대리점이다. 크루즈씨씨케이는 월드 리딩 크루즈 라인의 쿠나드, 프린세스, P & O 크루즈와 성지순례 크루즈의 홀세일러이다. 이외에도 여러 크루즈 상품판매여행사가 있으나 이들은 총판대리점 또는 판매여행사(Wholesaler)의 상품판매를 대행하는 형태로 볼 수 있다.

Table 3-1 국내 크루즈 상품판매대리점

업 체 명	크루즈 선사	계약형태
크루즈 인터내셔널	Carnival Cruise Lines	홀세일러
	Costa Cruises	PSA
	Radisson Seven Seas Cruises	GSA
	Silversea Cruises	GSA
	The World of Residensea	GSA

업 체 명	크루즈 선사	계약형태
스타크루즈코리아	Star Cruise	GSA
투어마케팅코리아	Royal Caribbean International	GSA
	Celebrity Cruises	GSA
	Azamara Cruises	GSA
내외여행사	Royal Olympic Cruises	GSA
롯데관광	Costa Cruises	PSA
비손글로벌	Holland America Line	GSA
크루즈씨씨케이	Princess Cruise Line	GSA
	Cunard Line	GSA
	P & O Australia	GSA
	Steps of Paul	GSA
	Costa Cruises	PSA
UMI	Disney Cruise Line	GSA
STX 여행사	MSC	GSA
혜성관광	Norweigen Cruise Line	GSA
	Star Cruises	GSA
한진관광	Costa Cruises	PSA

2 크루즈여행상품 동향

(1) 크루즈여행상품의 의의

크루즈여행이란 위락 추구 여행자에게 다수의 매력적인 항구를 방문하도록 하는 항해여행을 말한다. 따라서 크루즈여행상품의 개념은 숙박이 가능한 선박을 이용하여 비교적 장거리의 항해를 하면서 때때로 경치가 수려한 항구나 관광지에 내려 여행하는 것을 말한다. 이러한 여행은 각종 여행상품 중에서 관광 목적의 여가 여행자들에게 가장 큰 만족도를 줄 수 있는 완성도 높은 여행상품이다. 수익 측면에서는 비교적 고가의 경비를 요하므로 여행사의 수익도 높고, 정박하는 지역에 경제적 기여가 높은 상품으로 부대 효과가 높아 최고의 관광상품으로 인식되고 있다.

크루즈여행이란 운송보다는 순수관광 목적의 선박여행으로 숙박, 음식, 위락 등 관광객을 위한 시설을 갖추고 수준 높은 관광상품을 제공하면서 수려한 관광지를 안전하게 순항하는 여행이다.

크루즈여행상품은 크게 국가 간의 유대관계 및 관광 수익 측면과 시설 이용객의 측면에서 그 의의를 찾을 수가 있다.

첫째, 시설 이용객인 고객의 입장에서 보면 여행에서 잊을 수 없는 즐거움의 하나인 식사 부문에서 다른 관광 교통업에서는 기대하기 힘든 식사를 제공받을 수 있다. 크루즈의 만찬은 세계 최고의 요리사들이 준비하는데 양식 · 중식 · 일식 등 세계 각국의 별미가 화려하고 세련된 식당 분위기와 어울려 잊을 수 없는 여행의 추억을 선사한다. 즉, 단 한 번의 여행으로 세계의 일류 요리를 마음껏 즐길 수 있게 되는 것이다.

둘째, 크루즈여행상품은 일반여행상품과는 달리 크루즈 선내의 공간의 제한으로 인해 동반자(가족, 친구)와 많은 시간을 같이 하게 되므로 보다 친숙해질 수 있다. 뿐만 아니라 세계 각지에서 온 사람들과 즐기는 가운데 서로의 문화를 이해할 수 있으며 짧은 기간이지만 배라고 하는 같은 테두리 안에서 함께 지내는 동안 무엇과도 바꿀 수 없는 소중한 경험과 귀중한 추억을 만들 수 있다. 몇 십 명과의 이동만 같이 하는 일반여행상품과는 달리 다채로운 파티와 게임을 통해 국적이나 언어에 관계없이 많은 경험을 할 수 있는 여행을 한다는 점에서 고객에게 크루즈여행상품은 교통수단 이상의 의의를 가진다고 할 수 있다.

셋째, 크루즈여행상품은 국가적 측면에서 살펴보면 세계를 무대로 운항할 때는 「해운법」상의 규제는 받지 않고 해당 지방항과 항만 시설에서 입 · 출항 시 신고해야 한다. 국제적으로 운항을 할 때에는 각 해당 국가 및 국민과 자연적으로 교류하게 되므로 국가정책상 좋은 유대관계를 유지할 수가 있다.

넷째, 크루즈여행상품은 그 자체가 고부가가치사업이기 때문에 관광수입 증대로 관광 진흥 및 지역경제 활성화에도 크게 기여할 수 있다. 즉, 크루즈 관광객 1명 유치는 컨테이너 하나의 수출 효과와 같다.

다섯째, 크루즈여행상품이 발달함에 따라 그 파급효과로 해당 지방 항구가 발전하게 되어 관광 관련 부문뿐만 아니라 운송 관련 부문에서도 부가적으로 발전할 수 있는 계기가 마련될 수 있어 그 의의가 크다고 본다.

(2) 크루즈여행상품의 동향

현재 국경을 넘어서 약 7억 명의 사람들이 여행을 하고 있다. 세계관광기구(World Tourism Organization)에 의하면 이 숫자는 2010년에는 10억 명, 2020년에는 15억 명으로 증가할 것으로 예상된다. 그 중 크루즈를 이용한 관광객은 2006년 1,510만 명이었으며 오는 2010년에는 1,800만 명으로 증가할 것으로 기대된다. 크루즈 상품은 역내 크루즈, 정기노선 크루즈 정착화, 저렴한 단기 크루즈로 성장을 거듭하고 있다. 우리나라의 경우 현재 약 1만 명 이상이 정통 크루즈여행을 즐기고 있으며 비공식적으로 이의 2배인 2만 명을 상회하는 것으로 파악되고 있다.

역내 크루즈 관광

이 가운데 주목할 만한 것은 아시아 역내에서의 여행이 매우 큰 속도로 증가할 것으로 전망된다는 점이다. 특히 아시아 관광은 인/아웃 바운드 양면에서 도약하고 있다. 1990년부터 2000년 중국을 방문한 국제 관광객수는 3배, 인도네시아 방문자수는 2.3배, 한국 방문자수는 1.7배가 각각 증가하여 엄청나게 늘어났다. 1990년에 5,900만 명이었던 아시아의 국제 여행객수는 2000년에는 1억 2,000만 명으로 늘어나 10년 동안 무려 배가 증가했다. 앞으로도

이러한 가속적인 증가세는 계속될 것으로 보인다. 이러한 상황 하에서 아시아 역내 관광, 특히 한・중・일 3국의 역내 관광이 큰 역할을 할 것으로 기대된다. 유럽의 예에서도 알 수 있지만 관광시장이 성숙하게 되면 사람들은 우선적으로 인접한 국가를 방문하려고 한다. 앞으로도 이렇게 역내를 여행하는 크루즈 여행객수가 증가할 것으로 예상할 수 있다.

정기 노선 크루즈 정착화

2006년 7월 북해도에서 한・중・일 3개국 관광장관회의가 열렸다. 이 회의에서 결론은 '한・중・일 3개국의 관광 교류와 협력의 강화에 관한 북해도 선언'으로 나타났는데 한중일이 역 내・외에서 관광 교류를 확대하자는 계획을 확정한 것이었다. 이 계획 가운데 '크루즈 진흥'이라는 주제도 들어가 있다. 그 중 하나는 나가사키-상해-제주도 간을 유람하는 역내 크루즈에 의한 관광 교류이며 다른 하나는 3국이 협력하여 3국 이외의 크루즈 관광객을 유치하자는 것이었다. 종래 항만의 진흥과 크루즈 진흥 그리고 관광 진흥이라는 측면에서 3국이 협력하는 경우가 적었지만 크루즈 부분에서 먼저 협력을 하기로 한 것이다.

마케팅 능력과 운영 능력도 승객 증가에 기여하고 있다. 무엇보다도 정기 크루즈가 중심이 되어 있는 것이 중요하다. 특히 매주 똑같은 날에 출발하여 똑같은 루트를 운항하는 7일간의 크루즈가 주력 상품으로 정착되어 있는 것이다. 이러한 매주 같은 포인트를 운항하는 크루즈는 여행객이 스케줄 조정하기가 용이하여 크루즈 승객을 모집하기 쉽다. 매회 다른 곳을 가는 크루즈는 크루즈시장이 존재한다고 해도 매일매일 다르기 때문에 승객을 모집하는 것이 어렵다.

값싼 단기간 크루즈 성장

두 번째로는 2~5일간 단기 크루즈 이용객수가 대폭 증가하고 있다는 점이다. 2001년에 2~5일간 크루즈의 점유율은 37.2%, 6~8일간의 점유율은 51.4%였다. 즉 90% 가까운 크루즈 여행객은 1주일 이내의 크루즈에 참가하는 것이다.

세 번째는 저렴한 요금이다. 북미와 중미의 경우는 싼 요금으로 크루즈를 즐기고 있다. 등급에 따라서 1박에 80달러에서 600달러 수준까지 가격대가 다양하다.

네 번째는 캐주얼한 크루즈가 일반적이라는 점이다. 크루즈라고 하면 비싸고 시니어용이라고 하는 이미지가 정착되었다. 그러나 등급별로 컨셉이 명확하게 되어 있어서 아주 캐주얼한 것에서부터 정통복장을 요구하는 크루즈에 이르기까지 다양하다. 캐주얼한 분위기의 대중을 향한 크루즈시장의 성장이 미국시장을 확대한 것이다.

다음은 여행의 개인화에 따라 비행기로 나가서 크루즈로 바꾸어 타는 '프라이 앤드 크루즈'와 '드라이브 앤드 크루즈'라고 하는 매우 유연한 형태의 여행 패턴이 단기의 크루즈에 참가하기 쉬운 환경을 만들고 있다.

앞에서 언급한 것과 같이 미국시장의 폭발상황 하에서 여객선의 대형화가 진행되고 있다. 미국시장을 확대한 것은 대중 마켓이기 때문에 요금을 싸게 하지 않으면 안 된다. 그 때문에 건조 코스트, 운영 코스트를 싸게 하여 경제적인 크루즈를 제공하지 않으면 안 된다.

이러한 배경에서 초대형 크루즈가 등장하고 있다. 예를 들어 16만 톤의 '프리덤 오브 더 씨'호(여객 정원 4,375명, 승무원 1,360명), 22만 톤의 '오아시스 오브 더 씨'호(승객 5,400명 정원) 등이 있다.

3 크루즈여행상품의 개발방향

아시아 크루즈 상품 개발

이러한 미국시장의 폭발, 대중화, 신조선의 너무 빠른 등장 등의 상황으로 인해 크루즈의 도착항이 확대되고 있다. 크루즈선이 세계로 확산되고 있는 것이다.

초대형선 취항으로 인한 공급 과잉도 하나의 요인이라고 할 수 있다. 카리브해, 알래스카, 미국 서해안 등 미국 주변뿐만 아니고 호주, 남미, 아시아 등에도 크루즈선이 속속 운항하게 된 것이다.

아시아에도 대형선이 들어오기 시작했다. 예를 들어 코스타 클래시카와 로만터카호가 상하이와 천진을 모항으로 우리나라와 일본을 연계해 운항하고 동절기에는 홍콩-해남도-베트남을 운항하고 있다. 프린세스 크루즈도 나가사키-북경-부산을 운항하고 있다. 로얄 캐리비안은 레전드호를 부산을 준모항으로 운항에 들어갔다.

일본 방문의 해를 맞아 적극적인 유치에 의해 외국선이 일본에도 적극적으로 기항하게 되었다. 2007년에는 사상 최대인 180회나 기항하게 되었다. 향후의 과제는 역시 모객이 쉬운 국내를 거점으로 하는 모항 크루즈가 실현될 것인가 하는 점이다.

젊은 중산층 주류로 변화

크루즈여행상품의 구입 층이 이제 크게 변하고 있다. 과거에 돈 많고 은퇴한 사람들이 주류였다면 이제는 젊은 일반인들이 주류이다. 이런 측면에서 앞으로도 가능성이 큰 시장이다.

선사(일본 선사 혹은 외국 선사) 또는 전세자는 기항지를 선택하는 데 다음과 같은 것을 감안해야 한다. 즉, 어디서 모집하고 어디에 배선을 해야 하는가 하는 점이다. 어디에 기항하면 모객이 될 수 있을 것인가 하는 점이다.

이밖에도 SOLAS(해상인명안전조약)를 감안한 안전성의 담보, 관광자원 보호, 오지의 섬과 같은 교통 불편 해소, 지역의 민속 예능, 공항으로의 접근로 확보 등의 요소도 감안해야 한다.

방한 관광객수는 2009년 7백만 명을 넘어섰다. 그러나 지방권과 국외로부터의 접근성은 아직 낮고 외국인 관광객의 방문은 대도시에 집중되어 있다.

한편 최근 지방분권화가 가속화되어 서로 다른 지역 간의 제휴나 교류가 국경을 초월하여 활발해지고 있다. 국가 간 레벨과는 별도로 특히 지역 레벨의 국제 교류가 진행될 것으로 예측이 된다.

4 주요 상품

(1) 크루즈 선사별 상품

세계의 대표적인 3대 크루즈 선사 그룹은 World's Leading Cruises Lines, Royal Caribbean Cruises, Star Cruises다. 세계 최대 크루즈 선사인 Carnival 크루즈 선사 그룹은 Carnival, Princess, Holland America, P & O, Cunard 등 총 12개의 선사를 지역별로 운영하면서 대중 크루즈에서부터 고급 크루즈 상품에 이르기까지 매우 다양한 상품 포트폴리오를 지니고 있다. Royal Caribbean Cruises는 Royal Caribbean International, Celebrity Cruises, Azamara Cruises 선사로 구성되어 카리브해를 중심으로 운영하고 있으며, Star Cruises는 Star Cruises와 Norwegian Cruises Lines, Orient Cruises 선사로 구성되어 싱가포르, 홍콩 등 동남아시아시장을 중심으로 주로 아시아 관련 상품을 운영하고 있다. 3대 선사 모두 지역별로 최단 5일 여행상품부터 7~16일 일정이 주를 이루고 있으며 세계여행(World Cruise)상품은 최장 108일 일정으로 상품을 구성하고 있다. 이는 목적지에 따라서 항해일수가 결정되는 관계로 다음에 언급할 목적지별 상품에서 자세하게 언급하고자 한다. 한편 여행경로 중 7개 내지 15개의 항구를 정박하며 승객들에게 기항지 관광상품(Shore Excursion)을 구성하여 판매하고 있다. Shore Excursion은 각각 형태, 크기, 주제를 가진 3가지 범위로 나누어지는데, 가장 보편적인 Sightseeing Excursion은 관광버스, 기차 혹은 관광 잠수함, 경비행기를 타고 기항지 주변을 관광하는 것이며 Sports

Excursion은 골프, 테니스, 세일링, 스노클링을 할 수 있는 특별한 항구에서 Sports를 즐기거나, Miscellaneous Excursion은 먼 바닷가로, 유명한 쇼핑지역으로 또는 세계적인 박물관 등을 관광하는 상품으로 구성되어 있다.

(2) 목적지별 상품

모든 선사들이 전 세계 수많은 관광지를 주요 목적지로 하고 있다. 크루즈의 목적지는 계절적인 영향을 고려해 상품을 구성하는 것이 특징이다. 최대 선사인 Carnival 그룹의 Princess 선사, Royal Caribbean 선사, Costa 선사 그리고 동남아의 Star Cruises 선사를 중심으로 상품의 종류를 살펴보기로 한다.

알래스카 크루즈

알래스카 상품은 대부분 7일 일정으로 운영되며 Gulf of Alaska는 캐나다 밴쿠버를 출발하여 알래스카주 휘티어에 도착하는 Northbound, 그 반대인 Southbound 상품과 앵커리지를 경유하여 데날리 국립공원을 천정이 유리로 된 프린세스 전용 열차로 6일간 추가 여행하는 롯지상품이 있다. Alaska Inside Passage는 시애틀, 밴쿠버를 출항지로 알래스카만의 섬들 사이를 항해하며 좁은 협곡 사이로 빙하가 흘러내리는 모습을 관광할 수 있는 상품으로 구성되어 있다. 이들의 경유지로는 케치칸, 쥬노, 스캐그웨이, 칼리지 피요르드, 빅토리아 등이 있다. 또한 이 상품들은 골든 프린세스호 외 7척의 크루즈선으로 매주 출발하며 연중 135개의 항차를 운항하고 있다. 로얄 캐리비안 선사도 여름시즌 알래스카에 중점적으로 크루즈선을 배정하고 있으며, 이는 다른 크루즈 선사도 마찬가지이다.

캐리비안 크루즈

카리브해를 중심으로 동, 서, 남 캐리비안으로 구분되며, 7일내지 14일 일정으로 운항한다. 동 캐리비안은 미국 플로리다의 포트라더데일을 모항지로 세인트 마틴, 세인트 토마스, 프린세스 케이즈를 기항지로 하는 코스이며, 서 캐리비안은 포트라더데일, 프린세스 케이즈, 오쵸 리어스, 그랜드 케이먼, 코즈멜을 기항지로, 남 캐리비안은 푸에르토리코의 산 후앙을 모항지로 세인트 토마스, 세인트 킷츠, 그레나다, 카다스, 아루바를 기항지로 하는 상품으로 크라운 프린세스호 외 6척이 연중 134개 항차를 운항하고 있다. 세계 선사의 대부분이 캐리비안 지역에 연중 크루즈를 운항하고 있으며, 특히 우리나라의 경우 겨울 시즌에 인기가 있다.

지중해 연안 크루즈

지중해는 라틴어로 "가장 중심 바다"라는 의미로 문화의 발상지로서 고대 문명을 직접 체험할 수 있는 곳으로 늘 따뜻하고 건조한 기후로서 크루즈 여행지로 인기 있다. 우선 지중해 메들리 상품으로 로마, 베니스, 바르셀로나, 런던 등을 모항지로 이스탄불, 에베소, 아테네, 나폴리, 소렌토, 플로렌스, 모나코 등을 기항지로 하는 14일간의 일정과 이집트 및 에게해를 중심으로 쿠사다시, 이스탄불, 미코노스, 포트사이드, 알렉산드리아 등을 기항지로 하는 12일간의 일정이 있다. 그랜드 프린세스호 외 4척의 크루즈선이 연간 70여 개의 항차를 운항하고 있다. 지중해는 Costa와 MSC 등의 크루즈가 이탈리아를 모항으로 운항하고 있으며, 5~6월에 집중적으로 크루즈가 운항된다. 그리스 지역은 Louis Cruises 선사와 성지순례 크루즈를 운항하는 Steps of Paul Coastal Cruises 선사가 있다.

북유럽-러시아 크루즈

스칸디나비아와 발틱해를 중심으로 북유럽의 깨끗한 도시들과 섬들을 관광할 수 있는 지역으로 낮의 길이가 길고 따뜻한 해류로 아름다운 협곡을 유람할 수 있으며 덴마크의 코펜하겐을 모항지로 스톡홀름, 헬싱키, 상뜨 페테르부르크, 탈린, 그단스크, 오슬로 등을 기항지로 10일 내지 12일의 일정으로 에메랄드 프린세스호 외 5척의 크루즈선이 연간 35여 개 항차를 운항하고 있다. 모든 선사의 크루즈가 7~8월에 배치되어 있는 여름 시즌이 북유럽과 러시아 크루즈의 최적기이다.

아시아 크루즈

현재는 크루즈여행 목적지로 세계 전체의 1%도 안 된다. 중국의 해외여행 완전자유화에 맞춰 아시아 지역의 크루즈가 활성화될 것으로 전망된다.

알래스카와 연계하여 극동 및 동남아 지역까지 항해하는 장기 일정으로 앵커리지, 북경, 방콕을 모항지로 16일에서 31일까지 비교적 장기간의 일정으로 운항되며, 삿포로, 블라디보스톡, 부산, 가고시마, 베이징, 상하이, 타이베이, 홍콩, 호치민, 싱가포르 등을 기항지로 하며, 다이아몬드 프린세스호 외 1척이 연간 18개 항차를 운항하고 있다. 스타크루즈를 비롯한 코스타, 로얄 개최 등의 크루즈 선사들이 싱가포르를 모항으로 동남아 노선을 운항하고 있다.

코스타 크루즈는 부산과 상해, 천진을 모항으로 6일 일정으로 부산, 상해, 가고시마, 후쿠오카와 천진 및 제주도를 잇고 있다.

호주, 하와이, 남태평양 & 타히티 크루즈

호주 시드니를 모항지로 남태평양의 섬들을 운항하는 상품으로 멜버른, 오클랜드, 피지, 파고파고, 타히티, 호놀룰루 등을 기항하며 9일 내지 22일 일정으로 타히티안 프린세스호 외 4척이 23개 항차를 운항하고 있다. 캐리비안 지역과 연계해서 크루즈 선사들이 연중 운항하고 있으며, 호주 시드니를 모항으로 하는 P & O 선사가 이들 지역 대부분을 운항하고 있다.

중남미 크루즈

멕시코 일주, 파나마 일주, 브라질 일주, 아마존강 등의 목적지로 하여 모항지로는 칠레 산티아고, 부에노스아이레스, 리우데자네이루 등이 있으며 비교적 장기간인 14일 내지 21일 일정으로 운항한다. 스타 프린세스호 외 3척이 20여 개 항차를 운항하고 있다. 남미와 남극을 연계하는 크루즈의 경우 남극의 결빙으로 인한 지역 특성상 1~2월에 상품이 집중되어 있다.

이외 북미 캐나다 및 뉴잉글랜드를 목적지로 하는 상품의 경우 캐나다와 뉴잉글랜드 지역의 단풍 시즌에 맞춰 10~11월에 집중적으로 운항되고 있다.

(3) 계절별 / 테마별 상품

크루즈 상품은 전 세계의 주요 관광지를 대상으로 연중 운항하고 있으므로 계절별로 최적기를 살펴보기로 한다. 알래스카 상품은 5월에서 9월까지 운항하나 6~8월이 최적기라고 할 수 있으며, 지중해 연안은 4월에서 11월까지 중 5~6월, 북유럽은 6~8월, 남미는 12월에서 3월까지 중 1~2월이 최적기이고, 호주 · 뉴질랜드는 4월, 캐리비안은 연중 운항하나 12~2월까지가 최적기이다. 한편 타히티 남태평양도 연중 운항하나 4월에서 9월이 최적기라 할 수 있다.

테마별 크루즈로는 세계일주 크루즈는 플로리다 포트라더데일을 출발하여 전 세계 43여 개 기항지를 107~117일간의 일정으로 운항하며, 3개 대륙 횡단 크루즈는 유럽, 아프리카, 남아메리카 대륙을 운항하는 크루즈 상품이다.

성지순례 크루즈는 사도 바울의 발자취를 따라 에게해를 중심으로 서쪽의 그리스, 동쪽의 터키연안과 이집트와 이스라엘의 성지들을 돌아보는 상품으로 이스탄불을 출발하여 디킬리, 쿠사다시, 밧모, 피레우스, 데살로니카, 카발라항을 기항지로 하는 21일간의 일정으로 구성된 상품이다.

허니문 크루즈는 신혼부부를 대상으로 지중해 연안의 관광지를 7일 일정으로 젊은 신혼부부에 맞게 기항지 관광 프로그램을 구성한 상품으로 Louis Cruise 선사에서 운항하고 있다. 또한 필리핀, 하와이행 5일 이내의 단기 허니문 크루즈 상품도 있다.

남극 탐험 크루즈는 인간의 발길이 닿지 않는 자연과 환경을 탐험하고 직접 체험할 수 있는 상품으로 남미 최남단 우슈아이아를 출항 남극 대륙에 상륙하는 9일 일정인 상품이다.

이외 테마 목적 크루즈로는 뮤지컬 크루즈, 댄스 테마 크루즈, 예술가와 함께하는 크루즈, 웰빙 테마 크루즈, 별 관측 크루즈, 골프, 요리, 브리지(카드게임) 테마 크루즈 등이 상품화 되어 있다.

5 크루즈여행상품 출시 현황

크루즈 상품은 한국총판대리점과 여행사를 통하여 전 세계 상품을 판매하며, 판매되는 상품은 개별 크루즈, 패키지 크루즈 상품으로 구분할 수 있다.

개별 크루즈 상품은 크루즈 선내 활동만을 포함한 상품으로, 크루즈 출항지까지의 항공료 및 체재비가 포함되지 않은 상품이다.

패키지 크루즈 상품은 개별 크루즈 상품을 한국 크루즈 이용객을 대상으로 판매하기 위하여 재구성한 상품으로 크루즈 상품가격과 출항지까지의 왕복 항공료 및 숙박료가 포함된 상품이다.

패키지 크루즈 상품을 중심으로 판매 현황을 살펴보면, 현재 우리나라에서 판매되고 있는 크루즈 상품은 총 16개 크루즈 선사의 상품으로 〈표 3-2〉와 같이 15개의 기항지로 분류해 볼 수 있다.

아시아 지역에 기항하는 상품은 스타크루즈에 의해 상시 판매되고 있는 것으로 나타나며 기타 지역으로는 지중해, 알래스카, 유럽을 기항하는 상품이 상대적으로 많이 구성되는 것으로 나타났다.

우리나라에서 판매되는 크루즈 상품에 대한 정확한 통계를 산출하기는 어렵지만 업계에 따르면 해외 크루즈를 이용하는 내국인은 연간 10,000명으로 매년 약 10%씩 증가하는 것으로 추정되고 있다. 스타크루즈사의 경우 월평균 80~90명의 내국인이 상품을 구매하고 크루즈 인터내셔널의 경우는 월평균

20~30명이 구매하는 것으로 응답했다. 2009년 크루즈씨씨케이 한국사무소의 조사에 따르면 2009년 한국인 크루즈여행 이용자수는 1만 명 정도로, 1998년에는 500여 명 정도였던 것에 비해 20배 이상 증가했다.

Table 3-2 크루즈 선사별 국내 판매상품 기항지

구 분	크리스탈	NCL	코스타	래디슨	스타크루즈	실버시	카니발	더월드	로얄캐리비안	데일만	셀리브리티	MSC크루즈	프린세스	홀랜드아메리카	쿠나드	디즈니
미동부·뉴잉글랜드·캐나다	1	1											5			
북유럽·노르웨이	2		4	1									10			
아시아			5		상시	6			4				14			
아프리카						1										
알래스카		19				1	2	1	24				13			
유 럽	1									1	5	6	10	1		
지중해	3	3	12	1		1	2		5			34	18	1	4	
카리브	2		1						2				16			
타히티·남태평양				1					1				4			
파나마 운하	1			1					2		1		11			
바하마									1				5			1
멕시코											1		4			
하와이		4							2				5			
남 미	1										1		9			
세계일주								1	1		2		2		1	

제2절 인 바운드(In-Bound)

1 국내 입항 크루즈 현황

각 항만별 크루즈선 입항 실적을 살펴보면 부산, 제주 순으로 나타나는데 부산은 증가 추세를 보이고 있고 제주 또한 증가 추세를 보이고 있다.

부산은 2001~2005년 동안 해외 크루즈선이 총 116회 입항하고 66,198명의 승객이 하선하였고, 제주는 동기간 동안 총 48회 입항하여 20,968명이 하선한 것으로 나타났다.

평택항은 2002년, 2003년에 스타크루즈사에 의하여 모항지로 이용되었으나 수익성 부족으로 현재는 운항을 중단한 상태이다.

국제크루즈선 입항 횟수는 점차적으로 감소하는 추세를 보이다가 2005년부터 뚜렷한 회복 추세를 보이고 있으며, 2006년에는 신고된 입항건수만도 57회가 되는 등 부산과 제주 지역을 중심으로 해외 크루즈선 입항이 지속적으로 증가하는 것으로 나타났다.

(1) 부산항

부산항에 접안하는 크루즈선은 일본, 중국 등 다양한 항로를 통하여 기항하고 있는데 2003년과 2004년 부산항을 통한 입항은 감소하였으나, 2005년부터 부산항을 통한 크루즈 입항이 증가하고 있다.

2001~2005년 동안 26개 크루즈 선사의 입항이 이루어졌으며 2005년 부산항 기항시간은 평균 10.5시간으로 알려지고 있다.

2009년에는 34회, 26,744명이 입항했으며 향후 부산항 크루즈 입항이 지속적으로 증가할 것으로 전망된다.

Table 3-3 부산항 국제 크루즈선 입항 통계

구 분	입항횟수	관광객(명)
2001	19	11,783
2002	28	13,237
2003	18	6,396
2004	22	9,930
2005	29	25,852
2006	36	20,995
2007	23	13,068
2008	29	32,484
2009	34	26,744

2001년 이후 입항한 1만 톤 이하의 크루즈선은 3척, 1~2만 톤 규모의 크루즈선은 4척, 2만 톤 이상은 19척으로 대부분 중·대형 크루즈로 나타나고 있어 크루즈 전용 부두의 필요성을 시사해 주고 있다.

2005년 이후 매년 입항하는 Diamond princess호와 Sapphire princess호는 11만 톤 이상의 규모로 국내에 입항한 크루즈선 중 가장 큰 규모로 알려지고 있으며 이는 점차 대규모화 되는 세계 크루즈선의 추세를 반영하는 것이다.

Princess Cruise는 2005년 4~5월, 9~10월에 Sapphire Princess, Diamond Princess, Pacific Princess호를 통하여 부산항에 총 9회 기항했다.

Princess Cruise는 2006년 총 9회 기항했으며, 부산항 크루즈 전용 시설의 확충 시 부산항을 호주, 남태평양 항로의 기항 항로로 선정할 가능성이 있다.

Clippers Cruise는 2005년 Clippers Odyssey, Clippers Adventurer를 통하여 부산항에 총 5회 기항하였으며, 2006년 총 7회 기항했다. Clippers Cruise는 부산항을 알래스카와 남태평양 항로의 기항 항로로 선정할 가능성이 있다.

Star Cruise는 9·11테러 전까지 매주 4회 다대포항을 통하여 기항하였으며, 2003년까지 부산항과 평택항을 기항지로 한·중·일 크루즈를 시도하였으나 수익성 부족으로 철수했다. Star Cruise는 부산항 크루즈 전용 터미널 건립 이후, 부산항 기항을 적극 검토하고 있는 것으로 알려졌다.

Table 3-4 부산항 입항 크루즈선별 통계(2001~2008)

크루즈선명	총톤수	입항횟수	크루즈선명	총톤수	입항횟수
Astor	20,606	1	Norweigan Wind	50,760	2
Asuka	28,856	8	Olivia	15,791	1
Clipper Odyssey	5,218	31	Orient Venus	21,884	4
Columbus	14,000	1	Pacific Princess	30,277	3
Delphin	16,514	1	Pacific Venus	26,518	14
Diamond Princess	116,000	3	Prinsendam	37,845	2
Europa	28,890	2	Regal Princess	70,285	10
Fuji Maru	23,340	10	Royal Princess	44,588	1
Hanseatic	8,378	1	Rus	12,798	1
Maxim Gorkiy	24,220	1	S.S Universe Exploper	22,162	2
MS Asuka	28,856	2	Sapphire Princess	115,875	3
MS Fuji Maru	23,235	7	Sea Bournsprit	9,975	2
Nippon Maru	21,903	2	Universe Explorer	22,162	1
크루즈선(종)	26		총 횟수(회)	116	

부산항에 입항하는 크루즈선의 입항 시기를 살펴보면, 4월과 5월이 가장 많고, 그 다음은 9월부터 12월까지 고르게 분포되는 가운데 상대적으로 여름과 겨울이 비수기로 나타났다.

(2) 제주항

제주항은 부산항에 비하여 상대적으로 적은 숫자의 크루즈선이 입항하나, 제주항 역시 꾸준히 국제 크루즈선 입항이 이루지고 있다.

제주항 국제 크루즈선 입항 횟수는 2000년과 2001년 25회 이상 크루즈선이 입항했으나 2002년 8회로 급격히 감소한 이후 낮은 입항 횟수를 보이고 있다. 그러나 2006년 이후 입항 크루즈수는 23척, 승객수는 1만 명을 넘어섰다.

Table 3-5 제주항 국제 크루즈선 입항 통계

구 분	입항횟수	관광객(명)
2000	27	9,245
2001	28	12,805
2002	8	2,760
2003	4	1,445
2004	2	753
2005	6	3,205
2006	23	11,256
2007	24	17,285
2008	39	30,523
2009	42	31,000

제주항을 모항으로 하는 루트는 지금까지 존재하지 않았으며 제주항은 기항지의 역할을 하고 있고 제주항 입항 크루즈선은 세계일주, 중국, 일본을 연계한 루트로 운항되고 있다.

제주항에 입항한 크루즈선의 규모는 1만 톤 미만 2척, 2만 톤 이상 10척으로 대부분 중·대형 규모 이상의 크루즈선이 입항한 것으로 나타났다.

Table 3-6 제주항 입항 국제 크루즈선 현황(2001~2005)

선 명	총톤수(G / T)	입항연도	연도별 입항횟수(회)	총입항횟수(회)
Volendam	60,906	2002	1	1
Amsterdam	60,874	2003	1	2
		2005	1	

선　명	총톤수(G/T)	입항연도	연도별 입항횟수(회)	총입항횟수(회)
Rotterdam	59,652	2000	1	1
SuperStar Aries	37,301	2000	11	25
		2001	14	
Asuka	26,856	2005	1	1
Pacific Venus	26,518	2001	1	6
		2002	1	
		2003	2	
		2005	2	
SuperStar Taurus	25,611	2000	15	26
		2001	11	
Fuji Maru	23,235	2002	1	3
		2004	1	
		2005	1	
Nippon Maru	21,903	2002	1	4
		2004	1	
		2005	1	
		2003	1	
Orient Venus	21,884	2001	1	1
Seabourn Spirit	9,975	2002	2	2
Clipper Odyssey	5,218	2001	1	3
		2002	2	

2006년에는 제주와 중국 상하이, 일본 나가사키를 연결하는 Costa Allegra호가 제주항에 총 13회 입항, 제주항 크루즈선 입항이 크게 증가되었다.

Costa Allegra호는 28,439톤 규모로, 1,000명 정원이며 매회 10시간 체재했다.

(3) 인천항

입항 실적은 1998년부터 집계되고 있는데 큰 변화 없이 저조한 것으로 나타나고 하선율은 관광차 입항하므로 95% 이상이 되는 것으로 알려졌다.

2000년 이전까지는 Sky Princess호의 입항이 잦았던 것으로 나타나는데 Sky Princess는 46,087톤으로 입항 시 1,000여 명이 하선한 것으로 알려졌다.

2009년에는 인천항을 통한 크루즈선 입항이 15차례 이루어지는 등 크루즈선 기항지로서의 가능성을 보여주고 있고 향후 인천항 국제 크루즈 터미널이 건설되는 경우 크루즈선 기항이 보다 증가할 것으로 예상된다.

2006년 3월 인천항을 통하여 기항한 크루즈선은 노티카호 2회(3만 277톤급, 승객 1,214명)와 델핀 르네상스호(3만 277톤급, 승객 481명)로 승객들은 주로 서울 인사동, 경복궁 등을 관광한 것으로 알려졌다.

Table 3-7 인천항 국제 크루즈선 입항 통계

구 분	입항횟수	관광객(명)
1998	6	4,268
1999	5	4,290
2000	2	2,365
2001	1	484
2002	2	1,228
2003	2	1,279
2004	-	-
2005	3	653
2006	3	1,695
2007	3	1,695
2008	6	3,390
2009	15	8,475

(4) 기타 항

평택항은 부정기적으로 크루즈선이 입항하고 있으나 2002년, 2003년 스타크루즈의 입항 통계 외에는 집계되지 않고 있는 것으로 나타났다.

동해항은 2005년 국제 크루즈선이 1회 입항한 것으로 나타나는데 크루즈선은 총 26,518톤 규모의 Pacific Venus호로 승객 408명이 하선하였다.

Pacific Venus호는 일본 쓰루가항에서 부산항까지의 루트로 운항한 것으로 동해항은 기항지 역할을 했다.

속초항은 2005년 총 2회 국제 크루즈선이 입항했는데 2005년 속초항에 입항한 크루즈선은 Asuka호와 Pacific Venus호로 각각 28,858톤, 26,518톤이다.

Asuka호는 일본 토야마항에서 일본 니치만항까지 운항하고, Pacific Venus호는 일본 하카다항에서 울산까지의 항로로 운항하여 두 크루즈선 모두 속초항을 기항지로 이용한 것으로 나타났다.

2 국내 크루즈 지상 관광 코스

(1) 부산 Shore Excursion

2004년 코스

- 범어사 & 문화공연
- 부산시 외곽 & 통도사
- 신라고도 경주
- 시내 관광 & 범어사
- 시내 관광 & 문화공연

2005년 코스

- 범어사 & 문화공연

· 부산시 외곽 & 통도사
· 신라고도 경주
· 시내 관광 & 범어사
· 시내 관광 & 문화공연

2006년 코스

· 범어사 & 문화공연
· 부산시 외곽 & 통도사
· 신라고도 경주
· APEC 하우스 & 해동용궁사
· 시내 관광 & 문화공연
· 시내 관광 & 범어사
· 다도 & 시내 관광
· 통도사 & UN 묘지
· 범어사 & 자갈치시장
· 다도 & 용두산 공원 & 자갈치시장

2007년 코스

· 범어사 & 자갈치시장
· APEC 하우스 & 해동용궁사
· 범어사 & 문화공연
· 통도사 & UN 묘지
· 시내 관광 & 문화공연 & 태종대
· 용두산공원 & UN 묘지 & 문화공연
· APEC 하우스 & 아쿠아리움 & 문화공연
· 신라고도 경주

2008년 코스

- 범어사 & 자갈치시장
- APEC 하우스 & 해동용궁사
- 범어사 & JUMP 공연
- 통도사 & UN 묘지
- 시내 관광 & JUMP 공연 & 태종대
- 용두산공원 & UN 묘지 & JUMP 공연
- APEC 하우스 & 아쿠아리움 & JUMP 공연
- 신라고도 경주

(2) 인천 Shore Excursion

2009년 코스

- 인천 시티 투어
- 강화도 요새 & 전등사
- 서울 한옥마을 & 난타공연
- 서울 고궁 & 난타공연
- DMZ & 헤이리 예술마을
- 민속촌 & 고성 체험

(3) 제주 Shore Excursion

2009년 코스

- 제주 시티 투어 하이라이트
- 동 제주 섬 투어
- 중문 리조트 투어

· 매직월드 쇼 & 디너
· 한림공원
· 제주시 하이라이트 & 쇼핑
· 제주 조각공원 & 오설록 차 박물관

3 부산항 코스별 사례 분석

부산 입항 크루즈의 코스별 사례 분석은 2005~2008년까지 4년에 걸쳐 프린세스 크루즈와 P & O 크루즈가 자사의 설문담당 직원을 통해 고객들로부터 코스에 대한 설문을 통해 분석을 내놓은 자료로서 국내에서 실시하는 설문조사보다 신뢰도가 높다고 볼 수 있다.

프린세스 크루즈는 매년 고객을 대상으로 지상 관광에 대한 설문을 실시하고 장·단점을 분석해 해당 지상 관광 여행사에 통보해 개선하도록 하고 있다.

2008년 10월 18일 화요일 오전 7:00~오후 6:00(부산)

- 관광 참가자 : 1,019명
- 참가자 백분율 : 43%
- 추가비용 발생 : 무
- 관광 중 방해요소 : 무
- 날씨 : 구름이 약간 덮힌 실바람이 부는 맑은 날씨

시작 / 종료

- 아침 관광 참가자들은 정시에 신속하고 빠르게 출발하였다. 항구의 상태는 좋지 않았고 관광버스들로 인해 매우 혼잡했고 옆에서는 컨테이너선에 컨테이너들을 선적하고 있었다.

평 가

- 모든 관광객들은 정시에 행선지로 정확하게 출발하였다. UN 참전기념공원에 참가한 관광객들은 공원 안까지 들어가지는 못했지만 관광객들은 버스에서 내려 사진을 찍고 관광차에 동승한 가이드에게서 기념공원에 대한 설명을 들었다. 자갈치시장 방문객들은 정식 관광 지점 말고도 다른 시장에 정차하여 가이드와 함께 시장을 방문했다. 자갈치 관광을 선택한 관광객 모두는 이 코스를 관광 티켓과 관광 소개에서 제외시키라고 조언했다.

제 안 : 없음

승객 의견(참고사항)

(PUS-B1 관광자 MR. GUDEWITZ) 통도사 코스 관광객

- 그는 UN 기념공원 앞에서 단지 정차만 한다는 것에 대해 항의했다. 그가 이 코스를 선택한 이유는 공원 내로 들어가는 것이었지 정문만 보고 앞을 지나가는 것이 아니었다고 말했다. 관광객들은 육지 관광 책임자와 대화를 나누었고 관광객 모두 걸어서 UN 기념공원에 걸어 들어갈 수 있었다.
- 오후 4시경 로비 바에서 MR. GUDEWITZ에게 시달림을 당했다. 그는 책임자를 불러 부산에서 관광객들이 UN 기념공원에 못 들어간다고 말해주었다. 그래서 그 분에게 가지고 계신 관광 티켓과 관광 코스 부킹 시 작성한 문서에 "UN 기념공원을 들어가지 않는다"는 것이 명시되어 있음을 말씀드리고 아침에 그 분께서 가이드에게 보여준 티켓에 명기된 부분을 확인시켜 드렸다. 명시된 부분을 확인하고는 자신이 생각하기로는 비록 차를 타고 못 들어가도 걸어서 공원 내부를 볼 수 있는 줄 알았다고 했다. 그리고 그가 말하기를 자신들이 공원 앞에서 출입을 제지당했다고 말했다. 같은 시간 옆에서는 학생들이 출입하는 것을 보았다고 했다. 그

들은 출입이 허락되고 우리는 왜 안 되는지를 궁금해 했다. 그래서 저는 웃기지만 이렇게 답하였다. "연말에 있는 UN 간부급 회의가 열리기 때문에 원래는 공원이 개방되어 있지 않으나 학생들은 입장 가능하다. 우리가 입장하려면 부산 관광청 관계장의 승인을 받아야 한다"고 했다. 그러자 그 분이 말하기를 자신은 공원 안에 들어가야겠다고 맘을 먹고 다른 관광객 모두를 데리고 들어갔다고 했다. 그들은 미국 참전 용사와 캐나다 참전 용사 기념비를 참배하고 잔디를 걸어 다니며 자세히 관찰하면서 떠날 때까지 있었다. 그가 말하기를 자신은 공원 정문이나 보러 이렇게 먼 곳까지 온 것이 아니라고 말했다.

코 스	점 수	설문자
범어사 & 민속무용	77.63	152
시내 & 범어사	75.60	166
시내 관광 & 민속무용	81.54	130
시외 관광 & 통도사	82.14	98
경 주	85.38	212

2008년 7월 28일 오후 1:00~오후 7:00(부산)

- 관광 참가자 : 420명
- 참가자 백분율 : 64%
- 추가비용 발생 : 무
- 관광 중 방해요소 : 무
- 날씨 : 따뜻하고 눅눅함

시작 / 종료

- 배는 정시에 도착했지만 항만 절차와 배를 묶는 시간이 다소 걸렸다. 오

후 1시 30분 정도에 통관 절차가 다 끝났고 승객들은 모든 준비가 되었다. 출구와 가까운 항만에 정박했지만 트럭과 교통이 혼잡했다. 해안 경찰들까지 나서 교통을 정리해 주었지만 역부족이었다.

- 관광 B팀 : 오후 1:30 출발
  관광 E팀 : 오후 2:00 출발
- 지금 같은 시즌에는 30분의 여유를 두고 스케줄을 잡았다.

평 가

- 부둣가가 비좁고 버스들을 수용하기에는 좀 버거워 보였다. 어찌 되었든 모두 계획대로 진행되었다. 우리가 기존에 해 왔던 한쪽에 버스 몰아 태우기는 할 수 없을 것 같다.

아이디어 / 제안

- 차기 년부터는 4개의 관광 코스 준비

수 송

- 버스 3대 / 297명 참가 / $1188.00

사건 / 사고 : 없음

코 스	점 수	설문자
시내 & 범어사	58.82	68
시외 관광 & 통도사	65.67	67

2007년 4월 9일 오전 7:00~오후 6:00(부산)

- 관광 참가자 : 1,479명
- 참가자 백분율 : 56%
- 추가비용 발생 : 무
- 관광 중 방해요소 : 무
- 날씨 : 아침에는 쌀쌀하였고 날씨가 흐렸으며 소나기가 옴

평 가 : 특이사항 없음

아이디어 / 제안 : 없음

승객 평가

- 시내 관광 & 민속공연(MRS. BEVERLY ZANE 의견) : 승객들은 관광을 마치고 선내 데스크에 와서 관광이 너무 짧았다고 항의하고 시내 관광은 이루어지지 않았다고 했다. MRS. ZANE은 버스에 함께 탔던 승객들의 명단과 객실번호를 주면서 마치 그녀가 그들의 대표자인 듯이 행동했다. MRS. ZANE은 오후 4시 30분에 전화하여 관광에 대해 물어보았다. 그녀가 말하길 여행이 승객들을 위해 노력을 많이 한 것은 인정한다. 하지만 자신은 지루했고 같이 탑승한 버스 안 사람들은 약간의 환불을 요구했다. 그녀는 모든 항의를 기록으로 남겨지길 원했고 항의가 단체를 대표해서 이루어진 것으로 기록되기를 원했다. 그녀는 고심 끝에 대표자로서 환불 요구를 하지 않겠다고 승객들에게 말했다.
  MRS. ZANE은 이번 관광이 승객들에게 고지된 그대로 이루어진 것을 인정하였고 우리가 신속하게 이번 관광에 대한 정리를 한 것에 대해 매우 놀라워했다.
- 여행일지는 다음과 같다.

1. 배에서 자갈치시장 이동 : 관광 경로에 대한 내용에 잘못 되어 있어 정확한 경로를 표시하기를 원함.
   30분간 자갈치시장을 걸었음.
2. 자갈치시장에서 시내를 통과하여 동두산공원(30분 정차)
3. 동두산공원에서 민속무용을 관람함.
4. 민속무용 관람 후 배로 복귀함.
5. 배에서 관광지로 출발(오전 8:00경), 배로 복귀(오후 12:45경) 15분이 지연됨.

코　스	점　수	설문자
범어사 & 민속무용	65.40	99
시외 관광 & 통도사	65.98	61
경　주	83.74	163
시내 & 범어사	61.24	109
시내(자갈치시장) & 민속무용	55.91	110

2007년 4월 17일 토요일 오전 8:00~오후 5:00(부산)

- 관광 참가자 : 1,324명
- 참가자 백분율 : 50%
- 추가비용 발생 : 무
- 관광 중 방해요소 : 무
- 날씨 : 덥고 하늘은 매우 청명함

시작 / 도착

– 어떤 관광은 45분 정도 늦어졌다. 하지만 정시에 모든 관광지는 도착하였다. 관광버스는 컨테이너들과 뒤엉켜서 복잡하였고 컨테이너 트럭이 진

입하여 복잡은 더하였다.

전반적인 평가

- 버스 E5 시내 & 범어사 코스에서 문제가 있었다. 10명의 승객이 자갈치 시장에서 내려 가이드에게 배로 가고 싶다고 말했다. 하지만 그들은 다시 버스로 돌아가려고 할 때 그들이 타고 온 버스는 벌써 떠나버렸다. 다행이 다른 관광버스가 있어 그 쪽 가이드에게 배로 데려다 달라고 했다. 버스 E6 시내 & 범어사 코스에서 승객들이 에어컨 기능에 문제가 있어 항의했다. 버스 E6 승객들은 버스 C9 경주 코스행 버스와 교체되었지만 경주 코스 승객들 또한 교체된 버스에서 똑같은 상황으로 항의했다. 경주행 버스 승객들은 버스 천정 루프를 개방하고 모든 창문을 개방하는 사태를 초래했다. 아침 관광 출발 그룹과 단독 여행 출발 그룹들과 뒤엉켜서 부둣가가 매우 혼잡스러웠고 개인 차량이 주차되어 있어 버스들의 출발이 매끄럽게 이루어지는 것을 방해하였다. 또한 버스 승차를 하는 동안 매우 무질서함을 부둣가에서 볼 수 있었고 컨테이너 수송 차량들과의 교통체증은 장관이었다. 게다가 날씨 또한 화창하여 생각보다 좀 더웠다. 평소 에어컨 가동을 하지 않았던 버스가 갑자기 가동하여 승객이 원하는 시원함을 제공하기가 역부족이었던 것 같다. 관광 F 시내 & 민속무용 코스는 지난번처럼 UN 기념공원은 가지 않고 자갈치시장을 관광했다. 승객들은 관광 부킹 문서와 편지, 관광 티켓에서도 명시되고 코스 관광 담당자도 확실히 UN 기념공원에 방문 한다고 했었지만 가지 않았다.

제안 / 아이디어 : 없음

승객 제안

- 시내 & 범어사 코스 : 이 승객은 관광의 질이 실망적이며 2명의 아마추어

영어 통역 관광가이드와 버스 내부 방송 시스템이 맘에 들지 않았다. 우리는 한국에 대한 설명과 부산이란 도시에 대한 설명을 전혀 듣지 못했고 모든 승객들이 부산에 대한 팸플릿조차 받지 못했다. 우리는 돈 버리는 여행이란 느낌이 든다. 승객 중 한 분은 보청기를 했는데 이 관광이 매우 불쾌했다고 했다. 또한 쇼핑시간을 분명히 준다고 약속받았는데 관광이 지연되어 할 수 없었다. 제발 관광 스케줄에 명시된 대로 행동해 주시고 무료로 지급되는 부산에 대한 팸플릿은 모두가 받도록 부탁했다.

【업데이트】

- 승선 후 9시경 승객이 데스크로 와서 미국인들은 약간의 환불을 받았거나 공짜 비디오테이프를 받은 것으로 아는데 왜 영국인은 주지 않느냐고 하며, 영국인을 무시하느냐는 등의 발언을 하면서 자신은 비디오테이프를 받겠다고 했다. 승객 중 한 명은 안내자의 이름표를 보고 "네가 호주인이라 영국인인 나를 싫어하는구나, 그래서 네가 나에게 아무것도 주지 않는구나"라고 했다. 그래서 영국인임을 말씀드렸고 이 대화를 문서화하여 승객 분이 너무나 편파적으로 생각하고 있음을 남긴다. 승객은 자신에게 비디오테이프를 주지 않으면 글을 써서 신문사에 보내거나 본사 간부에게 편지를 보낸다고 했다.
- 시내 & 범어사 코스 : 가이드의 실력이 형편없었고 설명을 명확하게 하지 못했으며 번호표를 높게 들지 않아서 그를 찾는 데 어려웠고 걸음이 느린 사람을 배려하지 않았다. 가이드는 자갈치시장에서 아무런 설명도 해주지 않았고 집결시간과 버스가 어디에 정차해 있는지 어떻게 찾아가는지에 대해 전혀 가르쳐 주지 않았다. 결국 우리는 가이드를 놓쳤다. 30분간을 헤매다가 프린세스 로프가 달려 있는 버스를 몇 블록 건너가서 겨우 찾게 되었고 배로 돌아올 수 있었다. 나는 한국전쟁 참전자이며 유익한 관광을 원했으나 못했으니 환불을 요구했다.

- 시내 & 범어사 코스 : 가이드가 전혀 영어 설명을 하지 않았다고 한다. 가이드가 너무 빨리 걸었고 버스를 찾을 수가 없었으며 결국 길을 잃었다. 자갈치시장에서 오래 기다렸지만 가이드는 보이지 않았다. 결국 시간을 낭비하고 다른 버스 가이드가 우리를 배까지 데려다 주었다.

【공지】

- 승객들은 30분이나 지체하며 출발한 관광에 대해 실망했다. MR. NORVICK은 매우 고지식한 사람이며 러시안계 미국인이다. 그가 말하기를 자신이 관광을 조금 일찍 마치고 버스에 돌아왔는데 버스를 찾을 수가 없다고 말했다. NOVICK 부부는 영어 실력이 서툴고 누가 와서 말을 걸으면 모른다고 말을 한다.
- 시내 & 범어사 코스 : 에어컨이 작동하지 않았다고 항의했고 자갈치시장에서는 아무 설명도 없었으며 질문 시에만 몇 마디 대답을 했다. 범어사 관광은 괜찮았다.

【공지】

- 이 승객은 이번 여행을 평가하는 것 자체가 시간 낭비라고 말했다. 이 승객은 다소 격분한 목소리로 "이 여행이 나를 불쾌하게 했고 반불을 요구한다. 또한 이 여행을 평가한다는 것은 시간 낭비다"라고 말했다.

【업데이트】

- 이 승객은 오전 9:15경 전화해서 이번 여행에 대해 물어보았다. 그리고 자신이 시간이 있을 때 항의서를 작성하겠다고 했다. 그가 말하기를 "나는 모든 내용을 직원에게 말했는데 왜 또 시간 낭비를 해야 하느냐. 그냥 약간의 환불을 받고 끝내자 만약 그렇지 않으면 직접 상급 책임자를 만나서 상황을 더 악화시키겠다"라고 말했다. 그는 계속해서 "관광사와 이

야기 나누어봤자 시간 낭비이고 법적으로 절차가 들어갈 것이다"라고 말했다.

【업데이트】

- 이 승객은 오전 10:15경 객실 총 지배인과 만나 그의 부산 관광을 이야기했고 왜 관광사와 이야기하면 시간 낭비인지 말했으며 자신은 부산 관광에 대한 모든 것에 환불을 요구했다. 가이드가 형편없었고 버스는 에어컨을 틀지 않았지만 범어사 관광은 좋았다고 했다. 환불을 받으려면 항의서를 정식으로 작성해야 한다는 것을 여행사를 통해서 알게 되었다. 결국 그는 시간 낭비라는 문서 작성을 모두 했다.

【업데이트】

- $21.00 환불
- 시내 & 범어사 코스
- 버스 에어컨이 정상 작동을 안 하거나 고장 나 있었다. 버스 운전기사는 길을 잃어버리고 결국 택시 운전기사를 앞장세워 자갈치시장에 도착했다. 가이드 또한 길을 잃어서 적당한 곳에서 쉬어야 하는 것을 찾지 못했다. 승객들은 민속무용을 보러 왔지 생선가게 보러 온 것이 아니라고 하며 자신들이 엉뚱한 코스에 왔다고 했다.

【공지】

- 승객들이 에어컨에 항의하자 버스는 교체되었다. 범어사까지의 길은 너무 급경사여서 브레이크 타는 냄새가 진동하였다. 버스를 교체하면서 팻말을 바꾸지 않아 사람들이 혼돈이 생겼고 팻말을 교체하려는 시점에는 벌써 다른 버스가 떠나고 없었다. 결국 승객들은 엉뚱한 코스 관광을 했다. 다시 말해 어떤 승객들은 자신이 낸 돈보다 저렴한 관광을 하게 되었다.

시내 & 범어사 코스

- 윗글과 동일한 내용의 글이 올라왔다.

시내 & 범어사 코스

- 가이드는 영어를 할 줄 몰랐다. 승객들 대부분이 미국인과 캐나다인이어서 의사소통하기가 굉장히 어려웠다. 가이드는 한국에 와서 부산에 대해 설명해 주지 않았다. 버스 운전기사도 매우 괴팍했다. 급정거 급출발을 했다. 또한 에어컨이 작동하지 않아서 피닉스호텔 앞에서 버스를 바꿔 탔다. 4시간 동안 화장실 갈 시간도 주지 않았다. $42.00가 생선가게를 걷고 절이나 구경하고 특히 최악의 버스 이동을 하려고 지불한 것은 아니다. 마지막으로 가이드가 충격을 준 것은 여행을 다 마치고 버스를 교체했기 때문에 별도의 청구가 있다는 것이었다. 분명 우리는 왕복 교통비를 지불 완료했는데도 말이다.

【공지】

- 범어사의 화장실 상태와 영문 표기를 부착하여 화장실의 위치를 확인할 수 있게 해야 한다. 가이드가 별도의 버스요금을 청구했다. 버스를 타든지 시내 관광을 더 하고 배로 오면 되는 것이었다.

경주 관광 코스

- 사찰에서 출발이 10:40분이지만 몇 명의 승객이 탑승하지 않아 11:30까지 출발하지 못하는 혼란스런 상황이 발생하였다. 가이드는 시간이 늦어 민속 마을 방문을 취소해야 할 것 같다고 하면서 바로 점심식사 장소로 이동했다. 우리 차가 가장 빨리 식당에 도착했다. 음식은 벌써 식당에 준비되어 있었고 모두 한국 음식이었다. 차와 밥이 모두 식어서 차가웠다. 음식점원이 버너에 불을 붙이고 찢겨진 고기를 굽기 시작했다. 반찬은 매우

매웠고 캔 콜라를 먹게 되었다. 팸플릿 속에 있는 한국적인 음식도 국제 감각에 맞는 음식이 아닌 단지 한국 음식만 먹게 되었다. 결국 2/3 정도의 밥을 남겼다. 나중에 들은 이야기지만 다른 팀은 호텔에서 맛난 음식을 먹었다고 했다. 가이드는 많은 지식을 가지고 설명해 주었지만 많은 사람을 인솔하는 능력이 부족했다.

【업데이트】

- 여행 중 10번 버스에 탄다고 한 부부가 데스크에 와서 항의했다. 관광에 대한 항의는 아니었지만 음식에 대한 항의였다. 한국 음식은 국제적이지 않았고 팸플릿에 있는 그림처럼 맛있어 보이지도 않았다는 말과 함께 자신들을 속여 관광을 시켰다고 했다. 또한 음식이 너무 차고 맵다고 했다. 그 분이 물어본 것은 익혀 놓은 고기가 너무 차갑고 맵다는 것이다. "어떻게 바로 앞에서 구워 만든 음식이 차가울 수가 있느냐, 어찌 되었든 내가 듣기로는 어떤 사람들은 하얏트호텔에서 밥을 먹었다는데 그것은 특별요금이 붙는 것이었냐, 음식이 국제적인 입맛이었고 음료가 모두 공짜였다는데"라고 말했다. 그래서 우리는 진실 여부를 조사하기 위해 그 분에게 누가 하얏트에서 밥을 먹었는지 승객의 명단을 불러 달라고 했다. 그러자 그 분들은 "누가 하얏트에서 밥을 먹었는지는 중요하지 않고 갑자기 생각나서 말한 것이었다. 어찌 되었든 만약 당신들이 한국 관광에 대해 요금을 청구한다면 그건 사기행위다. 우리는 계약서에 제시된 관광을 하지 못했다"고 말했다. 승객은 이 모든 것을 문서화하기를 요구했다.

경주 관광 코스

- 이 승객 또한 위와 비슷한 음식에 대한 문제, 사찰에서 승객을 잃어버린 상황, 음식점에 따로따로 도착한 상황에 대한 문제를 제기했다. 또한 버스에 대한 불편함을 제기했고 가이드의 실력과 버릇없는 행동에 항의했다.

- 이 승객 또한 음식에 대한 문제, 사찰에서 승객을 잃어버린 상황에 항의했지만 가이드에 대해서는 최고의 평가를 주었다.
- 너무 장시간의 여행이었고 에어컨은 60%밖에 작동하지 않았으며 가이드의 실력은 형편없었다. 또한 제공된 음식은 불쾌했고 이 모든 것에 대한 비용은 너무 비싸다.
- 점심식사는 불만족스러웠다. 차와 밥, 반찬들은 너무 식었고 불고기를 만든 후 뚜껑을 덮지 않아 고기가 차가웠다. 이런 것이 과연 팸플릿에서 소개된 국제적인 음식을 제공한다는 의미인가? 정해진 코스마다 방문하는 시간이 짧아 충분히 돌아볼 수 없었고 박물관에서는 단지 20분간 있었다. 내가 생각하기에는 이 여행이 내가 낸 비용의 가치를 못 받았고 내가 듣기로는 같은 코스에 다른 팀은 더 낳은 서비스를 받고 하얏트에서 점심을 먹었다고 했다.

【업데이트】

- 이 승객은 오후 5:30 정도에 데스크에 찾아와 이번 여행에 대한 환불을 요구했다. 음식에 대한 항의였다. "왜 우리는 한국 음식을 제공받았냐? 어떤 사람은 하얏트에서 최고의 음식을 제공받았다고 했는데." 우리는 승객이 항의한 내용 중 불고기가 오랫동안 뚜껑이 안 닫혀 있다는 것을 어떻게 알았느냐에 대한 질문에 "내 친구 한 명이 다른 버스를 타고 먼저 식당에 도착하였는데 그가 음식이 세팅된 지 30분이 지났다고 했다"라고 했다. 관광이 너무 빨리 이루어졌다. "여행이 너무 급박하게 이루어졌다. 차라리 먼지와 진흙투성이인 무덤 관광보다는 좀 더 박물관에서 시간을 보내는 것이 좋겠다." 승객이 항의하는 가장 큰 요점은 음식이었다. "전반적인 음식이 한국적이었지만, 그것에 대한 신선도에 대해 의심스럽다. 내 친구와 함께 이 여행에 우리가 지불한 돈에 비해 너무 비싸다는 것을 이야기했다."

경주 관광 코스

- 관광이 형편없었고 제공된 음식은 먹을 수 없을 정도로 최악이었다.

【업데이트】

- 이 승객은 관광에 대한 항의는 별로 없었다. 하지만 음식에 대한 문제를 제기했다. 한국 음식은 국제적이지 않았으며 만약 이러한 관광을 제공하고서도 요금을 청구한다면 우리에게 사기를 치는 것이다. 너무나 맵고 차가웠다. 승객은 구운 고기가 너무 차갑고 맵다고 말했다.

경주 관광 코스

- 90분간 이동하여 사찰에 도착했다. 화장실에는 한 개의 서양식 변기를 제외하고는 모두 동양식 변기였다. 변기에서 나는 냄새는 너무 고약하였다. 타고 온 버스는 사찰에서 상당히 먼 곳에 주차되어 있었고 동행한 가이드는 보이지 않아 역사나 사찰에 대한 아무런 내용을 듣지 못했다. 체리 축제로 이동하는데 교통이 너무 막혔다. 쇼핑시간은 딱 20분만 주었다. 식사 장소는 비좁았다. 우리들 앞에서 요리를 하거나 음식을 구웠지만 완전히 익히지 않았다. 두 번째 사찰로 이동했을 때는 20분간 있었으며 버스에서 사찰까지 걸어가고 다시 버스로 가는 데까지 시간이 절반이었다.
- 버스 8~11호 승객들은 아주 빈약한 점심을 제공받았다. 쌈밥과 야채류이며 디저트가 없었다. 다른 버스 탑승자는 하얏트에서 고급 음식을 제공받고 다양한 디저트를 제공받았다고 했다. 관광을 마치고 돌아와서 우리는 배고픔을 참을 수 없어 선내 식당에서 밥을 더 먹었다. 다른 승객들과 똑같은 돈을 지불했는데도 만족감은 틀렸다.

시내 관광 & 민속무용

- 분명 투어 티켓과 선내 관광 부킹 양식, 객실에 전달되는 정보지에는 UN

기념공원 경유가 없다고 했지만 우리가 이 관광을 택한 이유는 UN 기념공원을 가는 것이었다고 했다. 한 승객의 말을 인용하자면 “모든 정보는 불법적이다”라고 했고 다른 승객들도 자신들은 최고급 승객들이어서 비록 UN 기념공원에 가지 않는다는 것이 명시된 티켓을 발부받아도 우리의 목적이 달랐기 때문에 환불을 받아야 한다고 했다. 우리가 말하길 분명 UN 기념공원을 가지 않는다는 것을 확인했을 때 왜 코스를 취소하지 않았냐고 했더니 “우리는 최고급 승객들이다. 다른 코스를 선택한 승객들은 UN 기념공원을 다녀왔으니 우리들은 선내에서 약간의 혜택을 받아야 한다”라고 했다. 승객 중 한 명은 만약 보상이 만족스럽지 않으면 항의서를 작성할 것이라고 했다. 그의 말을 인용하면 “당신들의 임무는 우리와 같은 최고급 승객들을 즐겁게 하고 만족시켜야 한다”라고 했다. 모든 승객들은 UN 공원 방문이 없다는 것을 알고 있었고 그것에 대해 인정하며 코스를 선택했기 때문에 환불은 이루어질 수 없었다. 항의를 한 승객은 환불이 이루어질 수 없다는 것을 듣고 욕을 하며 되돌아갔다. 나중에 그 승객의 부인이 다시 찾아와서 혹시 방금 전에 이루어진 모든 대화가 문서화 되어 있다면 가져갈 수 있는지 물어 보았다. 모든 내용이 항해 리포트에 첨부되기를 희망했다.

코 스	점 수	설문자
범어사 & 민속무용	68.25	100
시내 & 범어사	62.31	130
시내 관광 & 민속무용	69.80	101
시외 관광 & 통도사	68.63	51
경 주	73.16	136

2006년 6월 26일 일요일 오후 1:00~오후 7:00(부산)

- 관광 참가자 : 351명
- 참가자 백분율 : 58%
- 추가비용 발생 : 무
- 관광 중 방해요소 : 무
- 날씨 : 따뜻함. 비가 약간 왔지만 승객들이 버스를 탈 때는 다행이 오지 않음

출발 / 도착

- 항구 유도사가 늦게 와서 정박이 늦어졌다. 선도인 측 절차가 약 오후 1:00 정도에 끝났다. 입국 수속절차는 순조로웠고 통관절차는 오후 1:15에 다 끝났다.
- 선내에서의 미팅을 약간 조정하였다.

  B : 오후 1:20 / E : 오후 1:45 / 마지막 버스 출발 : 오후 1:55

전반적인 평가

- 항구에서 행선표가 붙여진 버스와 진행 요원들이 승객들을 바로 버스에 태웠다. 마지막 버스에 대해 승객들의 인원 파악을 철저히 하였고 그 때까지 출발할 수 없음을 상의했다.

아이디어 / 제안

- 관광 인원에 비해 2개의 관광 코스는 무리다. 쇼핑할 곳이 없어 코스를 개발해야 할 것 같다. 또한 많이 걷지는 않지만 활동적인 코스를 만들어야 한다. 너무 많이 걷기에는 승객이 너무 많다(통솔하기 힘들다).
- 한 승객을 위한 별도의 가이드 : 승객 중 한 분은 별도의 가이드를 통해 쇼핑하기를 원했다.

  *이 부분을 잘 개발하여 차후 계획에 넣어 보았으면 한다.

승객은 별도의 가이드와 함께 시내버스를 타고 시내로 나가 3시간 동안 쇼핑하는 것을 도와주었다. 승객은 매우 만족하였다. 한 시간 동안 가이드에게 $20.00 즉, 3시간 총 $60.00를 지불하였고 저희는 가이드 비와 왕복 차비로 $85.00를 지불했다.

이동 수단

- 버스 3대(순조롭게 진행 되었지만. 마지막 버스 한 대는 12명밖에 탑승하지 않았고 10분 동안 기다렸다)
- 티켓 374장 발부 : $1496.00
- 버스 대절비 : $1130.00

사건 / 사고 : 없음

2005년 7월 24일 일요일 오전 7:00~오후 1:00(부산)

- 관광 참가자 : 349명
- 참가자 백분율 : 52%
- 추가비용 발생 : 무
- 관광 중 방해요소 : 무
- 날씨 : 매우 더움

출발 / 도착

- 부둣가가 혼잡했지만 출발은 순조로웠다. 도착은 정시에 이루어졌지만 출국 수속시간이 약간 걸렸다.

전반적인 평가

- 관광은 잘 되었고 가이드들도 능숙했다. 상륙시간이 짧았다.

아이디어 / 제안

- 특별 관광이 선내에서 팔렸다 : 해동용궁사 & 용두산공원 코스 Z
  처음 생각은 단지 특별 코스로 생각했는데 사람들이 관심을 보이고 발전 가능성이 보였다. 많은 사람이 참여했다.
  가격 $43.00 / $22.00 : 다른 코스 관광에 끼워서 넣었다.
  38명의 승객이 참여했고 만족해했다. 문서 작성자도 다른 승객들과 동행했다. 리포트에 이 내용을 넣기 위해 사진과 기록을 남겼고 내년부터는 이 코스를 개발해야 할 것 같다.
- 코스 Z 관광 요약
  해동용궁사 : 1시간
  사진 배경장소 : 광안대교(4.5마일)
  용두산공원(타워) : 45분
  부산 전경을 보기 위해 타워 위로 올라갔고 어떤 승객들은 근처의 많은 행상인 또는 상점에서 쇼핑을 했다.

이동 수단

- 버스 3대, 티켓 302장 팔림. 총 $1208.00
  특히 일요일이라 상점들이 오전 9:00 전에는 문을 열지 않아 승객들이 늦게 출발했다.

사건 / 사고 : 없음

코 스	점 수	설문자
시외 & 통도사(해동용궁사)	79.49	39
시내 & 범어사	74.14	58

2005년 4월 26일 화요일 오전 8:00~오후 5:00(부산)

- 관광 참가자 : 1,381명
- 참가자 백분율 : 53%
- 추가비용 발생 : 무
- 관광 중 방해요소 : 출발 지연(경주 코스 승객 12명)
- 날씨 : 맑은 날씨와 오후에는 약간 더움

출발 / 도착

- 모든 관광은 스케줄 된 출발시간에 모두 출발하였다. 하지만 시내 & 범어사 코스 버스만 출발시간보다 15분 늦은 오전 9:00에 출발하였다. 모든 관광은 정확히 이루어졌고 도착도 정시에 이루어졌다.

전반적인 평가

- 2개의 게이트를 개방해서 하선이 엄청나게 빨랐다. 주위에 컨테이너선들의 작업과 트럭들의 복잡함에도 관광버스는 배와 가까이 있었다. 버스가 배의 뒤쪽에 배치되어 있어 승객들이 탑승 완료한 버스는 스케줄보다 빨리 출발하는 것을 볼 수 있었다. 이 모든 상황은 육지 관광 담당자와 지속적인 회의 끝에 보인 결과물이라 할 수 있다. 대체적으로 모든 과정이 많은 사람을 움직이는 관광임에도 불구하고 매우 매끄럽게 잘 진행되었다.

아이디어 / 제안 : 없음

승객 제안

- 시외 관광 & 통도사 코스 : 여행이 만족스럽지 못했다. "시외 관광"이란 단어는 이 관광 코스에 어울리지 않는다. 가이드의 영어 실력은 엉망이었고 역사에 대해 잘 알지 못했다. 또한 버스 운전기사는 UN 기념공원으로

가는 길을 몰랐다(승객 분에게 죄송함의 편지를 보내고 중한 글을 남겨 감사의 편지를 보냈다).

- 경주 코스 : 불고기에 대한 음식에 항의가 왔다. 승객들은 일괄적으로 국제적인 감각의 뷔페를 받았지만 너무 맵거나 짜서 건강에 문제가 될 것 같다며 국제적인 입맛에 맞고 관광객들에게 제공될 수 있는 음식을 준비해 주었으면 한다고 했다(승객 분에게 죄송함의 편지를 보내고 중한 글을 남겨 감사의 편지를 보냈다).

관광 관리자 평가(인 바운드 담당자)

- 아주 좋았다. 관광 관리자의 판단과 효율성 있는 작업 배치로 인해 관광 출발이 매우 순조로웠고 만족스러웠다. 관광 관리자는 항구에 있는 모든 현장 스태프들에게 상황을 공유하여 돌발상황이나 문제상황 해결이 순조로웠다.

코 스	점 수	설문자
범어사 & 민속무용	85.19	81
시내 & 범어사	80.59	94
시내 관광 & 민속무용	83.78	94
시외 관광 & 통도사	85.80	81
튤립 축제 & 시내	86.67	15
경 주	87.13	136

4 2009년 국제 크루즈 승선객 대상 설문분석 결과요약

한국관광공사는 2009년 부산, 인천, 제주항을 통해 입항한 크루즈 여행객 1,273명을 대상으로 설문을 실시했다. 설문의 주요 내용은 △크루즈 상품 구매 특성 △쇼핑 금액 및 품목 △한국방문 시 좋았던 것과 불편했던 것 △한국방문에 대한 만족도 및 재방문 의사 등이었다.

인구통계학적 특성을 보면, 전체 1,273명의 응답자 중 유효응답자의 국적은 호주 314명(25.2%), 영국 271명(21.8%), 미국 185명(14.9%), 일본 157명(12.6%) 순이었다. 성별은 남성 643명(50.5%), 여성 630명(49.5%)이었으며, 연령대는 60대 482명(42.0%), 70대 358명(31.2%), 50대 123명(10.7%), 40대 50명(4.4%) 순으로 나타났다. 연간 수입은 7만 1불 이상 238명(25.5%), 3만 불 이하 235명(25.2%), 4만 1불~5만 불 173명(18.5%), 6만 1불~7만 불 134명(14.3%)이었다.

인구통계학적 분석에서 보여주듯이 크루즈 여행객은 60대 이후의 노년층이 70%, 연간 수입은 7만 불 이상이 25%로 크루즈여행이 시간과 경비 면에서 넉넉한 사람들이 주류를 이루고 있음을 알 수 있다. 특히 한국을 찾은 크루즈 관광객들 대다수가 3~4회의 크루즈 경험이 있는 것으로 파악되고 있어 극동아시아 지역이 새로운 크루즈 목적지로 부상하고 있음을 보여 준다.

크루즈 상품의 구매 특성을 보면 전체 응답자의 크루즈 상품에 대한 정보의 원천은 여행사 추천 158명(13.3%), 가족 또는 친구의 추천 156명(13.2%), 크루즈사 웹사이트 153명(12.9%), 여행가이드 132명(11.1%), 잡지광고 124명(10.4%) 이었다. 상품의 구매 특성은 여행사의 추천이 가장 높게 나타났으나 다른 정보 수단도 10%대를 점하고 있는 만큼 크루즈여행의 정보 채널이 다양함을 단적으로 보여 준다.

크루즈 상품의 구매처는 여행사 769명(69.7%), 크루즈 선사 248명(19.2%), 온라인 소매여행사 123명(9.5%), 기타 81명(6.3%), 투어오퍼레이터 68명(5.3%)

순이었다. 상품의 구매처 중 여행사가 높은 것은 크루즈 캐빈만을 구매하는 것이 아니라 Fly & Cruises 개념의 상품이 주종을 이루고 있음을 알 수 있다. 우리나라의 아웃 바운드 크루즈 상품의 경우도 Fly & Cruises가 주요 상품이다. 또한 지상 관광인 Shore Excursion은 외국인의 경우 선사에서 제공하는 상품을 주로 구매하는 것에 비해 우리나라 아웃 바운드 크루즈 여행객은 해외 여행사인 일명 랜드를 통해 지상 관광을 진행하는 것이 다른 점이다.

크루즈 상품 구매 시 가장 중요하게 생각하는 것은 목적지였으며, 다음으로는 독특한 경험, 가격, 휴식의 기회, 편리함, 특별한 호텔 또는 리조트, 선박, 본인의 휴가 일정과의 적합, 자녀와 가족에 유익한 프로그램의 순이었다. 이는 목적지가 미주 지역과 지중해 등 기존의 크루즈시장이 80% 이상을 차지하고 있던 목적지가 다변화하고 있음을 보여주고 있는 만큼 우리나라와 중국, 일본을 잇는 크루즈시장의 성장 잠재력을 단적으로 보여주고 있다.

쇼핑 금액과 품목에 있어 전체 응답자의 595명(61.9%)은 100달러 미만의 금액을 쇼핑에 지출했으며, 일인당 평균 쇼핑금액은 125.2불이었다. 지역별 평균 쇼핑금액은 인천 79.37불, 부산 159.72불, 제주 99.48불로 나타났다.

크루즈 여행객 1인의 유치는 컨테이너 20미터 1박스 수출에 해당하며, 20만 원 상당에 이르는 것으로 파악되고 있다. 우리나라를 찾은 크루즈 여행객의 쇼핑은 평균인 125달러인 점을 보면 다른 나라와 비교해 상대적으로 적은 돈을 쓰고 있다는 것을 알 수 있다. 이는 크루즈 여행객을 위한 쇼핑 관련 대책이 강구되어야 함을 단적으로 보여주는 결과이다.

우리나라 방문 시 좋았던 것과 불편했던 것 중 다중 응답으로 좋았던 점이 437.5%, 불편했던 점이 152.9%였다. 좋았던 점 중 친절하고 우호적인 사람들 74.0%, 독특한 문화유산 62.1%, 깨끗한 거리 53.4%, 안전한 환경 51.8%, 아름다운 자연경관 44.4%였다. 부산, 인천, 제주의 지역별로도 큰 차이가 없었다. 불편했던 문제로는 언어장벽 77.6%, 신호 및 표지판의 이해 26.2%, 교통체증 9.0%, 고물가 8.7%, 음식문제 5.5%로 나왔다. 우리나라를 찾는 많은 관광객들의 불편 요소와 거의 같은 내용을 지적하고 있는 만큼 언어와 신호 및 표지판의 정비가 외래 관광객 수용 태세에 있어 우선적으로 해결되어야 할 것으로 보인다.

한국 방문에 대한 만족도 및 재방문 의사는 총 6개 항목, 5점 척도(매우 만족 5, 만족 4, 보통 3, 불만족 2, 매우 불만족 1)로 조사한 결과 부산, 제주, 인천지역 방문자인 응답자들은 입국심사(4.51), 대중교통(4.37), 관광정보서비스(4.33), 관광지의 매력물과 여정(4.15), 쇼핑(4.04), 음식(3.99) 순으로 만족하였다. 이중 음식을 제외한 상위 4개 항목은 만족도 수준이 만족(4.0) 이상을 보여주고 있다. 한국 방문에 대한 전체적인 만족도는 4.24로 나와 만족(4) 이상으로 답변했다.

2009년 국제크루즈 승선객 대상 설문 분석 결과의 상품 개발 측면의 시사점으로는 △크루즈 기항지가 갖추어야 할 주요 요소는 자연경관, 생활양식, 쇼핑, 문화와 역사 등과 △방한 크루즈 이용객들은 주로 고궁, 공원, 시장, 사찰 등 주로 생활양식이나 문화를 엿볼 수 있는 장소와 쇼핑 장소를 많이 찾았으며 △쇼핑은 크루즈 선사가 기항지를 결정하는 주요인이 될 수는 없지만 크루즈 이용객들에게 있어 매력 있는 오락거리이자, 기항지 관광상품으로 기항지 입장에서 지역의 관광수입원이 될 수 있는 중요한 요소이다.

수용 태세 측면에서는 크루즈 이용객들이 우리나라 방문기간 중 가장 불편했던 점으로 지적한 것이 언어와 신호 및 표지판의 이해에 대한 문제와 입국심사, 대중교통, 관광정보서비스, 관광지 매력물과 여정, 쇼핑 등은 만족 수준인 반면, 음식은 보통 수준으로 나타나 음식 관련 서비스에 대한 만족도가 상대적으로 낮은 것으로 나타나 이에 대한 대책이 시급한 것으로 지적된다.

마지막으로 기항지들은 제2의 크루즈 관광객으로서 구매력을 가지고 있는 크루즈 승무원들을 위한 다양한 시설들을 기항지 주변에 마련, 이들에 대한 구매력을 높일 수 있는 대책 마련이 수반되어야 할 것으로 사료된다.

Table 3-8 2009년 부산크루즈 입항

연번	선 명	선 사	국 적	총톤수(길이)	입항예정일	출항예정일	여객수(명)	대리점명
1	Fuji Maru	Mitsui O.S.K	Japan	23,235	2009.01.22	2009.01.22	500	범주해운
2	AZAMARA QUEST	Azamara	Malta	30,277 (181m)	2009.02.07	2009.02.07	710	유니해운
3	AZAMARA QUEST	Azamara	Malta	30,277 (181m)	2009.02.21	2009.02.21	710	유니해운
4	Dolphin Voyager	Marine Trade	Bahamas	23,287 (174m)	2009.02.21	2009.02.21	1,000	동방선박
5	Queen Victoria	Carnival UK	U.K.	90,049 (294m)	2009.03.06	2009.03.06	1,980	협성해운
6	AZAMARA QUEST	Azamara	Malta	30,277 (181m)	2009.03.07	2009.03.07	710	유니해운
7	Legend of the Seas	RCI	Bahamas	69,130 (265m)	2009.03.18	2009.03.18	2,066	유니해운
8	AZAMARA QUEST	Azamara	Malta	30,277 (181m)	2009.03.21	2009.03.21	710	유니해운
9	Legend of the Seas	RCI	Bahamas	69,130 (265m)	2009.03.24	2009.03.24	2,066	유니해운
10	Dawn Princess	Princess	Bermuda	77,441 (261m)	2009.03.28	2009.03.28	1,998	협성해운
11	Legend of the Seas	RCI	Bahamas	69,130 (265m)	2009.03.30	2009.03.30	2,066	유니해운
12	Fuji Maru	Mitsui O.S.K	Japan	23,235	2009.04.04	2009.04.04	350	범주해운
13	Legend of the Seas	RCI	Bahamas	69,130 (265m)	2009.04.05	2009.04.05	2,066	유니해운
14	Legend of the Seas	RCI	Bahamas	69,130 (265m)	2009.04.11	2009.04.11	2,066	유니해운
15	Legend of the Seas	RCI	Bahamas	69,130 (265m)	2009.04.17	2009.04.17	2,066	유니해운
16	Legend of the Seas	RCI	Bahamas	69,130 (265m)	2009.04.21	2009.04.21	2,066	유니해운
17	Fuji Maru	Mitsui O.S.K	Japan	23,235	2009.05.02	2009.05.02	400	범주해운
18	Diamond Princess	Princess	Bermuda	115,875 (290m)	2009.05.05	2009.05.05	2,696	협성해운
19	Fuji Maru	Mitsui O.S.K	Japan	23,235	2009.05.09	2009.05.09	400	범주해운

연번	선 명	선 사	국 적	총톤수(길이)	입항예정일	출항예정일	여객수(명)	대리점명
20	Clipper Odyssey	International Shipping Partners	Bahamas	5,218 (102m)	2009.05.10	2009.05.10	110	윌햄슨쉬핑
21	Fuji Maru	Mitsui O.S.K	Japan	23,235	2009.05.15	2009.05.15	400	범주해운
22	Clipper Odyssey	International Shipping Partners	Bahamas	5,218 (102m)	2009.05.18	2009.05.18	110	윌햄슨쉬핑
23	Clipper Odyssey	International Shipping Partners	Bahamas	5,218 (102m)	2009.06.02	2009.06.02	110	윌햄슨쉬핑
24	Nippon Maru	Mitsui O.S.K	Japan	21,903	2009.07.11	2009.07.11	400	범주해운
25	Fuji Maru	Mitsui O.S.K	Japan	23,235	2009.07.18	2009.07.18	400	범주해운
26	Pacific Venus	JCL	Japan	26,561 (183m)	2009.07.31	2009.07.31	500	협성해운
27	Pacific Venus	JCL	Japan	26,561 (183m)	2009.08.25	2009.08.25	500	협성해운
28	Asuka II	NYK	Japan	50,142 (241m)	2009.08.30	2009.08.30	750	NYK코리아
29	Asuka II	NYK	Japan	50,142 (241m)	2009.09.28	2009.09.30	750	NYK코리아
30	Pacific Venus	JCL	Japan	26,561 (183m)	2009.09.29	2009.09.29	500	협성해운
31	Diamond Princess	Princess	Bermuda	115,875 (290m)	2009.10.01	2009.10.01	2,696	협성해운
32	Volendam	HAL	Nethlerland	60,906 (238m)	2009.10.13	2009.10.13	1,200	동방선박
33	Pacific Venus	JCL	Japan	26,561 (183m)	2009.10.17	2009.10.17	500	협성해운
34	Pacific Venus	JCL	Japan	26,561 (183m)	2009.10.17	2009.10.18	500	협성해운
35	Pacific Venus	JCL	Japan	26,561 (183m)	2009.10.26	2009.10.26	500	협성해운
36	Asuka II	NYK	Japan	50,142 (241m)	2009.11.04	2009.11.04	750	NYK코리아
37	Fuji Maru	Mitsui O.S.K	Japan	23,235			500	범주해운
계	37회		-	-	-	-	37,802	-

Table 3-9 2009년 인천 크루즈 입항

No.	월	일	선 사	선 박	승객	톤	비 고
1	2	15	Azamara Cruises	Azamara Quest	710	30,277	
2	3	9	Princess Cruises	Tahitian Princess	670		
3	3	11	Azamara Cruises	Azamara Quest	710	30,277	
4	3	16	Azamara Cruises	Azamara Quest	710	30,277	
5	3	15	Princess Cruises	Royal Princess	710		
6	3	15	Hapag Lloyd	EUROPA	408	28,890	폭 24m
7	3	21	Oceania Cruises	Nautica	684	30,200	
8	3	25	Oceania Cruises	Nautica	684	30,200	2항차
9	3	21	Silversea cruises	Silver Whisper	382	30,200	
10	3	31	Fred. Olsen Cruise Lines	Balmoral	1,340	43,537	1박, 4월 1일 출항 218m(전장), 28.2m(폭)
11	6	14	Hapag Lloyd	Hanseatic	184	8,378	
12	10	7	Regent Seven Seas Cruise	Seven Seas Mariner	700	50,000	폭 28.35m
합 계				총 12척	7,892		

IV Cruise Tour

크루즈 관광산업 육성과 나아갈 방향

1 사업 마케팅 전략

인재 육성

크루즈여행상품의 마케팅에 있어 가장 중요시되는 요인이 크루즈 상품판매자의 지식에 비례한다는 사실을 인식해야 한다. 마케팅 담당자 서비스의 기본자세는 물론 현지 여행 목적지의 현상과 역사적인 지식을 갖추어야 한다. 각 여행 목적지의 관광 코스에 대한 정확한 숙지가 필수이다. 크루즈선에 대한 지식 또한 필수적이다. 크루즈선은 항해 지역별, 선박 크기별, 크루즈 성격별, 크루즈 목적별로 다르므로 크루즈의 특징과 선내 프로그램 등의 전문지식을 숙지하고 있어야 한다. 특히 크루즈 관광객을 송출하는 아웃 바운드와 외래 관광객을 유치하는 인 바운드 공히 종사자의 언어구사능력이 매우 출중하여야 하며, 예기치 못한 상황에서의 대처능력 등을 갖추어야 한다.

브랜드 육성

크루즈여행이 성공하기 위해서는 크루즈선, 여정, 크루즈항, 시장 등의 4가지 필수요건들을 갖추어야 하며 부가적으로 항공, 지상 교통과의 연계성과 한 번에 대규모 크루즈 고객을 유치할 수 있는 능력 그리고 항만 가까이에 여행객들이 즐길 수 있는 관광지가 있어야 한다.

우선 수요 측면에서 볼 때 크루즈여행은 국민소득 2만 5천 달러 이상의 선진국가에서 번성하고 있으므로 우리나라의 경제적 여건은 현재 성숙되어 있지 않다고 볼 수 있다.

그러나 현재 크루즈시장은 다수 대중을 상대로 한 매스 마켓이 아닌 타깃 마켓이므로 이에 맞는 브랜드 육성이 마케팅에 있어 아주 중요한 요소이다. 크루즈여행은 자주 일어나지 않기 때문에 고객들은 특별한 서비스를 기대한다. 각 고객에게 평범하지 않은 체험을 줄 수 있는 차별화된 브랜드가 육성되어야 한다.

장애요인 극복

크루즈 잠재 고객들은 크루즈에 대한 긍정적인 인식과 부정적인 인식이 상존하고 있다. 긍정적인 인식으로는 여러 목적지를 즐김, 호화로움, 매우 조직적, 용이한 수화물 관리, 다양한 활동, 활발한 엔터테인먼트, 높은 수준의 식사, 모든 것이 포함된 요금 등의 인식이 있다. 크루즈여행의 의사결정이 어려운 부정적인 인식은 고객들의 마음속에 지루함, 노년을 위한 여행, 짧은 기항지 체제, 제한된 선내 활동, 음식 과다 섭취, 강제되는 사교, 배멀미, 통제된 여행 등의 생각을 가지고 있기 때문이다.

가격적인 면에 있어 조금 싼 리포지셔닝 크루즈를 제의하거나, 지루함에 대한 사교성을 언급하거나, 다양한 세대가 공존하는 것이 크루즈라는 인식을 심어주어야 한다.

특히 장애요인의 극복에 있어 고객의 인지된 필요에 따라 크루즈의 숙박, 음식, 엔터테인먼트 등의 선박의 객관적 실체와 항공여행 시 짐이 객실로 바로 운송된다든지, 기항지 관광 시 짐을 꾸릴 필요가 없다든지 하는 편익을 강조하고 필요를 판매해야 한다. 또한 크루즈선이 아닌 여행을 판매하고 고객의 예산 범위를 모른다면 중간 가격대부터 시작하여 상하로 가격을 맞추어 상담하고 크루즈 전체의 가격보다는 하루당 가격을 이야기 하는 것이 장애요인을 극복할 수 있는 마케팅 기법이다.

2 브랜드 마케팅 전략

신상품 개발

크루즈 선박의 평가 기준(CLIA : Cruise Lines International Association, 통계, 2006)은 선박(25%), 서비스(20%), 활동과 경험(17.5%), 식사(15%), 객실(15%), 엔터테인먼트(7.5%)로 나뉜다. 크루즈 선박의 등급 결정요인은 승객과 승무원수 등의 제원과 선실수 등의 하드웨어 시설, 선상활동 프로그램과 레스토랑 서비스 등의 소프트웨어와 서비스로 결정된다.

크루즈여행상품은 선박(Cruise Ship)의 안전도, 지명도, 선박구조 일정(Port of Call)의 기항지, 여행기간 · 항해기간 서비스(Ship's Service), 승무원의 친절도, 식사 서비스 활동(Activities), 기항지 활동, 선상활동 시설(Facrlities), 선내 시설, 식당 시설, 승객 편의시설을 기초로 상품이 구성된다. 이러한 기초적인 구성요소를 기본으로 크루즈 신상품의 개발은 잠재 고객의 선호도와 관광 매력물에 대한 육상 관광 선호도, 현지 시장의 크루즈 수요에 대한 시장성, 신변 안전과 정치적 안정성의 표적시장 선호도에 초점을 맞춰 신상품이 개발되어야 한다.

브랜드 차별화

크루즈는 크게 크루즈, 여객선, 호화 유람선, 연안 크루즈 등으로 구분되고, 선사별 · 선별로 상품 브랜드를 차별화해 마케팅하는 것이 무엇보다 중요하다.

새로운 크루즈 상품의 개발에 의한 적극적인 고객 유치로 대중화를 실현해야 한다. 이러기 위해서는 크루즈여행 일수의 다양화, 포괄여행상품으로의 판매, 쾌적성 · 안락성 향상, 고객 욕구만족도 제고를 위한 시설 확대, 특별한 목적이나 주제별 크루즈여행(SIT : Special Interest Tour & Cruise)의 형성이 필요하다.

SIT는 브랜드 차별화의 강력한 요소로서 뮤지컬 크루즈, 댄스 테마 크루즈, 예술과 함께하는 크루즈, 밴드 테마 크루즈, 웰빙 테마 크루즈, 별 관측 크루즈, 취미를 위한 테마 크루즈, 요리 테마 크루즈, 골프 테마 크루즈, 카드게임 테마 크루즈 등으로 브랜드를 차별화해야 한다. 특히 크루즈 성지순례와 크루즈 컨벤션 등으로 브랜드를 차별화할 필요가 있다.

고객관계관리

크루즈여행상품의 차별화 마케팅 중에서 가장 중시해야 할 것이 고객관계

관리(CRM : Customer Relationship Management)이다. 크루즈시장은 대중 마케팅(Mass Marketing)이 아니다. 크루즈 고객은 경제적으로나 사회적인 위치에서 국민의 상위 5% 이내의 사람들이 대부분이다. 그러므로 세분화 마케팅(Segmentation Marketing)이며, 틈새 마케팅(Niche Marketing)이 되어야 하는데 그 기본이 고객관계관리이다. CRM은 고객의 정보를 취할 수 있는 방법 즉, 고객 접점에서의 다양성을 기초로 전사적으로 행하는 마케팅이다. 고객관계관리는 신규 고객의 획득과 우수 고객의 유치, 고객 가치의 증진, 잠재 고객 활성화, 평생고객화 등을 통하여 고객을 적극적으로 관리하고 유치하며, 고객의 가치와 충성도를 높이는 전략적인 마케팅이다.

V Cruise Tour

크루즈 선사

크루즈 선사 소개는 국제크루즈선주협회(CLIA : Cruise Lines International Association)에 가입된 24개 선사를 중심으로 소개한다. 이들 선사 중에는 대양 크루즈도 있지만 해당지역의 연안과 리버 크루즈도 포함되어 있다. 또한 호주와 뉴질랜드 지역에 운항되는 P & O 크루즈 그리고 최근 한국에서 기독교 성지순례 크루즈 선사로 부상한 Steps of Paul Costal Cruises를 소개한다.

1 AMA Waterways

AMA WATERWAYS	주소 : 21625 Prairie Street Chatsworth, CA 91311 홈페이지 : www.amawaterways.com

AMA 워터웨이 크루즈는 유럽의 주요 강에서 운항되는 리버 크루즈이다. 2002년 이후 유럽의 리버 크루즈는 보다 럭셔리하고 안락한 스타일의 크루즈가 건조되기 시작했으며, 크루즈 승객도 150명까지 승선이 가능하고 또한 7일에서 한 달간 여행할 수 있는 상품들이 출시되어 있다.

대양 크루즈의 시설에 버금가는 부대시설을 갖추고 있는데 피트니스 센터, 뷰티 살롱, 월풀, 조깅 트렉 그리고 인터넷 카페까지 갖추고 있다. 특히 각 목적지별로 완벽한 시티 투어가 가능하도록 투어 가이드가 배치되어 있으며 전문 크루즈 디렉터가 상주하고 있다. 운항 지역으로는 발틱, 러시아, 서유럽과 서 지중해 지역이다.

전화번호

· General Office : 818-428-6198

- Brochures / General Information : 800-626-0126
- Individual Reservations : 800-626-0126
- Group Reservations : 800-626-0126
- Incentive Sales : 800-626-0126
- Charter Information : 800-626-0126
- Air / Sea Arrangements : 800-626-0126
- Guest Passenger Relations : 800-626-0126
- Travel Agent Sales Support : 800-626-0126
- Travel Agent Relations : 800-626-0126

항해 지역

- 발틱 / 러시아 Baltics / Russia
- 흑해 Black Sea
- 서 유럽 Western Europe
- 서 지중해 Western Mediterranean

예약 관련 정보

- 항공연계 패키지 : YES
- 지상 이동교통 예약 : YES
- 보호자와 동반하는 최저 연령제한 : 2세
- 보호자와 동반이 필요 없는 최저 연령 : 21세
- 3/4번째 객실 승객할인제 : YES
- 취소규정 : 그룹 예약 및 지상 관광은 예약금에 대하여 취소규정이 있다. 출발 120~90일 US$200, 89~60일 15%, 89~60일 35%, 59~30일 50%, 29~7일 80%, 크루즈 출발 6일 전 100%
- 경로 우대제도 : YES

· 신용카드 : 마스터(Master Card) / 비자(Visa) / 아멕스(American Express) / 디스커버(Discover)
· 싱글 예약 : 일반 객실 2인 가격의 50%, 주니어 스위트 2인 가격의 100%
· 싱글 객실 : Yes

객실 시설

· 텔레비전 / 라디오 TV / Radio
· 객실 내 영화 In-Stateroom Movies
· 안전금고 Private Safe
· 직통전화 Direct Dial Phone
· 인터넷 Internet Access
· 헤어드라이기 Hair Dryer
· 미니바 / 냉장고 Minibar / Refrigerator

*객실 타입에 따라 시설이 다를 수 있음

식사 서비스

· 오픈식사 정찬 Open Seating Dining
· 공식 정찬 Formal Nights
· 커피하우스 / 파티스리 Coffeehouse / Patisserie

팁

· 크루즈 이후 선택적 / 관습적 Optional / Customary at End of Cruise

어린이 / 가족 프로그램

· 없음 Not Available

회의와 컨퍼런스

- 음향 및 영상 시설 완비 Audio Visual Equipment
- 인터넷 컴퓨터 시설 완비 Computer Equipment
- 미팅 룸 Meeting Space
- 이메일 및 인터넷 서비스 E-mail Access
- 회의 가능 레스토랑 Conference Dining
- 미팅 코디네이터 Meeting Coordinator

스파 / 건강관리 / 피트니스

- 마사지 Massage
- 안면 마사지 Facials
- 매니큐어 / 네일아트 Manicures / Pedicures
- 스팀 사우나 Steam Room / Sauna
- 요가 / 필라테스 Yoga / Pilates
- 저쿠지 / 월풀 Jacuzzi / Whirlpool

스포츠 프로그램 / 시설 / 서비스

- 스포츠 장비 렌털 Sports Equipment Rental
- 특별 다이어트 프로그램 Special Dietary Needs
- 고객 특별강좌 / 교육 프로그램 Guest Lecturers / Educational Programs

워터웨이 크루즈 제원

선 명	건조년도	국적	총톤수	정원	층수	스태프국적	총객실
아마셀로 (Amacello)	2008	스위스	-	148	4	유럽	75
아마다지오 (Amadagio)	2006	스위스	-	150	4	유럽	75

선 명	건조년도	국적	총톤수	정원	층수	스태프국적	총객실
아마단테 (Amadante)	2008	스위스	-	148	4	유럽	75
톨스토이 (Tolstoy)	1979	러시아	-	160	4	우크라이나	85

2 American Cruise Lines

AMERICAN CRUISE LINES	주소 : 741 Boston Post Road, 200 Guilford CT 06437 웹사이트 : www.americancruiselines.com

아메리칸 크루즈 라인은 여행경험이 풍부하지만 크루즈여행을 경험해 본 적 없는 고객들에게 안성맞춤인 선사다. 화려함과 고급스러움을 동시에 가졌지만 지나치게 격식을 갖추지 않는 선내 프로그램과 서비스로 젊은이들에게 사랑을 받고 있다.

항해 일정으로는 8가지의 독특한 스케줄을 제공하며 미국 영토에 있는 아름다운 지역들도 기항하고 있다. AMCL(아메리칸 크루즈 라인)은 풍부한 기항지 관광 프로그램을 보유하고 있어 전통적으로 많은 승객들에게 기항지의 내륙 깊숙한 곳까지 여행할 수 있다는 평가를 받고 있을 뿐만 아니라, 세계 유명 도심지와 문명의 세계로부터 멀리 떨어진 작은 섬까지 승객들이 독특하고도 아름다운 경치를 즐길 수 있도록 운항하고 있다.

독특한 기항지와 100명의 승객을 탑승한 소형 크루즈 선박의 조화는 아늑함과 동시에 화기애애한 선내 분위기를 자연스럽게 조성한다.

30년간의 오랜 노하우를 바탕으로 세계 소형 크루즈시장에서 '젊은이에게 주목받는 크루즈 라인'으로 급부상하고 있는 AMCL은 2000년, 2002년 그리고 2005년에 크루즈를 건조하였다. 2007년 새롭게 선보인 아메리칸 스타호도 AMCL의 이미지를 높여 주는 역할을 해냈다.

AMCL의 객실은 소형 크루즈임에도 불구하고 18.84m^2(25.7평형)의 넓은 객실을 자랑하며 각각의 객실마다 욕실을 겸비하고 있다. 또한 럭셔리 서비스를 누구나 경험할 수 있도록 크루즈 내 승무원 교육을 철저히 하기로 유명하다. 그렇기 때문에 승객들은 개인적으로 필요한 부분들을 쉽게 서비스 받을 수 있으며, 고객관리시스템(CRM)을 통한 개인 선호도를 선사에서 관리하고 있어 그 수준이 매우 높다고 할 수 있다.

전화번호

· 본부 사무실 : 203-453-6800
· 브로슈어 / 일반정보 문의 : 800-814-6880
· 개인 예약번호 : 800-814-6880
· 그룹 예약번호 : 800-814-6880
· 인센티브 세일즈 예약 : 800-814-6880
· 차터 예약번호 : 800-814-6880
· 항공 / 크루즈 예약 : 800-814-6880
· 장애인 서비스 : 800-814-6880
· 게스트 서비스 : 800-814-6880
· 여행대리점 세일즈 지원 : 800-814-6880
· 여행대리점 서비스 : 800-814-6880

항해 지역

· 체사피크만(Chesapeake Bay) : 미국 버지니아와 메릴랜드 주에 걸친 대서양 연안의 만

· 뉴잉글랜드 / 캐나다 New England / Canada
· 최북단 미주 해안 Northeast US Coast
· 최남단 미주 해안 Southeast US Coast

예약 관련 정보

· 항공 / 해안 패키지 : 없음
· 지상 이동교통 예약 : 가능
· 기항지 관광 예약 : 불가
· 보호자와 동반하는 최저 연령제한 : 없음
· 보호자와 동반이 필요 없는 최저 연령 : 18세 이상
· 3/4번째 객실 승객할인제 : 없음
· 싱글을 위한 프로그램 : 없음
· 취소위약금 규정 : 취소는 반드시 AMCL로 서면보고 되어야 하며, 서면 취소 통보만이 위약금 규정으로부터 인정된다. 서면취소 통보는 내용증명과 크루즈 요금 지불에 대한 영수증이 동봉되어야만 한다. 모든 취소는 $90.00의 취소등록비용(cancellation administration charge)이 고객에게 부담된다. 또한 여행자 보험을 구입했다면 항해 당일까지 전 크루즈 요금에 대한 환불이 가능하다.

AMCL 환불규정

· 항해 91일 전 : 크루즈 요금의 100% 환불 가능
· 항해 90~46일 전 : 크루즈 요금의 50% 환불 가능
· 항해 45~당일 전 : 환불 불가
· 신용카드 : 마스터(Master Card) / 비자(Visa) / 아멕스(American Express) / 디스커버(Discover)

객실 시설

· TV / 라디오 / 비디오 / DVD 플레이어 / 헤어드라이기

*객실마다 조금씩 시설이 다름

식사 스타일

· 오픈 정찬식사

· 전통 정찬식사 스타일 / 뷔페 스타일

아메리칸 크루즈 제원

선 명	건조년도	국적	총톤수	정원	층수	스태프국적	총객실
아메리칸 이글 (American Eagle)	2000	미국	1,100	49	4	미국	24
아메리칸 글로리 (American Glory)	2002	미국	1,100	49	4	미국	21
아메리칸 스피리트 (American Spirit)	2005	미국	1,600	100	4	미국	51
아메리칸 스타 (American Star)	2007	미국	1,600	100	4	미국	52

3 Azamara Cruises

AZAMARA CRUISES Worlds Apart™

주소 : 1050 Caribbean Way, Miami FL 33132
웹사이트 : www.azamaracruises.com

아자마라(Azamara)는 그리스어에 어원을 두고 있다. '깊고 푸른 바다 위에 빛나는 별(a bright star on the deep blue sea)'로 홍보하고 있다. 이름의 특별함에서 알 수 있듯 좀 더 특별하고 차별화된 크루즈여행을 경험할 수 있는 아자

마라 크루즈는 디럭스 크루즈의 기준이 되고 있다. 3만 톤급의 저니호와 퀘스트호는 세계일주 일정을 비롯해 60개국 175곳의 기항지를 운항하며, 대형 크루즈선이 운항하지 못하는 세계 곳곳의 절경과 비경으로 안내한다.

화려한 수상 경력을 자랑하는 식음료 팀은 최상의 다이닝 메뉴로 크루즈여행을 더욱 가치 있게 만들어주며, 스페셜티 레스토랑인 퓨전 지중해식 레스토랑 아쿠아리아, 프라임 비프와 해산물 그릴 요리 전문 레스토랑 프라임 C는 더욱 특별한 다이닝 메뉴를 제공한다.

전화번호

- 일반전화(General Office) : 305-539-6000
- 브로슈어 / 일반문의(Brochures / General Information) : 877-222-2526
- 개인 예약(Individual Reservations) : 877-999-9553
- 그룹 예약(Group Reservations) : 877-222-2526
- 인센티브 세일(Incentive Sales) : 800-722-5934
- 차터 문의(Charter Information) : 305-539-4185
- 플라이 크루즈 예약(Air / Sea Arrangements) : 877-222-2526
- 장애인 승객 서비스(Handicapped Passenger Services) : 800-242-6374
- 승객 홍보(Guest Passenger Relations) : 877-222-2526
- 판매대리점 지원(Travel Agent Sales Support) : 877-222-2526
- 판매대리점 서비스(Travel Agent Relations) : 877-222-2526

항해 지역

- 남극 Antarctica

· 발틱 / 러시아 Baltic / Russia
· 버뮤다 Bermuda
· 흑해 Black Sea
· 영국제도와 아일랜드 British Isles / Ireland
· 캐리비안 Caribbean
· 중미 Central America
· 서 유럽 Western Europe
· 극동과 오리엔트 Far East / Orient
· 인도 India
· 동 지중해와 에게해 Eastern Mediterranean / Aegean
· 서 지중해 Western Mediterranean
· 남동 지중해 Southeast Mediterranean
· 멕시코 Mexico
· 파나마 운하 Panama Canal
· 홍해와 수에즈 운하 Red Sea / Suez Canal
· 스칸디나비아와 북해협 Scandinavia / North Cape
· 남미 South America
· 남태평양과 타히티 South Pacific / Tahiti
· 남동 아시아 Southeast Asia
· 대서양 횡단 Transatlantic
· 세계일주 World Cruises

예약 관련 정보

· 플라이 크루즈 패키지 : YES
· 지상연계 수송 예약 : YES
· 기항지 관광 예약 : YES

- 보호자와 동반하는 최저 연령제한 : 3세
- 보호자와 동반이 필요 없는 최저 연령 : 21세
- 3/4번째 객실 승객할인제 : YES
- 싱글 추가 : US$200
- 싱글 프로그램 : 없음
- 신용카드 : 마스터(Master Card), 비자(Visa), 아멕스(American Express), 다이너스 클럽(Diners Club), 디스커버(Discover)

객실 시설

- TV / 라디오, CD 플레이어, 영화, 안전금고, DVD 플레이어, 직통전화, 인터넷 액세스, 헤어드라이기, 미니바, 냉장고

  *크루즈와 객실 타입에 따라 달라질 수 있음

식사 스타일

- 오픈식사 정찬 Open Seating Dining
- 특별 / 선택 정찬 Specialty / Alternative Dining
- 커피하우스 Coffeehouse

  *선상카드로 자동 청구됨

아자마라 크루즈의 기본시설 및 특별 프로그램

- 패밀리 할인 적용 Reduced Family Rate
- 유아 전용 의자 Baby Sitting
- 유아용 침대 Cribs
- 게임 / 콘테스트 Games / Contests
- 어린이 전용 영화 Children's Movies
- 어린이 특별활동 Organized Age Specific Activities
- 유아 전문교사 선내 상주 Youth Counselors

회의와 컨퍼런스

- 음향 및 영상 시설 완비 Audio Visual Equipment
- 인터넷 컴퓨터 시설 완비 Computer Equipment
- 이메일 및 인터넷 서비스 E-mail Access
- 회의가 가능한 레스토랑 Conference Dining
- 비즈니스 회의 장소 제공 Conference Calling
- 비즈니스 센터 서비스 Business Center Services
- 회의 진행 코디네이터 Meeting Coordinator

전문프로그램

- 아로마테라피 Aromatherapy
- 바디 마사지 Body Wraps
- 이오니서미 트리트먼트 Lonithermie Treatments
- 반사치료 Reflexology
- 해수치료 요법 Thalassotherapy
- 마사지 Massage
- 안면 마사지 Facials
- 매니큐어 / 네일아트 Manicures / Pedicures
- 스팀 사우나 Steam Room / Sauna
- 요가 / 필라테스 Yoga / Pilates
- 월풀 Whirlpool
- 그룹 피트니스 클래스 Group Fitness Classes
- 골프 클리닉 / 레슨 Golf Clinic / Lessons
- 골프 프로페셔널 교육과정 Golf Professional Aboard
- 개인골프 관광 예약 Individual Golf Excursions Available
- 웨딩 / 허니문 프로그램 Wedding / Honeymoons

· 휠체어 대여 Wheelchair Accessible
· 스페셜 다이어트 프로그램 Special Dietary Needs
· 승객 특별강의 / 교육 프로그램 Guest Lecturers / Educational Programs

아자마라 크루즈 제원

선 명	건조년도	국적	총톤수	정원	층수	스태프국적	총객실
아자마라 저어니 (Azamara Journey)	2000	바하마	30,277	710	9	그리스 인터내셔널	355
아자마라 퀴스트 (Azamara Quest)	2000	바하마	30,277	710	9	그리스 인터내셔널	355

4 Carnival Cruise Lines

Carnival. FUN FOR ALL. ALL FOR FUN.	주소 : 3655 NW 87th Avenue, Miami FL 33178 웹사이트 : www.carnival.com

카니발 크루즈 라인은 세계에서 가장 유명하고 승객들의 욕구에 잘 맞춘 항로를 제공하기로 정평이 나 있다. 젊은이의 취향에 맞는 선내 공연과 딱딱하지 않은 규정, 아름답고 유명한 기항지만을 선호하여 관광을 제공하는 선사라 볼 수 있다.

세계 최대의 선사로서 월드 리딩 크루즈 라인(World Leading Cruises Lines)의 최대 주주 회사로 세계 크루즈의 대표 주자로 정평이 나 있다. 미주 지역의 단기 크루즈를 통해 크루즈 대중화에 앞장서고 있는 선사이다.

전화번호

· 본부 사무실 : 305-599-2600 or 800-438-6744

· 브로슈어 / 일반정보 문의 : 800-327-7276

· 개인 예약번호(Individual Reservations) : 800-327-9501 or 800-CARNIVAL

· 그룹 예약번호(Group Reservations) : 800-327-5782

· 인센티브 세일즈 예약(Incentive Sales) : 800-438-6744

· 차터 예약번호(Charter Information) : 1-800-438-6744, Ext. 70007

· 항공 / 크루즈 예약 : Air / Sea Arrangements : 800-321-6666

· 장애인 서비스(Handicapped Passenger Services) : 800-CARNIVAL ext. 70025

· 게스트 서비스(Guest Passenger Relations) : 800-929-6400

· 여행대리점 세일즈 지원(Travel Agent Sales Support) : 800-327-7276

· 여행대리점 서비스(Travel Agent Relations) : 800-327-7276

항해 지역

· 알래스카 Alaska

· 바하마 Bahamas

· 발틱 / 러시아 Baltic / Russia

· 버뮤다 Bermuda

· 캐리비안 Caribbean

· 센트럴 아메리카 Central America

· 중장거리 항해 Cruises to Nowhere

· 서유럽 Western Europe

· 하와이 Hawaii

· 동부 지중해 / 에게해 Eastern Mediterranean / Aegean

· 서부 지중해 Western Mediterranean

· 멕시코 Mexico

· 뉴잉글랜드 / 캐나다 New England / Canada
· 대서양 Transatlantic

예약 관련 정보

· 항공 / 해안 패키지 : YES
· 지상 이동교통 예약 : YES
· 기항지 관광 예약 : YES
· 보호자와 동반하는 최저 연령제한 : 4개월 이상
· 보호자와 동반이 필요 없는 최저 연령 : 21세 이상
· 3/4번째 객실 승객할인제 : YES
· 싱글 예약 : 가능
· 싱글 추가 : US$150~200
· 취소위약금 규정 : 항해 기간과 지역에 따라 다른 위약금 비율이 적용된다. www.carnival.com 웹사이트에서 자세한 정보 확인 가능
· 신용카드 : 마스터(Master Card) / 비자(Visa) / 아멕스(American Express) / 디스커버(Discover)

객실 시설

· TV / 실내 영화 상영 / 라디오 / 비디오 / 헤어드라이기 / 미니바 / 냉장고 / 전화기
*객실마다 조금씩 시설이 다를 수 있음

식사 스타일

· 전통 정찬식사 Traditional Seating
· 정통 석식 Formal Nights
· 특별 / 선택 정찬 Specialty / Alternative Dining

· 커피하우스 Coffeehouse

· 24시간 오픈식사 서비스 24-Hour Dining Options

*특별 다이어트 식단은 사전 요청이 요구됨

*선상 카드로 팁 자동 청구됨

*선상 카드 ↔ 신용카드 자동 연계 시스템

카니발 크루즈 라인 기본시설 및 특별 프로그램

· 카지노 Casino

· 디스코 / 나이트클럽 Disco / Nightclub

· 영화관 Movies

· 카드 룸 Card Room

· 아케이드 게임 룸 Game Arcade

· 피트니스 센터 Fitness Center

· 풀 스파 서비스 Full Service Spa

· 사우나 / 스팀 룸 Sauna / Steam Room

· 뷰티 살롱 Beauty Salon

· 야외 수영장 Outdoor Pool

· 바 & 라운지 Bars / Lounges

· 도서관 Library

· 인터넷 카페 Internet Center

· 연령대 특별 맞춤 액티비티 Age-Specific Activities

· 야외 유아 전용 놀이터 Outdoor Children's Play Area

· 청소년 전용 센터 Dedicated Teen Center

· 청소년 전용 프로그램 Teen Programs

· 유아 전용 수영장 Children's Pool

· 어린이 전문 스태프 Youth Staff

- 보모 서비스 Babysitters Available
- 엘리베이터 Elevators
- 면세점 / 뷰티숍 Dutyfree Shops / Boutiques
- 동전 세탁기 서비스 Self Service Laundromat
- 안내 데스크 Concierge Desk
- 병원 / 의약품 Infirmary / Medical Center
- 안전 금고 Safe Deposit Boxes
- 로비 & 아트리움 Artists' Lobby
- 카니발 전용 우대 프로그램 Courtesy of Carnival Cruise Lines
- 가족여행 할인혜택 Reduced Family Rate
- 가족 객실 Family Cabins
- 유아 보모 Baby Sitter
- 유아용 침대 Cribs
- 만화영화 Cartoons
- 게임 / 게임 대회 프로그램 Games / Contests
- 교육 프로그램 / 클래스 Educational Programs / Classes
- 어린이 파티 프로그램 Organized Children's Parties
- 어린이 영화 상영 Children's Movies
- 어린이 놀이방 Children's Playroom
- 연령대별 특별활동 프로그램 Organized Age Specific Activities
- 어린이 특별교사 선내 상주 Youth Counselors
- 청소년 특별교사 선내 상주 Teen Counselors
- 청소년 센터 & 디스코 Teen Center or Disco
- 어린이 전용 수영장 Children's Pool
- 음향 및 영상 시설 완비 Audio Visual Equipment
- 인터넷 컴퓨터 시설 완비 Computer Equipment

- 이메일 및 인터넷 가능 E-mail Access
- 회의가 가능한 정찬 레스토랑 Conference Dining
- 비즈니스 회의 장소 제공 Conference Calling
- 비즈니스 센터 서비스 Business Center Services
- 미팅 코디네이터 Meeting Coordinator

전문 프로그램

- 아로마테라피 Aromatherapy
- 전신 마사지 Body Wraps
- 머드 테라피 Mud Therapy
- 이오니서미 트리트먼트 Lonithermie Treatments
- 반사치료 Reflexology
- 해수치료 요법 Thalassotherapy
- 마사지 Massage
- 안면 마사지 Facials
- 매니큐어 / 네일아트 Manicures / Pedicures
- 스팀 사우나 Steam Room / Sauna
- 요가 / 필라테스 Yoga / Pilates
- 월풀 Whirlpool
- 그룹 엑서사이즈 및 헬스클럽 Group Fitness Classes
- 다이빙 연습 Practice Driving Cage
- 골프 퍼팅 Putting Greens
- 골프 클리닉 Golf Clinic / Lessons
- 골프 패키지 Golf Packages
- 골프 시뮬레이터 Golf Simulator
- 골프 프로페셔널 교육과정 Golf Professional Aboard

· 개인골프 관광 예약 가능 Individual Golf Excursions Available
· 웨딩 / 허니문 프로그램 Wedding / Honeymoons
· 스포츠 장비 렌털 Sports Equipment Rental
· 휠체어 대여 Wheelchair Accessible
· 특별 다이어트 프로그램 Special Dietary Needs

카니발 크루즈 제원

선 명	건조년도	국적	총톤수	정원	층수	스태프국적	총객실
카니발 콩퀘스트 (Carnival Conquest)	2002	파나마	110,000	2,974	13	이탈리아 인터내셔널	1,487
카니발 데스티니 (Carnival Destiny)	1996	파나마	101,353	2,642	12	이탈리아 인터내셔널	1,321
카니발 엑스터시 (Carnival Ecstasy)	1991	파나마	70,367	2,052	10	이탈리아 인터내셔널	1,026
카니발 엘라션 (Carnival Elation)	1998	파나마	70,367	2,052	10	이탈리아 인터내셔널	1,026
카니발 판타지 (Carnival Fantasy)	1990	바하마	70,367	2,056	10	이탈리아 인터내셔널	1,028
카니발 패스네이션 (Carnival Fascination)	1994	바하마	70,367	2,052	10	이탈리아 인터내셔널	1,026
카니발 프리덤 (Carnival Freedom)	2007	파나마	110,000	2,974	13	이탈리아 인터내셔널	1,487
카니발 글로리 (Carnival Glory)	2003	파나마	110,000	2,974	13	이탈리아 인터내셔널	1,487
카니발 이매지네이션 (Carnival Imagination)	1995	바하마	70,367	2,052	10	이탈리아 인터내셔널	1,026
카니발 인스퍼레이션 (Carnival Inspiration)	1996	바하마	70,367	2,052	10	이탈리아 인터내셔널	1,026
카니발 레전드 (Carnival Legend)	2002	파나마	88,500	2,124	12	이탈리아 인터내셔널	1,062

선　명	건조년도	국적	총톤수	정원	층수	스태프국적	총객실
카니발 리버티 (Carnival Liberty)	2005	파나마	110,000	2,974	13	이탈리아 인터내셔널	1,487
카니발 미라클 (Carnival Miracle)	2004	파나마	88,500	2,124	12	이탈리아 인터내셔널	1,062
카니발 파라다이스 (Carnival Paradise)	1998	파나마	70,367	2,052	10	이탈리아 인터내셔널	1,026
카니발 프라이드 (Carnival Pride)	2002	파나마	88,500	2,124	12	이탈리아 인터내셔널	1,062
카니발 센세이션 (Carnival Sensation)	1993	바하마	70,367	2,052	10	이탈리아 인터내셔널	1,026
카니발 스피리트 (Carnival Spirit)	2001	파나마	88,500	2,124	12	이탈리아 인터내셔널	1,062
카니발 스플렌더 (Carnival Splendor)	2008	파나마	113,300	3,006	13	이탈리아 인터내셔널	1,503
카니발 트라이엄프 (Carnival Triumph)	1999	바하마	102,000	2,758	13	이탈리아 인터내셔널	1,379
카니발 발러 (Carnival Valor)	2004	파나마	110,000	2,974	13	이탈리아 인터내셔널	1,487
카니발 빅토리 (Carnival Victory)	2000	파나마	102,000	2,758	13	이탈리아 인터내셔널	1,379
카니발 홀리데이 (Carnival Holiday)	1985	바하마	46,052	1,452	8	이탈리아 인터내셔널	726

5 Celebrity Cruises

Celebrity X Cruises®	주소 : 1050 Caribbean Way Miami, FL 33132 웹사이트 : www.celebritycruises.com

셀러브리티 크루즈는 편안하고 정교한 디자인으로 구성된 선박이 특징이다. 고품질의 승객 서비스와 차별화된 레스토랑의 요리들로 2007년에는 세계

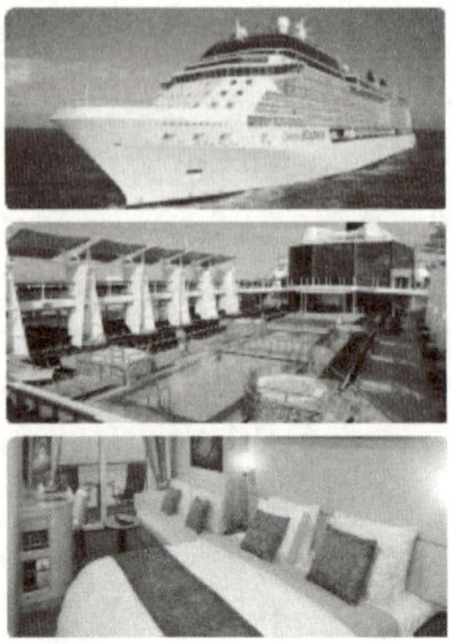

적으로 권위 있는 Readers of Conde' Nast Traveler에서 "The World Best Large Cruises"의 영예를 안기도 한 선사이다.

알래스카, 캘리포니아, 캐리비안, 유럽, 갈라파고스 군도, 하와이, 멕시칸 리비에라, 북아프리카, 파나마 운하, 남미, 오스트레일리아 등 세계 여러 곳에 선박이 배치되어 운항되고 있으며, 독특한 기항지 관광을 제공하기로 유명하다.

전화번호

- 일반전화(General Reservation) : 305-539-6000
- 브로슈어 / 일반문의(Brochures / General Information) : 800-235-3274
- 개인 예약(Individual Reservations) : 800-437-3111
- 그룹 예약(Group Reservations) : 800-722-5476
- 인센티브 예약(Incentive Sales) : 800-345-7225
- 차터 문의(Charter Information) : 800-345-7225
- 플라이 크루즈 예약(Air / Sea Arrangements) : 800-636-2440
- 장애인 서비스(Handicapped Passenger Services) : 800-242-6374
- 승객 서비스 센터(Guest Passenger Relations) : 800-280-3423
- 판매대리점 지원(Travel Agent Sales Support) : 800-327-2056
- 판매대리점 서비스(Travel Agent Relations) : 800-280-3423

항해 지역

- 알래스카 Alaska
- 오스트레일리아 / 뉴질랜드 Australia / New Zealand
- 바하마 Bahamas

- 발틱 / 러시아 Baltic / Russia
- 흑해 Black Sea
- 영국제도 / 아일랜드 British Isles / Ireland
- 카나리제도 / 북 아프리카 Canary Island / North Africa
- 캐리비안 Caribbean
- 중앙 아메리카 Central America
- 서 유럽 Western Europe
- 하와이 Hawaii
- 동부 지중해 / 에게해 Eastern Mediterranean / Aegean
- 서부 지중해 Western Mediterranean
- 남부 지중해 Southeast Mediterranean
- 멕시코 Mexico
- 뉴잉글랜드 / 캐나다 New England / Canada
- 파나마 운하 Panama Canal
- 스칸디나비아 / 북해협 Scandinavia / North Cape
- 남미 South America
- 남태평양 / 타히티 South Pacific / Tahiti
- 대서양 횡단 Transatlantic
- 태평양 횡단 Transpacific
- 서부 해안 West Coast

예약 관련 정보

- 플라이 크루즈 패키지 : YES
- 내륙연계 수송 예약 : YES
- 기항지 관광 예약 : YES
- 보호자와 동반하는 최저 연령제한 : NO

· 보호자와 동반이 필요 없는 최저 연령 : 21세 이상
· 3/4번째 객실 승객할인제 : YES
· 취소위약금 규정 : 항해 기간과 지역에 따라 다른 위약금 비율이 적용된다. www.celebritycruises.com 웹사이트에서 자세한 정보 확인 가능
· 싱글 추가 : US$200
· 싱글 프로그램 : NO
· 신용카드 : 마스터(Master Card) / 비자(Visa) / 아멕스(American Express) / 디스커버(Discover), 다이너스 클럽(Diners Club)

객실 시설

· TV / 실내 영화 상영 / 라디오 / 비디오 / 헤어드라이기 / 미니바 / 냉장고 / 전화기 / CD 플레이어 / DVD 플레이어

*객실마다 조금씩 시설이 다를 수 있음

식사 스타일

· 전통 정찬식사 Traditional Seating
· 정통 석식 Formal Nights
· 특별 / 선택 정찬 Specialty / Alternative Dining
· 커피하우스 Coffeehouse
· 24시간 오픈식사 서비스 24-Hour Dining Options

*특별 다이어트 식단은 사전 요청이 요구됨
*선상 카드로 자동 청구됨

셀러브리티 크루즈의 기본시설 및 특별 프로그램

· 가족할인 요금제도 Reduced Family Rate
· 가족 전용 객실 Family Cabins
· 유아 전용 의자 Baby Sitting

- 유아용 침대 Cribs
- 만화영화 상영 Cartoons
- 게임 & 콘테스트 Games / Contests
- 교육 프로그램 및 특별활동반 Educational Programs / Classes
- 어린이 파티 프로그램 Organized Children's Parties
- 어린이 전용 영화 Children's Movies
- 어린이 전용 놀이터 Children's Playroom
- 연령대별 특별활동 프로그램 Organized Age Specific Activities
- 유아 전문교사 선내 상주 Youth Counselors
- 청소년 전문교사 선내 상주 Teen Counselors
- 청소년 센터 & 디스코 Teen Center or Disco
- 유아 전용 수영장 Children's Pool
- 음향 및 영상 시설 완비 Audio Visual Equipment
- 인터넷 컴퓨터 시설 완비 Computer Equipment
- 이메일 및 인터넷 서비스 E-mail Access
- 회의가 가능한 레스토랑 Conference Dining
- 비즈니스 회의 장소 제공 Conference Calling
- 비즈니스 센터 서비스 Business Center Services
- 미팅 코디네이터 Meeting Coordinator

전문 프로그램

- 아로마테라피 Aromatherapy
- 전신 마사지 Body Wraps
- 머드 테라피 Mud Therapy
- 이오니서미 트리트먼트 Lonithermie Treatments
- 반사치료 Reflexology

- 해수치료 요법 Thalassotherapy
- 마사지 Massage
- 안면 마사지 Facials
- 매니큐어 / 네일아트 Manicures / Pedicures
- 스팀 사우나 Steam Room / Sauna
- 요가 / 필라테스 Yoga / Pilates
- 월풀 Whirlpool
- 그룹 엑서사이즈 및 헬스클럽 Group Fitness Classes
- 다이빙 연습 Practice Driving Cage
- 골프 퍼팅 Putting Greens
- 골프 클리닉과 레슨 Golf Clinic / Lessons
- 골프 패키지 Golf Packages
- 골프 시뮬레이터 Golf Simulator
- 골프 프로페셔널 교육과정 Golf Professional Aboard
- 개인골프 관광 예약 가능 Individual Golf Excursions Available
- 웨딩 / 허니문 프로그램 Wedding / Honeymoons
- 스포츠 장비 렌털 Sports Equipment Rental
- 휠체어 대여 Wheelchair Accessible
- 특별 다이어트 프로그램 Special Dietary Needs
- 승객 특별강의 / 교육 프로그램 Guest Lecturers / Educational Programs

셀러브리티 크루즈 제원

선　명	건조년도	국적	총톤수	정원	층수	스태프국적	총객실
셀러브리티 살스티스 (Celebrity Solstice)	2008	파나마	118,000	2,850	14	그리스 인터내셔널	1,400
셀러브리티 센츄리 (Celebrity Century)	2002	파나마	71,545	1,814	12	그리스 인터내셔널	907

선 명	건조년도	국적	총톤수	정원	층수	스태프국적	총객실
셀러브리티 콘스텔레이션 (Celebrity Constellation)	2002	바하마	91,000	2,038	11	그리스 인터내셔널	1,019
셀러브리티 갤럭시 (Celebrity Galaxy)	1996	바하마	77,713	1,908	10	그리스 인터내셔널	954
셀러브리티 인피니티 (Celebrity Infinity)	2001	바하마	91,000	2,050	11	그리스 인터내셔널	1,025
셀러브리티 머큐리 (Celebrity Mercury)	1997	바하마	77,713	1,898	10	그리스 인터내셔널	949
셀러브리티 밀레니엄 (Celebrity Millennium)	2000	바하마	91,000	2,038	11	그리스 인터내셔널	1,019
셀러브리티 서미트 (Celebrity Summit)	2001	바하마	91,000	2,038	11	그리스 인터내셔널	1,019

6 Costa Cruises

주소 : 200 South Park Road, 200 Hollywood, FL 33021
웹사이트 : www.costacruises.com

코스타 크루즈는 유럽의 넘버 원 선사로서 350가지의 다양한 항차들과 81가지의 색다른 항해 일정으로 유럽인들에게 많은 사랑을 받고 있는 이탈리아 선사이다.

특히 4박에서 17박까지 다양하고 즐거운 크루징이 가능한 것이 장점이다. 지중해를 무대로 하는 코스타 크루즈는 북해협 & 피오르드, 발틱해 & 러시아, 극동, 두바이, 인도양, 대서양 횡단의 다양한 항해를 제공하고 있다.

최신형 파나맥스 선박들로 이루어진 코스타 크루즈는 11척의 중・대형으로 이루어져 있다. 뿐만 아니라 남미의 넘버 원 크루즈 라인으로써 브라질, 아르헨티나, 칠레, 우루과이의 많은 사랑을 받고 있기도 하다.

2010년 부산을 모항으로 7~8월 2개월간 5만 톤급의 클래시카호와 로만티카호를 5박 6일 코스로 운항한다.

전화번호

- 본부 사무실 : 954-266-5600
- 브로슈어 / 일반정보 문의 : 800-33-COSTA
- 개인 예약번호(Individual Reservations) : 800-GO-COSTA
- 그룹 예약번호(Group Reservations) : 800-66-COSTA
- 인센티브 세일즈 예약(Incentive Sales) : 954-266-5615
- 차터 예약번호(Charter Information) : 954-266-5615
- 항공 / 크루즈 예약(Air / Sea Arrangements) : 800-GO-COSTA
- 장애인 서비스(Handicapped Passenger Services) : 954-266-5009
- 게스트 서비스(Guest Passenger Relations) : 954-266-5600
- 여행대리점 세일즈 지원(Travel Agent Sales Support) : 800-327-2537
- 여행대리점 서비스(Travel Agent Relations) : 800-327-2537

항해 지역

- 남아프리카 Southern Africa
- 발틱 / 러시아 Baltic / Russia
- 버뮤다 Bermuda
- 흑해 Black Sea
- 카나리제도 / 북아프리카 Canary Island / North Africa

· 캐리비안 Caribbean
· 중앙 아메리카 Central America
· 서유럽 Western Europe
· 극동 / 동양 Far East / Orient
· 동부 지중해 / 에게해 Eastern Mediterranean / Aegean
· 서부 지중해 Western Mediterranean
· 남부 지중해 Southeast Mediterranean
· 멕시코 Mexico
· 홍해 / 수에즈 운하 Red Sea / Suez Canal
· 스칸디나비아 / 북해협 Scandinavia / North Cape
· 남미 South America
· 극남 아시아 Southeast Asia
· 대서양 횡단 Transatlantic

예약 관련 정보

· 항공 / 해안 패키지 : YES
· 지상 이동교통 예약 : YES
· 기항지 관광 예약 : YES
· 보호자와 동반하는 최저 연령제한 : 3개월 이상
· 보호자와 동반이 필요 없는 최저 연령 : 21세 이상
· 3/4번째 객실 승객할인제 : YES
· 싱글 예약 : 가능
· 싱글 추가 : US$180~200
· 취소위약금 규정 : 항해 기간과 지역에 따라 다른 위약금 비율이 적용된다. www.costacruise.com 웹사이트에서 자세한 정보 확인 가능
· 신용카드 : 마스터(Master Card) / 비자(Visa) / 아멕스(American Express) /

디스커버(Discover)

객실 시설

· TV / 실내 영화 상영 / 라디오 / 비디오 / 헤어드라이기 / 미니바 / 냉장고 / 전화기

*객실마다 조금씩 시설이 다를 수 있음

식사 스타일

· 전통 정찬식사 Traditional Seating

· 정통 석식 Formal Nights

· 특별 / 선택 정찬 Specialty / Alternative Dining

· 24시간 오픈식사 서비스 24-Hour Dining Options

*특별 다이어트 식단은 사전 요청이 요구됨

*선상 카드로 팁 자동 청구됨

*선상 카드 ↔ 신용카드 자동 연계 시스템

크루즈의 기본시설 및 특별 프로그램

· 가족할인 요금제도 Reduced Family Rate

· 가족 전용 객실 Family Cabins

· 유아 전용 의자 Baby Sitting

· 유아용 침대 Cribs

· 만화영화 상영 Cartoons

· 게임 & 콘테스트 Games / Contests

· 교육 프로그램 및 특별활동반 Educational Programs / Classes

· 어린이 파티 프로그램 Organized Children's Parties

· 어린이 전용 영화 Children's Movies

· 어린이 전용 놀이터 Children's Playroom

- 연령대별 특별활동 프로그램 Organized Age Specific Activities
- 유아 전문교사 선내 상주 Youth Counselors
- 청소년 전문교사 선내 상주 Teen Counselors
- 청소년 센터 & 디스코 룸 Teen Center or Disco
- 유아 전용 수영장 Children's Pool
- 음향 및 영상 시설 완비 Audio Visual Equipment
- 인터넷 컴퓨터 시설 완비 Computer Equipment
- 이메일 및 인터넷 서비스 E-mail Access
- 회의가 가능한 레스토랑 Conference Dining
- 비즈니스 회의 장소 제공 Conference Calling
- 비즈니스 센터 서비스 Business Center Services
- 미팅 코디네이터 Meeting Coordinator

전문 프로그램

- 아로 마테라피 Aromatherapy
- 전신 마사지 Body Wraps
- 머드 테라피 Mud Therapy
- 이오니서미 트리트먼트 Lonithermie Treatments
- 반사치료 Reflexology
- 해수치료 요법 Thalassotherapy
- 마사지 Massage
- 안면 마사지 Facials
- 매니큐어 / 네일아트 Manicures / Pedicures
- 스팀 사우나 Steam Room / Sauna
- 요가 / 필라테스 Yoga / Pilates
- 월풀 Whirlpool

· 그룹 엑서사이즈 및 헬스클럽 Group Fitness Classes
· 다이빙 연습 Practice Driving Cage
· 골프 퍼팅 Putting Greens
· 골프 클리닉 Golf Clinic / Lessons
· 골프 패키지 Golf Packages
· 골프 시뮬레이터 Golf Simulator
· 골프 프로페셔널 교육과정 Golf Professional Aboard
· 개인골프 관광 예약 가능 Individual Golf Excursions Available
· 웨딩 / 허니문 프로그램 Wedding / Honeymoons
· 스포츠 장비 렌털 Sports Equipment Rental
· 휠체어 대여 Wheelchair Accessible
· 특별 다이어트 프로그램 Special Dietary Needs
· 승객 특별강의 / 교육 프로그램 Guest Lecturers / Educational Programs

코스타 크루즈 제원

선 명	건조년도	국적	총톤수	정원	층수	스태프국적	총객실
코스타 알레그라 (Costa Allegra)	1992	이탈리아	28,500	820	8	이탈리아 인터내셔널	410
코스타 아틀란티카 (Costa Atlantica)	2000	이탈리아	86,000	2,114	12	이탈리아 인터내셔널	1,057
코스타 클래시카 (Costa Classica)	1991	이탈리아	53,000	1,308	11	이탈리아 인터내셔널	654
코스타 콩코르디아 (Costa Concordia)	2006	이탈리아	112,000	3,000	13	이탈리아 인터내셔널	1,500
코스타 유로파 (Costa Europa)	1986	이탈리아	54,000	1,494	9	이탈리아 인터내셔널	747
코스타 포츄나 (Costa Fortuna)	2003	이탈리아	102,500	2,720	13	이탈리아 인터내셔널	1,360

선 명	건조년도	국적	총톤수	정원	층수	스태프국적	총객실
코스타 매직카 (Costa Magica)	2004	이탈리아	105,000	2,720	13	이탈리아 인터내셔널	1,360
코스타 마리나 (Costa Marina)	1990	이탈리아	25,500	776	8	이탈리아 인터내셔널	388
코스타 메디테라니아 (Costa Mediterranea)	2003	이탈리아	86,000	2,114	12	이탈리아 인터내셔널	1,057
코스타 로맨티카 (Costa Romantica)	1993	이탈리아	53,000	1,356	11	이탈리아 인터내셔널	678
코스타 세레나 (Costa Serena)	2007	이탈리아	112,000	3,000	14	이탈리아 인터내셔널	1,500
코스타 빅토리아 (Costa Victoria)	1996	이탈리아	76,000	1,928	12	이탈리아 인터내셔널	964
코스타 델리지오사 (Costa Deliziosa)	2010	이탈리아	92,600	2,826	12	이탈리아 인터내셔널	1,000
코스타 루미노사 (Costa Luminosa)	2009	이탈리아	92,600	2,826	12	이탈리아 인터내셔널	1,000
코스타 퍼시피카 (Costa pacifica)	2009	이탈리아	114,500	3,780	14	이탈리아 인터내셔널	1,500

7 Crystal Cruises

CRYSTAL CRUISES

주소 : 2049 Century Park East, #1400 Los Angeles, CA 90067
웹사이트 : www.crystalcruises.com

크루즈 라인업계의 선두주자 크리스탈 크루즈는 세계 최고의 럭셔리 크루즈 라인으로 랭킹이 되어 있는 고급 선사다. 16년 전 Condé Nast Traveler와 Travel & Leisure의 이례적인 럭셔리 크루즈로서 첫 랭킹에 오른 이후 많은 여행업계의 찬사를 받았다. 뿐만 아니라 1996~2006년까지 "World best Large-

Ship Cruise Line"을 포함한 "Best Large-Ship Cruise Line(1995~2007년)의 명예를 수상하기도 하였다.

1997~2007년까지 Conde Nast Traveler의 골드 리스트 크루즈 라인으로 선정될 만큼 크리스탈의 심포니호와 세레니티호는 최고의 서비스를 제공하고 있다. 거의 모든 객실이 발코니를 갖고 있으며, 1:1 수준의 품격 높은 서비스를 자랑한다. 이탈리아와 아시아를 넘나드는 고품격 레스토랑과 엔터테인먼트 부분에서 늘 1위를 놓치지 않는 화려함까지 갖춘 크리스탈 크루즈 라인은 명실 공히 세계 최고 수준급이다.

전화번호

- 본부 사무실 : 310-785-9300
- 브로슈어 / 일반정보 문의 : 888-799-4625
- 개인 예약번호(Individual Reservations) : 888-799-4625
- 그룹 예약번호(Group Reservations) : 310-203-4365
- 인센티브 세일즈 예약(Incentive Sales) : 310-203-4365
- 항공 / 크루즈 예약(Air / Sea Arrangements) : 866-446-6625
- 장애인 서비스(Handicapped Passenger Services) : 866-446-6625
- 게스트 서비스(Guest Passenger Relations) : 866-446-6625
- 여행대리점 세일즈 지원(Travel Agent Sales Support) : 800-820-6663
- 여행대리점 서비스(Travel Agent Relations) : 800-820-6663

항해 지역

- 남아프리카 Southern Africa
- 남극대륙 Antarctica

- 오스트레일리아 / 뉴질랜드 Australia / New Zealand
- 발틱 / 러시아 Baltic / Russia
- 흑해 Black Sea
- 영국제도 / 아일랜드 British Isles / Ireland
- 카나리제도 / 북 아프리카 Canary Island / North Africa
- 캐리비안 Caribbean
- 중앙 아메리카 Central America
- 서 유럽 Western Europe
- 극동 / 아시아 Far East / Orient
- 하와이 Hawaii
- 인도 India
- 동부 지중해 / 에게해 Eastern Mediterranean / Aegean
- 서부 지중해 Western Mediterranean
- 남부 지중해 Southeast Mediterranean
- 멕시코 Mexico
- 뉴잉글랜드 / 캐나다 New England / Canada
- 파나마 운하 Panama Canal
- 홍해 / 수에즈 운하 Red Sea / Suez Canal
- 스칸디나비아 / 북해협 Scandinavia / North Cape
- 남 태평양 / 타히티 South Pacific / Tahiti
- 남 아시아 Southeast Asia
- 대서양 횡단 Transatlantic
- 태평양 횡단 Transpacific
- 세계일주 World Cruises

예약 관련 정보

· 항공 / 해안 패키지 : YES

· 지상 이동교통 예약 : YES

· 기항지 관광 예약 : YES

· 보호자와 동반하는 최저 연령제한 : 6개월 이상

· 보호자와 동반이 필요 없는 최저 연령 : 21세 이상

· 3/4번째 객실 승객할인제 : YES

일반 크루즈 취소위약금 규정

· 취소는 반드시 전화 또는 서신에 의해 크리스탈 크루즈 사무실로 전달

· 출항일로부터 75일 전 취소 시 : 요금 전액 환불

· 출항일로부터 74~45일 전 취소 시 : 요금의 10% 위약금 부가

· 출항일로부터 44~15일 전 취소 시 : 요금의 50% 위약금 부가

· 출항일로부터 14일 전 취소 시 : 요금의 100% 위약금 부가

세계일주 크루즈 위약금 규정(42일 이상)

· 출항일로부터 120~76일 전 취소 시 : 요금의 20% 위약금 부가

· 출항일로부터 75~45일 전 취소 시 : 요금의 50% 위약금 부가

· 출항일로부터 44일 전 취소 시 : 요금의 100% 위약금 부가

· 세계일주 크루즈 위약금 규정(41일 이하)

· 출항일로부터 90~61일 전 취소 시 : 요금의 10% 위약금 부가

· 출항일로부터 60~31일 전 취소 시 : 요금의 50% 위약금 부가

· 출항일로부터 30일 전 취소 시 : 요금의 100% 위약금 부가

싱글 승객

· 객실 카테고리 C-E / 승객당 US$125.00(130일 월드크루즈) 추가비용 지불

· 객실 카테고리 A-B / 승객당 US$135.00(140일 월드크루즈) 추가비용 지불
· 객실 카테고리 AA / 승객당 US$150.00의 추가비용 지불
· 객실 카테고리 PH / 승객당 US$175.00의 추가비용
· 객실 카테고리 CP & PS / 승객당 US$175.00의 추가비용 지불
· 신용카드 : 마스터(Master Card) / 비자(Visa) / 아멕스(American Express) / 디스커버(Discover) / 다이너스클럽(Diner's Club)

객실 시설

· TV / 실내 영화 상영 / 라디오 / 비디오 / 헤어드라이기 / 미니바 / 냉장고 / 전화기 / DVD 플레이어 / 인터넷 접속

*객실마다 조금씩 시설이 다를 수 있음

식사 스타일

· 전통 정찬식사 Traditional Seating
· 정통 석식 Formal Nights
· 특별 / 선택 정찬 Specialty / Alternative Dining
· 24시간 오픈식사 서비스 24-Hour Dining Options

*특별 다이어트 식단은 사전 요청이 요구됨
*선상 카드로 팁 자동 청구됨
*선상 카드 ↔ 신용카드 자동 연계 시스템

크리스탈 크루즈의 기본시설 및 특별 프로그램

· 가족할인 요금제도 Reduced Family Rate
· 가족 전용 객실 Family Cabins
· 유아 전용 의자 Baby Sitting
· 유아용 침대 Cribs

· 만화영화 상영 Cartoons
· 게임 & 콘테스트 Games / Contests
· 교육 프로그램 및 특별활동반 Educational Programs / Classes
· 어린이 파티 프로그램 Organized Children's Parties
· 어린이 전용 영화 Children's Movies
· 어린이 전용 놀이터 Children's Playroom
· 연령대별 특별활동 프로그램 Organized Age Specific Activities
· 유아 전문교사 선내 상주 Youth Counselors
· 청소년 전문교사 선내 상주 Teen Counselors
· 청소년 센터 & 디스코 룸 Teen Center or Disco
· 유아 전용 수영장 Children's Pool
· 음향 및 영상 시설 완비 Audio Visual Equipment
· 인터넷 컴퓨터 시설 완비 Computer Equipment
· 이메일 및 인터넷 서비스 E-mail Access
· 회의가 가능한 레스토랑 Conference Dining
· 비즈니스 회의 장소 제공 Conference Calling
· 비즈니스 센터 서비스 Business Center Services
· 미팅 코디네이터 Meeting Coordinator

전문 프로그램

· 아로마테라피 Aromatherapy
· 전신 마사지 Body Wraps
· 머드 테라피 Mud Therapy
· 이오니서미 트리트먼트 Lonithermie Treatments
· 반사치료 Reflexology
· 해수치료 요법 Thalassotherapy

- 마사지 Massage
- 안면 마사지 Facials
- 매니큐어 / 네일아트 Manicures / Pedicures
- 스팀 사우나 Steam Room / Sauna
- 요가 / 필라테스 Yoga / Pilates
- 월풀 Whirlpool
- 그룹 엑서사이즈 및 헬스클럽 Group Fitness Classes
- 다이빙 연습 Practice Driving Cage
- 골프 퍼팅 Putting Greens
- 골프 클리닉 Golf Clinic / Lessons
- 골프 패키지 Golf Packages
- 골프 시뮬레이터 Golf Simulator
- 골프 프로페셔널 교육과정 Golf Professional Aboard
- 개인골프 관광 예약 가능 Individual Golf Excursions Available
- 웨딩 / 허니문 프로그램 Wedding / Honeymoons
- 스포츠 장비 렌털 Sports Equipment Rental
- 휠체어 대여 Wheelchair Accessible
- 특별 다이어트 프로그램 Special Dietary Needs
- 승객 특별강의 / 교육 프로그램 Guest Lecturers / Educational Programs

크리스탈 크루즈 제원

선　명	건조년도	국적	총톤수	정원	층수	스태프국적	총객실
크리스탈 세레니티 (Crystal Serenity)	2003	바하마	68,000	1,080	9	노르웨이 & 인터네셔널 유럽	548
크리스탈 심포니 (Crystal Symphony)	1995	바하마	51,044	1,030	8	노르웨이 & 인터네셔널 유럽	455

8 Cunard Line

주소 : 24303 Town Center Drive, Suite 200 Valencia CA 91355-0908
웹사이트 : www.cunard.com

여행을 일종의 맛보기라고 생각한다면 쿠나드 라인으로 즐기는 크루즈여행은 장엄한 인생의 경험이라 비교할 수 있다. 단순히 호수를 항해하는 수준의 배가 아니라, 세계의 가장 넓고 광활한 대양을 가로지를 선박, 그것에 초호화와 세계 제일이라는 수식어를 갖고 있는 선사가 바로 쿠나드 라인이다.

1840년도부터 대서양을 횡단하며 영국의 엘리자베스 여왕에게 수많은 상을 수여받은 쿠나드는 2004년 퀸 메리 2호의 데뷔로 인해 영국을 정통 크루즈의 국가로 각인시켰다. 대서양 횡단을 주로 서비스하는 퀸 메리 2호는 데뷔 당시 세계의 주목을 받기에 충분했으며, 왕실의 화이트 스타 서비스를 선상에서 재현하고 최고급 소재의 선내 장식들로 그 럭셔리함을 더했다. 2007년 9월은 퀸 메리 2호의 데뷔 40주년 기념이었으며, 그에 맞추어 퀸 엘리자베스 2호가 데뷔하였다. 퀸 엘리자베스 2호는 2008년 항해를 마지막으로 항해를 마치고, 두바이 선상호텔로 매각 되었다.

한편 2010년에는 9만 톤급의 퀸 엘리자베스호가 처녀 출항을 한다.

퀸 메리호 제원 비교

- 퀸 메리 2호는 쿠나드의 첫 번째 선박이었던 브리타니아호(70미터)보다 5배나 길이가 증축되었다.

- 퀸 메리 2호는 오리지널 퀸 메리보다 34.4미터가 더 길어졌다.
- 퀸 메리 2호는 워싱턴산(168미터) 보다 2배가 더 길다.
- 퀸 메리 2호는 에펠탑(300미터) 보다 45미터가 더 길다.
- 퀸 메리 2호는 워싱턴 타워(95미터) 보다 3.5배 더 길다.
- 퀸 메리 2호는 엠파이어스테이트 빌딩보다 35.6미터밖에 짧지 않다.
- 퀸 메리 2호는 런던 버스 41대를 일렬로 세워 놓은 길이다.
- 퀸 메리 2호의 경적 소리는 10마일(16.1킬로미터) 거리에서 들을 수 있다.

전화번호

- 일반전화(General Office) : 661-753-1000
- 브로슈어 / 일반문의(Brochures / General Information) : 800-728-6273
- 개인 예약(Individual Reservations) : 800-728-6273
- 그룹 예약(Group Reservations) : 800-728-6273
- 인센티브 예약(Incentive Sales) : 800-728-6273
- 차터 문의(Charter Information) : 800-728-6273
- 플라이 크루즈 예약(Air / Sea Arrangements) : 800-728-6273
- 장애인 서비스(Handicapped Passenger Services) : 800-728-6273
- 승객 서비스 센터(Guest Passenger Relations) : 800-728-6273
- 판매대리점 지원(Travel Agent Sales Support) : 800-728-6273
- 판매대리점 서비스(Travel Agent Relations) : 800-728-6273

항해 지역

- 오스트레일리아 / 뉴질랜드 Australia / New Zealand
- 바하마 Bahamas
- 발틱해 / 러시아 Baltic / Russia
- 영국제도 / 아일랜드 British Isles / Ireland

- 카나리제도 / 북 아프리카 Canary Island / North Africa
- 캐리비안 Caribbean
- 무정기 항해 Cruises to Nowhere
- 서 유럽 Western Europe
- 극동 / 아시아 Far East / Orient
- 하와이 Hawaii
- 인도 India
- 동부 지중해 / 에게해 Eastern Mediterranean / Aegean
- 서부 지중해 Western Mediterranean
- 남부 지중해 Southeast Mediterranean
- 멕시코 Mexico
- 뉴잉글랜드 / 캐나다 New England / Canada
- 파나마 운하 Panama Canal
- 홍해 / 수에즈 운하 Red Sea / Suez Canal
- 스칸디나비아 / 북해협 Scandinavia / North Cape
- 남미 South America
- 남 태평양 / 타히티 South Pacific / Tahiti
- 극동 아시아 Southeast Asia
- 대서양 횡단 Transatlantic
- 태평양 횡단 Transpacific
- 동부 해협 West Coast
- 세계일주 World Cruises

예약 관련 정보

- 플라이 크루즈 패키지 : YES
- 내륙연계 수송 예약 : YES

· 기항지 관광 예약 : NO
· 보호자와 동반하는 최저 연령제한 : 6개월 / 1년(대서양 횡단 시)
· 보호자와 동반이 필요 없는 최저 연령 : 18세 이상
· 3/4번째 객실 승객할인제 : YES
· 취소위약금 규정 : 항해 기간과 지역에 따라 다른 위약금 비율이 적용된다. www.cunard.com 웹사이트에서 자세한 정보 확인 가능
· 싱글 추가 : US$175~200
· 싱글 프로그램 : NO
· 신용카드 : 마스터(Master Card) / 비자(Visa) / 아멕스(American Express) / 디스커버(Discover), 다이너스 클럽(Diners Club)

객실 시설

· TV / 실내 영화 상영 / 라디오 / 비디오 / 헤어드라이기 / 미니바 / 냉장고 / 전화기 / CD 플레이어 / DVD 플레이어
*객실마다 조금씩 시설이 다를 수 있음

식사 스타일

· 전통 정찬식사 Traditional Seating
· 정통 석식 Formal Nights
· 특별 / 선택 정찬 Specialty / Alternative Dining
· 커피하우스 Coffeehouse
· 24시간 오픈식사 서비스 24-Hour Dining Options
* 특별 다이어트 식단은 사전 요청이 요구됨
* 선상 카드로 자동 청구됨

쿠나드 크루즈의 기본시설 및 특별 프로그램

- 가족할인 요금제도 Reduced Family Rate
- 가족 전용 객실 Family Cabins
- 유아 전용 의자 Baby Sitting
- 유아용 침대 Cribs
- 만화영화 상영 Cartoons
- 게임 & 콘테스트 Games / Contests
- 교육 프로그램 및 특별활동반 Educational Programs / Classes
- 어린이 파티 프로그램 Organized Children's Parties
- 어린이 전용 영화 Children's Movies
- 어린이 전용 놀이터 Children's Playroom
- 연령대별 특별활동 프로그램 Organized Age Specific Activities
- 유아 전문교사 선내 상주 Youth Counselors
- 청소년 전문교사 선내 상주 Teen Counselors
- 청소년 센터 & 디스코 룸 Teen Center or Disco
- 유아 전용 수영장 Children's Pool
- 음향 및 영상 시설 완비 Audio Visual Equipment
- 인터넷 컴퓨터 시설 완비 Computer Equipment
- 이메일 및 인터넷 서비스 E-mail Access
- 회의가 가능한 레스토랑 Conference Dining
- 비즈니스 회의 장소 제공 Conference Calling
- 비즈니스 센터 서비스 Business Center Services
- 미팅 코디네이터 Meeting Coordinator

전문 프로그램

- 아로마테라피 Aromatherapy

- 전신 마사지 Body Wraps
- 머드 테라피 Mud Therapy
- 이오니서미 트리트먼트 Lonithermie Treatments
- 반사치료 Reflexology
- 해수치료 요법 Thalassotherapy
- 마사지 Massage
- 안면 마사지 Facials
- 매니큐어 / 네일아트 Manicures / Pedicures
- 스팀 사우나 Steam Room / Sauna
- 요가 / 필라테스 Yoga / Pilates
- 월풀 Whirlpool
- 그룹 엑서사이즈 및 헬스클럽 Group Fitness Classes
- 다이빙 연습 Practice Driving Cage
- 골프 퍼팅 Putting Greens
- 골프 클리닉 Golf Clinic / Lessons
- 골프 패키지 Golf Packages
- 골프 시뮬레이터 Golf Simulator
- 골프 프로페셔널 교육과정 Golf Professional Aboard
- 개인골프 관광 예약 가능 Individual Golf Excursions Available
- 웨딩 / 허니문 프로그램 Wedding / Honeymoons
- 스포츠 장비 렌털 Sports Equipment Rental
- 휠체어 대여 Wheelchair Accessible
- 특별 다이어트 프로그램 Special Dietary Needs
- 승객 특별강의 / 교육 프로그램 Guest Lecturers / Educational Programs

쿠나드 크루즈 제원

선　명	건조년도	국적	총톤수	정원	층수	스태프국적	총객실
퀸 메리 2 (Queen Mary 2)	2002~2003	영국	151,400	2,952	13	영국 & 인터내셔널	1,296
퀸 빅토리아 (Queen Victoria)	2006~2007	영국	90,000	1,970	12	영국 & 인터내셔널	985
퀸 엘리자베스 (Queen Elizabeth)	2008~2009	영국	90,000	1,970	12	영국 & 인터내셔널	985

9 Disney Cruise Line

Disney Cruise Line	주소 : P.O. Box 10210, Lake Buena Vista FL 32830 웹사이트 : www.disneycruise.com

디즈니 크루즈는 초기 진수식부터 다른 크루즈 라인과 차별화된 경영 방식을 보여주는 것으로 유명세를 탔다. 미국의 드림 메이커인 디즈니사에서 경영과 운영을 직접 맡고 있는 이 선사는 온 가족이 필요한 특별 휴가를 위해 모든 정성을 쏟고 있을 뿐만 아니라 어린이들에게 어필할 수 있는 환상적인 선상활동을 제공하고 있다.

단연 어린이들 사이에선 또 다른 해상 디즈니랜드가 아닐 수 없다. 또한 디즈니 크루즈 라인은 믿기지 않을 만큼 유명한 게스트 초청으로 다른 크루즈에선 느낄 수 없는 독특한 이벤트를 제공하고 있다. 6박 7일의 캐리비안 크루즈, 3~4박의 바하마, 해양/지상 패키지 상품과 '월트 디즈니 월드 리조트' 방문 일정의 콤비네이션은 지금도 많은 가족들에게 최고의 만족도를 선사하고 있다.

전화번호

- 일반전화 : 407-566-3500
- 브로슈어 / 일반문의 : 888-DCL-2500
- 개인 예약 : 888-DCL-2500
- 그룹 예약 : 800-511-6333
- 차터 문의 : 407-566-4865
- 플라이크루즈 예약 : 877-566-0967
- 장애인 서비스 : 888-DCL-2500
- 승객 서비스 센터 : 888-DCL-2500
- 판매대리점 지원 : 800-939-8265
- 판매대리점 서비스 : 407-566-6967

항해 지역

- 바하마 Bahamas
- 캐리비안 Caribbean
- 멕시코 Mexico
- 파나마 운하 Panama Canal

예약 관련 정보

- 플라이 크루즈 패키지 : YES
- 내륙연계 수송 예약 : YES
- 기항지 관광 예약 : YES
- 보호자와 동반하는 최저 연령제한 : 생후 3달 이상의 영아
- 보호자와 동반이 필요 없는 최저 연령 : 18세 이상

· 3/4번째 객실 승객할인제 : YES
· 취소위약금 규정 : 취소 시에는 반드시 전화상 통보나 서면 통보가 이루어져야 한다. 구두상의 취소는 반드시 10일 이내에 서면상 취소 확인이 되어야 한다. 출항 날짜의 변경이나 고객명 변경은 취소로 간주되며, 취소가 마지막 잔금 납부기간 전에 이루어졌다면 객실 카테고리 4~12 안에서는 100%의 취소 환불이 이루어질 수 있다.
· 74~45일 : 취소 시 객실 카테고리 1~3까지의 예약 승객에게 Deposit(예약금)이 위약 청구된다. 44~8일까지는 모든 카테고리에 50% 부과된다. 7일 이내는 크루즈 요금을 돌려받을 수 없다.
· 싱글 추가 : US$175
· 싱글 프로그램 : NO
· 신용카드 : 마스터(Master Card) / 비자(Visa) / 아멕스(American Express) / 디스커버(Discover) / 다이너스 클럽(Diners Club)

객실 시설

· TV / 실내 영화 상영 / 라디오 / 비디오 / 헤어드라이기 / 미니바 / 냉장고 / 전화기 / CD 플레이어 / DVD 플레이어

*객실마다 조금씩 시설이 다를 수 있음

식사 스타일

· 전통 정찬식사 Traditional Seating
· 정통 석식 Formal Nights
· 특별 / 선택 정찬 Specialty / Alternative Dining
· 커피하우스 Coffeehouse
· 24시간 오픈식사 서비스 24-Hour Dining Options

*특별 다이어트 식단은 사전 요청이 요구됨
*선상 카드로 자동 청구됨

디즈니 크루즈 제원

선 명	건조년도	국적	총톤수	정원	층수	스태프국적	총객실
디즈니 매직 (Disney Magic)	1998	바하마	83,000	1,754	10	인터내셔널	877
디즈니 원더 (Disney Wonder)	1999	바하마	83,000	1,754	10	인터내셔널	877

10 Holland America Line

Holland America Line A Signature of Excellence	주소 : 300 Elliott Ave. West Seattle, WA 98119 웹사이트 : www.hollandamerica.com

15회 연속의 'Best Overall Cruise Value'에서 1위를 차지한 홀랜드 아메리카 크루즈 라인은 World Ocean & Cruise Liner Society와 매년 선정되는 크루즈 라인의 만족도 조사에서 권위 있는 Conde Nast Traveler지의 'Reader's Coice Awards'를 수상한 바 있다. 또한 Travel & Leisure magazine's, World's Best awards를 수상하기도 하여 세계적으로 수준 높은 선사로 인정받고 있다.

선박의 스태프들은 승객 대비로 동급 선사에서 가장 높은 비율을 제공하여 고급 서비스 또한 제공하고 있다. 타 선사 대비 25% 이상 넓은 평균 객실 공간과 발코니 객실은 홀랜드 라인만의 특별한 점이다. 정찬식사는 전통식과 특별 식사로 구분이 되며, 24시간 무료 룸서비스를 받을 수 있는 것이 특징이다.

홀랜드 아메리카 크루즈 라인은 22억 5천 달러(한화 약 2조 2천3백8억 원)

의 선박을 보유하고 있으며, 각 선박은 요리예술센터(Food & Wine 매거진 연재 중)와 60명 이상의 세계 일급 요리사들이 펼치는 선상 주방요리경연대회, 전문 요리사들에 의해 시범을 보이고 실습하는 요리 전문 프로그램 등 다채로운 Cooking대회가 펼쳐지고 있다.

Explorations 카페는 뉴욕타임즈에 연재되기도 하였으며, 십대들의 액티비티로만 구성된 공간이다. 유명한 Plush top Mariner's Dream Beds가 구비되어 있다.

2008년 6월 2,044명의 승객을 수용하는 Eurodam호의 처녀 취항으로 홀랜드 아메리카는 14척의 대형 크루즈 선사로 인정받았으며, 25곳 이상의 모항지로부터 500회 이상의 항해를 승객들에게 선사하였다. 2박의 짧은 일정에서부터 108일까지의 세계일주 항해까지 다양한 일정의 선택 또한 승객들의 마음을 사로잡았다. Eurodam호는 스칸디나비아와 발틱해로부터 첫 출항을 시작한다. 가을 시즌에는 캐나다와 뉴잉글랜드의 단풍 크루즈를 선보이며 취항해의 기념식을 가지게 된다.

전화번호

- 일반전화 : 724-5425
- 브로슈어 / 일반문의 : 724-5425
- 개인예약 : 724-5425
- 그룹 예약 : 800-426-0327
- 인센티브 문의 : 800-445-3731
- 차터 문의 : 800-445-3737
- 항공연계 문의 : 800-628-4771
- 장애인 서비스 : 800-254-8669
- 승객 서비스 센터 : 800-599-8256
- 판매대리점 지원 : 800-544-0443

· 판매대리점 서비스: 800-544-0443

항해 지역

· 남 아프리카 Southern Africa
· 알래스카 Alaska
· 남극대륙 Antarctica
· 호주 / 뉴질랜드 Australia / New Zealand
· 바하마 Bahamas
· 발틱해 / 러시아 Baltic / Russia
· 흑해 Black Sea
· 영국제도 / 아일랜드 British Isles / Ireland
· 카나리제도 / 북아프리카 Canary Island / North Africa
· 캐리비안 Caribbean
· 서 유럽 Western Europe
· 극동 / 오리엔트 Far East / Orient
· 하와이 Hawaii
· 인도 India
· 동부 지중해 / 에게해 Eastern Mediterranean / Aegean
· 서부 지중해 Western Mediterranean
· 남부 지중해 Southeast Mediterranean
· 멕시코 Mexico
· 뉴잉글랜드 / 캐나다 New England / Canada
· 파나마 운하 Panama Canal
· 홍해 / 수에즈 운하 Red Sea / Suez Canal
· 아마존강 유역 Amazon River
· 스칸디나비아 / 북해협 Scandinavia / North Cape

- 남미 South America
- 남 태평양 / 타히티 South Pacific / Tahiti
- 극남 아시아 Southeast Asia
- 대서양 횡단 Transatlantic
- 태평양 횡단 Transpacific
- 서부 해안 West Coast
- 세계일주 World Cruises

예약 관련 정보

- 플라이 크루즈 패키지 : YES
- 내륙연계 수송 예약 : YES
- 기항지 관광 예약 : YES
- 보호자와 동반하는 최저 연령제한 : 3달 이상
- 보호자와 동반이 필요 없는 최저 연령 : 21세 이상
- 3/4번째 객실 승객할인제 : YES
- 취소위약금 규정 : www.hollandamerica.com에서 확인 가능
- 싱글 추가 : US$140~200
- 싱글 프로그램 : 있음
- 신용카드 : 마스터(Master Card) / 비자(Visa) / 아멕스(American Express) / 디스커버(Discover) / 다이너스 클럽(Diners Club)

객실 시설

- TV / 실내 영화 상영 / 라디오 / 비디오 / 헤어드라이기 / 미니바 / 냉장고 / 전화기 / CD 플레이어 / DVD 플레이어

*객실마다 조금씩 시설이 다를 수 있음

식사 스타일

· 전통 정찬식사 Traditional Seating

· 정통 석식 Formal Nights

· 특별 / 선택 정찬 Specialty / Alternative Dining

· 커피하우스 Coffeehouse

· 24시간 오픈식사 서비스 24-Hour Dining Options

*특별 다이어트 식단은 사전 요청이 요구됨

*선상 카드로 자동 청구됨

홀랜드 아메리카 크루즈의 기본시설 및 특별 프로그램

· 가족할인 요금제도 Reduced Family Rate

· 가족 전용 객실 Family Cabins

· 유아 전용 의자 Baby Sitting

· 유아용 침대 Cribs

· 만화영화 상영 Cartoons

· 게임 & 콘테스트 Games / Contests

· 교육 프로그램 및 특별활동반 Educational Programs / Classes

· 어린이 파티 프로그램 Organized Children's Parties

· 어린이 전용 영화 Children's Movies

· 어린이 전용 놀이터 Children's Playroom

· 연령대별 특별활동 프로그램 Organized Age Specific Activities

· 유아 전문교사 선내 상주 Youth Counselors

· 청소년 전문교사 선내 상주 Teen Counselors

· 청소년 센터 & 디스코 룸 Teen Center or Disco

· 유아 전용 수영장 Children's Pool

회의와 컨퍼런스

- 음향 및 영상 시설 완비 Audio Visual Equipment
- 인터넷 컴퓨터 시설 완비 Computer Equipment
- 이메일 및 인터넷 서비스 E-mail Access
- 회의가 가능한 레스토랑 Conference Dining
- 비즈니스 회의 장소 제공 Conference Calling
- 비즈니스 센터 서비스 Business Center Services
- 미팅 코디네이터 Meeting Coordinator

스파 / 건강관리 / 피트니스

- 아로마테라피 Aromatherapy
- 전신 마사지 Body Wraps
- 머드 테라피 Mud Therapy
- 이오니서미 트리트먼트 Lonithermie Treatments
- 반사치료 Reflexology
- 해수치료 요법 Thalassotherapy
- 마사지 Massage
- 안면 마사지 Facials
- 매니큐어 / 네일아트 Manicures / Pedicures
- 스팀 사우나 Steam Room / Sauna
- 요가 / 필라테스 Yoga / Pilates
- 월풀 Whirlpool
- 그룹 엑서사이즈 및 헬스클럽 Group Fitness Classes
- 다이빙 연습 Practice Driving Cage

골 프

- 골프 퍼팅 Putting Greens
- 골프 클리닉 Golf Clinic / Lessons
- 골프 패키지 Golf Packages
- 골프 시뮬레이터 Golf Simulator
- 골프 프로페셔널 교육과정 Golf Professional Aboard
- 개인골프 관광 예약 가능 Individual Golf Excursions Available

특별 프로그램 / 시설 / 서비스

- 웨딩 / 허니문 프로그램 Wedding / Honeymoons
- 스포츠 장비 렌털 Sports Equipment Rental
- 휠체어 대여 Wheelchair Accessible
- 특별 다이어트 프로그램 Special Dietary Needs
- 승객 특별강의 / 교육 프로그램 Guest Lecturers / Educational Programs

홀랜드 아메리카 크루즈 제원

선 명	건조년도	국적	총톤수	정원	층수	스태프국적	총객실
암스테르담 (Amsterdam)	2000	네덜란드	62,735	1,380	10	인터내셔널	690
유로담 (Eurodam)	2008	네덜란드	86,700	2,104	11	인터내셔널	1,052
매즈담 (Maasdam)	1993	네덜란드	55,575	1,258	10	인터내셔널	629
노르담 (Noordam)	2006	네덜란드	82,318	1,918	11	인터내셔널	959
오스테르담 (Oosterdam)	2003	네덜란드	81,769	1,848	11	인터내셔널	924
프린센담 (Prinsendam)	1988	네덜란드	37,848	793	9	인터내셔널	398

선　명	건조년도	국적	총톤수	정원	층수	스태프국적	총객실
로테르담 (Rotterdam)	1997	네덜란드	59,855	1,316	10	인터내셔널	593
란담호 (Ryndam)	1994	네덜란드	55,819	1,258	10	인터내셔널	629
스타텐담 (Statendam)	1993	네덜란드	55,819	1,258	10	인터내셔널	557
빈 담 (Veendam)	1996	네덜란드	55,758	1,258	10	인터내셔널	557
볼렌담 (Volendam)	1999	네덜란드	61,396	1,432	10	인터내셔널	716
웨스테르담 (Westerdam)	2004	네덜란드	82,500	1,916	11	인터내셔널	958
잔 담 (Zaandam)	2000	네덜란드	61,396	1,432	10	인터내셔널	716
쥬더담 (Zuiderdam)	2002	네덜란드	81,769	1,848	11	인터내셔널	924

11 Hurtigruten

HURTIGRUTEN

주소 : 405 Park Avenue Suite 904 New York, NY 10022
홈페이지 : www.hurtigruten.us

노르웨이 후띠아른 크루즈는 노르웨이 연안, 그린랜드, 북극의 스피케버겐, 남극과 독특한 세계일주 등의 특별하고 탐험적인 크루즈에 관심이 많은 여행자들에게 잘 알려져 있다.

후띠아른은 100년 전부터 노르웨이 서부 해안의 독특한 풍경을 감상할 수 있는 크루즈로 시작해 현재는 세계적인 크루즈 선사로 성장해 왔다.

매혹적이고 장엄함 피오르드의 풍경과 눈 덮인 산의 노르웨이, 야생의 유럽, 빙하와 야생동물의 보고인 남극 그리고 스웨덴 예테보리와 스톡홀름 사이의 GOTA 수로 등의 독특한 지역을 운항하는 크루즈로 알려져 있다. 우리나라에도 매년 부산항에 기항하고 있기도 하다.

후띠아른 크루즈는 노르웨이와 북극의 아름다운 지명에서 따와 각 선박 이름을 붙였다.

전화번호

- 일반전화 : 800-323-7436
- 브로슈어 / 일반문의 : 800-582-0835
- 개별 예약 : 800-323-7436
- 그룹 예약 : 800-323-7436

항해 지역

- 남극 Antarctica
- 영국제도 British Isles
- 캐나다 / 뉴잉글랜드 Canada / New England
- 중미 Central America
- 아일랜드 Ireland
- 스칸디나비아 / 북해협 Scandinavia / North Cape
- 남미 South America
- 대서양 횡단 Transatlantic
- 태평양 횡단 Transpacific
- 서 유럽 Western Europe

· 세계일주 World Cruises

예약 관련 정보

· 항공연계 패키지 : YES
· 지상연계 수송 예약 : YES
· 기항지관광 사전예약 할인 : YES
· 조기예약 할인 : www.hurtigruten.us에서 온라인 예약을 했을 경우에 적용
· 3/4번째 고객 객실예약 할인 : NO
· 취소규정 : 출발 70일 전 진행비용 US$50를 제외한 전액 환불, 69~40일 여행요금의 25%, 39~22일 여행요금의 50%, 21~15일 여행요금의 75%, 여행출발 14일 전 환불 불가. 모든 환불 청구는 여행 종료 20일 이내에 서면으로 해야 한다.
· 경로우대 : YES
· 사용가능 카드 : 마스터, 비자, 아멕스, 디스커버
· 싱글 추가 : 변경 가능
· 싱글 객실 : YES
· 싱글 프로그램 : NO

객실 시설

· 텔레비전 / 라디오, 개인금고, 헤어드라이기, 미니바 / 냉장고
*모든 크루즈와 모든 객실 형태에 다라 객실 주요 시설이 다를 수 있음

식사 서비스

· 전통 정찬 Traditional Assigned Seating
· 오픈 정찬 Open Seating Dining
· 24시간 베뉴 24-Hr Venues

*특별 다이어트 식당 사전 요청 가능함

팁

· 크루즈가 끝날 때 자동으로 청구

어린이 & 가족 프로그램

· 크루즈 요금 할인 Reduced Cruise Rate

· 가족 캐빈 Family Cabins

· 교육 프로그램/클래스 운영 Educational Programs/Classes

· 어린이 놀이시설 Children's Playroom

회의와 컨퍼런스

· 오디오 비디오 장비 Audio Visual Equipment

· 컴퓨터 장비 Computer Equipment

· 회의 공간 Meeting Space

· 이메일 인터넷 E-mail Access

스파/건강관리/피트니스

· 마사지 Massage

· 스팀 사우나 Steam Room/Sauna

· 저쿠지/월풀 Jacuzzi/Whirlpool

특별 프로그램/피트니스/서비스

· 휠체어 제공 Wheelchair Accessible

· 특별 다이어트 프로그램 Special Dietary Needs

· 승객 강의/교육 프로그램 Guest Lecturers/Educational Programs

후띠아른 크루즈 제원

선　명	건조년도	국적	총톤수	정원	층수	스태프국적	총객실
핀마켄 (Finnmarken)	2002	노르웨이	15,000	564	8	노르웨이	282
프　람 (Fram)	2007	노르웨이	12,700	272	7	노르웨이	136
미드네솔 (Midnatsol)	2003	노르웨이	15,000	674	7	노르웨이	300

12 MSC Cruises

MSC CRUISES	주소 : 6750 North Andrews Avenue Fort Lauderdale, FL 33309 홈페이지 : www.msccruisesusa.com

세계에서 두 번째로 큰 컨테이너 운반선 그룹인 MSC(Mediterranean Shipping Company)가 크루즈 사업에 첫발을 내딛은 것은 지난 2002년이다. 짧은 기간 동안 계속 성장해 온 MSC 크루즈는 현재 11척의 크루즈를 보유하고 있으며, 지중해를 중심으로 북유럽, 캐리비안, 아프리카 지역에서 크루즈를 운항하고 있다.

이탈리아에 본사를 두고 있는 만큼 지중해를 비롯한 유럽의 문화를 가장 잘 대변하는 크루즈라고 할 수 있다. 서비스에 있어서도 이탈리안 접대와 서비스가 돋보인다.

크루즈는 낮에는 지상 관광을 하고 밤에는 다음 목적지를 향해 항해를 한다. MSC도 이 부분은 다른 크루즈와 별반 다를 바가 없지만 밤에 이뤄지는 다양한 이벤트는 항상 페스티벌 분위기를 연출해 승객들에게 지불한 만큼의 충분한 값어치를 제공한다. 또한 낮에도 온종일 다양한 활동과 파티 그리고 여흥이 선내에 머무는 승객들을 위해 펼쳐진다.

MSC 크루즈의 매력 가운데 고객들의 관심을 끄는 것은 어린이와 10대들을 위한 프로그램이다. 부모를 동반한 18세 이하의 지중해 운항 크루즈의 경우 무료이며, 다른 노선의 경우도 12세 이하는 40~70%까지 할인 혜택이 주어진다. 또한 종일 어린이를 위한 활동과 파티, 여흥 그리고 어린이와 10대를 위한 시설과 돌봄이 서비스까지 준비해 놓고 있다.

크루즈 일정에 있어서도 최소 4일부터 18일까지 다양하며 목적지로는 지중해, 북유럽, 캐리비안, 남미 그리고 아프리카, 대서양 횡단 등에 이르기까지 전 세계를 망라하며 흥미진진한 항구들을 모두 기항지로 드나든다. 그리고 세계의 매력적인 섬 기항지로는 이탈리아 카프리(Capri), 스페인 이비자(Ibiza), 그리스 산토리니(Santorini), 캐리비안 그레나다(Grenada), 에콰도로 산타 크루즈 데 테네리페(Santa Cruz de Tenerife) 등에도 정박한다. 캐리비안 지역에는 MSC 크루즈 소유의 전용 섬인 카요 레반타도(Cayo Levantado)를 가지고 있기도 하다. 이 섬에는 MSC 소유의 개별 리조트와 지프 사파리 투어, 국립공원 방문, 헬리콥터 투어, 고래생태 관광, 각종 해양 레포츠 그리고 쌍동선 뗏목배 체험에 이르기까지 다양한 체험을 만끽할 수 있다.

선내 서비스도 매우 독특하다. 다양한 객실의 세심한 서비스는 기본이고 선내에서는 유럽풍 및 국제적인 서비스가 연출된다. 정통적인 분위기의 식당이 운영되며 진정한 이탈리안 서비스를 체험할 수 있다. 매혹적인 테마 크루즈 즉, 특정 관심분야(Special Interest Tour) 크루즈를 선보이고 있다. 선내 시설로는 터키식 사우나(Hammam) 시설, 지중해식 목욕탕, 스파와 헬스클럽 그리고 모든 연령층을 위한 시간대별 활동과 여흥으로 꾸며져 있다.

이외 선내 시설로는 미팅 및 컨퍼런스 시설, 수영장, 스파, 헬스클럽, 미용실, 인터넷 카페, 레스토랑, 라운지 바, 시가 룸, 도서관, 극장 등이 갖춰져 있다.

선실의 종류도 발코니가 있는 스위트를 비롯하여 발코니가 없는 가족 객실, 주니어와 미니 스위트, 발코니가 있는 아웃사이드 객실, 아웃사이드 및 오션뷰 객실, 인사이드 객실 그리고 별도로 장애인 객실을 보유하고 있다. 한마디로 진정한 의미의 정통 이탈리안 크루즈이며 매혹적인 테마 크루즈가 MSC이다.

MSC 크루즈의 보유 선박은 음악과 관련하여 이름을 붙여 친근감을 준다.

전화번호

· 일반전화 : 954-772-6262

· 브로슈어 / 일반문의 : 800-666-9333

· 개별 예약 : 800-666-9333

· 그룹 예약 : 800-666-9333

· 인센티브 예약 : 800-666-9333

· 차터 문의 : 800-666-9333

· 항공연계 문의 : 800-666-9333

· 장애인 승객 서비스 : 800-666-9333

· 승객서비스센터 : 800-666-9333

· 판매대리점 지원 : 800-666-9333

· 판매대리점 서비스 : 800-666-9333

항해 지역

· 발틱 / 러시아 Baltics / Russia

· 버뮤다 Bermuda

· 흑해 Black Sea

· 영국제도 British Isles

· 카나리아제도 / 북 아프리카 Canary Islands / North Africa

· 캐리비안 Caribbean
· 중미 Central America
· 동 지중해 / 에게해 Eastern Mediterranean / Aegean
· 파나마 운하 Panama Canal
· 홍해 / 수에즈 운하 Red Sea / Suez Canal
· 스칸디나비아 / 북해협 Scandinavia / North Cape
· 남미 South America
· 남동 지중해 Southeast Mediterranean
· 남 아프리카 Southern Africa
· 대서양 횡단 Transatlantic
· 서 유럽 Western Europe
· 서 지중해 Western Mediterranean

예약 관련 정보

· 항공연계 패키지 : YES
· 내륙연계 수송 예약 : YES
· 기항지관광 조기예약 : YES
· 스파 패키지 조기예약 : YES
· 조기예약 할인 : 크루즈별로 차이가 있다. 최근의 브로슈어나 본사에 연락하면 상세히 알려 준다.
· 보호자와 동반하는 최저 연령제한 : 생후 3개월
· 보호자와 동반이 필요 없는 최저 연령 : 21세
· 3/4번째 객실 승객 할인 : YES
· 취소규정 : 항해 76일 이전 전액 환불, 항해 75~46일 디포짓 액수, 45~16일 세금이 포함된 크루즈 요금의 50%, 항해 15일 전 세금이 포함된 크루즈 요금 100%

· 신용카드 : 마스터, 비자, 아멕스, 디스커버
· 싱글 추가(%) : 150~200%
· 싱글 객실 : 모든 크루즈에 없음
· 싱글 프로그램 : 없음

객실 시설

· 텔레비전 / 라디오, 영화, 안전금고, DVD 플레이어, 직통전화, 헤어드라이기, 미니바 / 냉장고

*모든 크루즈와 객실 타입에 따라서 시설이 다를 수 있음

식사 서비스

· 전통 정찬 Traditional Assigned Seating
· 공식 만찬 Formal Nights
· 특별 / 선택 정찬 Specialty / Alternative Dining Venues
· 커피하우스 / 파티스리 Coffeehouse / Patisserie
· 24시간 베뉴 24-Hr Venues

*특별 식이요법이 필요한 경우 사전 예약 요함

팁

· 승선 시 오픈한 카드로 자동 청구

어린이 가족 프로그램

· 크루즈 요금 할인 Reduced Cruise Rate
· 가족 객실 제공 Family Cabins
· 유아용 침대 Cribs
· 게임 / 콘테스트 Games / Contests

- 교육 프로그램 / 클래스 Educational Programs / Classes
- 어린이 파티 프로그램 Organized Children's Parties
- 어린이 영화 Children's Movies
- 어린이 놀이방 Children's Playroom
- 연령대별 특별활동 프로그램 Organized Age-Specific Activities
- 유아 전문교사 선내 상주 Youth Counselors
- 청소년 전문교사 선내 상주 Teen Counselors
- 청소년 센터 / 디스코 룸 Teen Center / Disco
- 어린이 수영장 Children's Pool

회의와 컨퍼런스

- 음향 및 영상 시설 완비 Audio Visual Equipment
- 인터넷 컴퓨터 시설 완비 Computer Equipment
- 회의 룸 Meeting Space
- 이메일 및 인터넷 서비스 E-mail Access
- 회의가 가능한 레스토랑 Conference Dining
- 비즈니스 회의 장소 제공 Conference Calling
- 비즈니스 센터 서비스 Business Center Services
- 미팅 코디네이터 Meeting Coordinator

스파 / 건강관리 / 피트니스

- 아로마테라피 Aromatherapy
- 전신 마사지 Body Wraps
- 머드 테라피 Mud Therapy
- 이오니서미 트리먼트 Lonithermie Treatments
- 반사치료 Reflexology

- 해수치료법 Thalassotherapy
- 마사지 Massage
- 안면 마사지 Facials
- 매니큐어 / 네일아트 Manicures / Pedicures
- 스팀 사우나 Steam Room / Sauna
- 요가 / 필라테스 Yoga / Pilates
- 저쿠지 / 월풀 Jacuzzi / Whirlpool
- 단체 피트니스 클래스 Group Fitness Classes

골 프

- 골프 연습장 / 케이지 Practice Driving Range / Cage
- 퍼팅 그린 Putting Greens
- 골프 클리닉 / 레슨 Golf Clinic / Lessons
- 골프 패키지 Golf Packages
- 시뮬레이터 Golf Simulator
- 프로골퍼 상주 Golf Professional Onboard
- 개인 골프관광 예약 가능 Individual Golf Excursions Available

특별 프로그램 / 시설 / 서비스

- 웨딩 / 허니문 프로그램 Wedding / Honeymoon
- 휠체어 대여 Wheelchair Accessible
- 특별 식이요법 프로그램 Special Dietary Needs
- 승객 특별강의 / 교육 프로그램 Guest Lecturers / Educational Programs

MSC 크루즈 제원

선　명	건조년도	국적	총톤수	정원	층수	스태프국적	총객실
아르모니아 (MSC Armonia)	2001	파나마	58,625	1,554	9	이태리 & 인터내셔널	777
판타지아 (MSC Fantasia)	2008	파나마	133,500	3,274	13	이태리 & 인터내셔널	1,637
리리카 (MSC Lirica)	2003	파나마	58,058	1,560	9	이태리 & 인터내셔널	780
멜로디 (MSC Melody)	1982	파나마	3,5143	1,604	8	이태리 & 인터내셔널	532
뮤지카 (MSC Musica)	2006	파나마	92,400	2,550	13	이태리 & 인터내셔널	1,275
오페라 (MSC Opera)	2004	파나마	59,058	1,712	9	이태리 & 인터내셔널	856
오케스트라 (MSC Orchestra)	2007	파나마	92,400	2,550	13	이태리 & 인터내셔널	1,275
포에시아 (MSC Poesia)	2008	파나마	89,600	2,550	13	이태리 & 인터내셔널	1,275
렙소디 (MSC Rhapsody)	1977	파나마	17,095	764	7	이태리 & 인터내셔널	382
심포니아 (MSC Sinfonia)	2002	파나마	58,625	1,544	9	이태리 & 인터내셔널	777
스플렌디다 (MSC Splendida)	2009	파나마	133,500	3,274	13	이태리 & 인터내셔널	1,637

"크루즈선에 한국 제품이 있다"

삼성전자는 최근 이탈리아의 대표적인 선박회사인 MSC 크루즈(MSC Crociere)社의 세계 최고급 여객선 'MSC 스플렌디다(Splendida)'호에 2,500여 대의 TV, 모니터, 대형 정보표시 모니터 등을 공급한다.

2009년 7월 공식 출항한 'MSC 스플렌디다'호는 1,650명의 승무원과 최대 3,900명의 승객을 태울 수 있다. 객실과 승무원실은 물론 라운지, 공연장 등 선내 곳곳에 삼성전자의 63인치 PDP TV(PDP 750) 모델을 비롯해 TV, 모니터, 대형 정보표시 모니터 등이 설치되었다.

이에 앞서 삼성전자는 지난 2006년 MSC 크루즈社의 '뮤지카(Musica)', '오케스트라(Orchestra)', '포에시아(Poesia)'호에 각각 2,000여 대, 2008년에는 '판타지아(Fantasia)'호에 3,000여 대의 TV, 모니터 등을 공급한 바 있다.

이들 크루즈선은 주간 평균 3,000여 명에서 많게는 4,000여 명까지 승객들을 태울 수 있어 연간 최대 65만여 명의 VIP 승객들이 1만 천여 대 이상의 삼성 제품을 사용할 것으로 예상된다.

이밖에도 삼성전자는 이탈리아 코스타 크루즈社, 미국 로열 캐러비언社, 그리스 호화 유람선 '크루즈 원' 등 세계적인 크루즈社에 TV, 모니터 등을 공급하고 있다.

13 Norwegian Cruise Line

NCL NORWEGIAN CRUISE LINE FREESTYLE CRUISING	주소 : 7665 Corporate Center Drive, Miami FL 33126 웹사이트 : www.ncl.com

미국 플로리다주 마이애미에 본사를 둔 NCL (Norwegian Cruise Line)은 14척의 호화 선박과 함께 현재 꾸준한 성장을 거듭하고 있다. NCL, NCL America, Orient Line 등 해외 운영사업부로 운영되며 프리스타일 크루즈여행으로 서비스한다.

전통적 모델의 크루즈 선박과 달리 선내 프로그램은 오늘날 승객들이 원하는 방향으로 매우 유연하게 구성이 되고 있다. 이러한 역동적인 프로그램은 승객들이 여행을 더욱 즐길 수 있도록 도와주며, 리조트 스타일의 크루즈와 고품질의 서비스가 조직적으로 운영되고 있다. 10곳의 레스토랑은 오픈 시팅과 늦은 시간까지 운영되는 메인 레스토랑, 캐주얼 복장으로 즐기는 선내의 다양한 프로그램, 간단한 팁핑 과정, 쉽고 빠른 하선 수속이 바로 NCL의 장점이다.

2003년 5월 NCL은 새로운 브랜드인 NCL America를 오픈하였고 모든 승무원들을 미국인들을 채용하였다. 브랜드는 공식적으로 2004년 7월 4일자 '프라이드 오브 알로하'호로 런칭되었다. 노르웨이지안 젬은 2007년 데뷔하였다. 스타 크루즈 계열로 M&A 되었다.

전화번호

· 일반전화(General Reservation) : 305-436-4000

· 브로슈어 / 일반문의(Brochures / General Information) : 800-323-1308
· 개인 예약(Individual Reservations) : 800-327-7030
· 그룹 예약(Group Reservations) : 800-327-7030
· 인센티브 예약(Incentive Sales) : 866-NCL-MEET
· 차터 문의(Charter Information) : 866-NCL-MEET
· 플라이크루즈 예약(Air / Sea Arrangements) : 800-327-7030
· 장애인 서비스(Handicapped Passenger Services) : 800-327-7030
· 승객 서비스 센터(Guest Passenger Relations) : 866-625-1164
· 판매대리점 지원(Travel Agent Sales Support) : 800-327-7030

항해 지역

· 알래스카 Alaska
· 바하마 Bahama
· 발틱해 / 러시아 Baltic / Russia
· 버뮤다 Bermuda
· 영국제도 / 아일랜드 British Isles / Ireland
· 캐리비안 Caribbean
· 중앙 아메리카 Central America
· 자유 항해 Cruises to Nowhere
· 서부 유럽 Western Europe
· 하와이 Hawaii
· 동부 지중해 / 에게해 Eastern Mediterranean / Aegean
· 서부 지중해 Western Mediterranean
· 남부 지중해 Southeast Mediterranean
· 멕시코 Mexico
· 뉴잉글랜드 / 캐나다 New England / Canada

- 파나마 운하 Panama Canal
- 스칸디나비아 / 북해협 Scandinavia / North Cape
- 남미 South America
- 대서양 횡단 Transatlantic
- 서부 해안 West Coast

예약 관련 정보

- 플라이 크루즈 패키지 : YES
- 내륙연계 수송 예약 : YES
- 기항지 관광 예약 : YES
- 보호자와 동반하는 최저 연령제한 : 생후 6개월 이상
- 보호자와 동반이 필요 없는 최저 연령 : 21세 이상
- 3/4번째 객실 승객할인제 : YES
- 취소위약금 규정 : 항해 기간과 지역에 따라 다른 위약금 비율이 적용된다. www.ncl.com 웹사이트에서 자세한 정보 확인 가능
- 싱글 추가 : US$200
- 싱글 프로그램 : NO
- 신용카드 : 마스터(Master Card) / 비자(Visa) / 아멕스(American Express) / 디스커버(Discover) / 다이너스 클럽(Diners Club)

객실 시설

- TV / 실내 영화 상영 / 라디오 / 비디오 / 헤어드라이기 / 미니바 / 냉장고 / 전화기 / CD 플레이어 / DVD 플레이어

*객실마다 조금씩 시설이 다를 수 있음

식사 스타일

- 오픈식사 Open Sitting
- 정통 복장 Formal Nights
- 특별 / 선택 정찬 Specialty / Alternative Dining
- 커피하우스 Coffeehouse
- 24시간 오픈식사 서비스 24-Hour Dining Options

*특별 다이어트 식단은 사전 요청이 요구됨

*선상 카드로 자동 청구됨

NCL 크루즈의 기본시설 및 특별 프로그램

- 가족할인 요금제도 Reduced Family Rate
- 가족 전용 객실 Family Cabins
- 유아 전용 의자 Baby Sitting
- 유아용 침대 Cribs
- 만화영화 상영 Cartoons
- 게임 & 콘테스트 Games / Contests
- 교육 프로그램 및 특별활동반 Educational Programs / Classes
- 어린이 파티 프로그램 Organized Children's Parties
- 어린이 전용 영화 Children's Movies
- 어린이 전용 놀이터 Children's Playroom
- 연령대별 특별활동 프로그램 Organized Age Specific Activities
- 유아 전문교사 선내 상주 Youth Counselors
- 청소년 전문교사 선내 상주 Teen Counselors
- 청소년 센터 & 디스코 룸 Teen Center or Disco
- 유아 전용 수영장 Children's Pool
- 음향 및 영상 시설 완비 Audio Visual Equipment

- 인터넷 컴퓨터 시설 완비 Computer Equipment
- 이메일 및 인터넷 서비스 E-mail Access
- 회의가 가능한 레스토랑 Conference Dining
- 비즈니스 회의 장소 제공 Conference Calling
- 비즈니스 센터 서비스 Business Center Services
- 미팅 코디네이터 Meeting Coordinator

전문 프로그램

- 아로마테라피 Aromatherapy
- 전신 마사지 Body Wraps
- 머드 테라피 Mud Therapy
- 이오니서미 트리트먼트 Lonithermie Treatments
- 반사치료 Reflexology
- 해수치료 요법 Thalassotherapy
- 마사지 Massage
- 안면 마사지 Facials
- 매니큐어 / 네일아트 Manicures / Pedicures
- 스팀 사우나 Steam Room / Sauna
- 요가 / 필라테스 Yoga / Pilates
- 월풀 Whirlpool
- 그룹 엑서사이즈 및 헬스클럽 Group Fitness Classes
- 다이빙 연습 Practice Driving Cage
- 골프 퍼팅 Putting Greens
- 골프 클리닉 / 레슨 Golf Clinic / Lessons
- 골프 패키지 Golf Packages
- 골프 시뮬레이터 Golf Simulator

- 골프 프로페셔널 교육과정 Golf Professional Aboard
- 개인골프 관광 예약 가능 Individual Golf Excursions Available
- 웨딩 / 허니문 프로그램 Wedding / Honeymoons
- 스포츠 장비 렌털 Sports Equipment Rental
- 휠체어 대여 Wheelchair Accessible
- 특별 다이어트 프로그램 Special Dietary Needs
- 승객 특별강의 / 교육 프로그램 Guest Lecturers / Educational Programs

노르웨이지안 크루즈 제원

선 명	건조년도	국적	총톤수	정원	층수	스태프국적	총객실
노르웨이지안 다운 (Norwegian Dawn)	2002	바하마	91,740	2,224	11	인터내셔널	1,112
노르웨이지안 드림 (Norwegian Dream)	1992	바하마	50,764	1,748	10	인터내셔널	874
노르웨이지안 젬 (Norwegian Gem)	2007	바하마	93,500	2,394	12	인터내셔널	1,197
노르웨이지안 제이드 (Norwegian Jade)	2006	바하마	92,000	2,466	12	인터내셔널	1,233
노르웨이지안 쥬얼리 (Norwegian Jewel)	2005	바하마	93,000	2,376	12	인터내셔널	1,188
노르웨이지안 마제스티 (Norwegian Majesty)	1992	바하마	40,876	1,462	9	인터내셔널	731
노르웨이지안 펄 (Norwegian Pearl)	2006	바하마	93,000	2,380	12	인터내셔널	1,190
노르웨이지안 스피릿 (Norwegian Spirit)	1999	바하마	75,338	1,996	10	인터내셔널	998
노르웨이지안 스타 (Norwegian Star)	2001	바하마	91,740	2,240	11	인터내셔널	1,120
노르웨이지안 선 (Norwegian Sun)	2001	바하마	78,309	1,936	10	인터내셔널	968

선 명	건조년도	국적	총톤수	정원	층수	스태프국적	총객실
프라이드 오브 알로하 (Pride of Aloha)	1999	미국	77,104	2,002	10	미국	1,001
프라이드 오브 아메리카 (Pride of America)	2005	미국	81,000	2,138	11	미국	1,069

14 Oceania Cruises

OCEANIA CRUISES® Your World. Your Way.®	주소 : 8300 NW 33rd Street Suite 308 Miami, FL 33122 홈페이지 : Website : www.oceaniacruises.com

오셔니아 크루즈는 크루즈산업의 선도 주자이며 다양한 목적지를 가지고 있어 상위 크루즈 라인으로 정평이 나 있다. 대양 크루즈 중 가장 선호되는 럭셔리한 객실, 특별히 개인에 초점을 맞춘 서비스, 독특한 가치 등의 조화로움을 제공한다.

특히 세계적인 요리사 차크 페펭(Jacques Pepin)의 레스토랑에서 제공하는 최상의 고급 요리는 크루즈 관광객 등에게 잘 알려져 있다. 각 크루즈의 오픈 시팅 식사가 제공되는 4개의 독특한 레스토랑에서는 독특한 특별 요리가 제공된다.

컨츄리 클럽은 캐주얼과 아늑하고 편안한 유럽풍의 스타일은 턱시도를 입은 정장에서부터 슈트, 편안한 복장 등 가리지 않고 입어도 무방해 인기가 높다. 승무원 대비 승객 개별에 대한 서비스는 관련 크루즈 업계에서 최고를 자랑한다.

오셔니아 크루즈는 중·소형의 크기의 선박으로 유럽, 중국과 극동 아시아, 호주/뉴질랜드, 남미 캐리비안 등 180개 이상의 항구도시를 연계하고 있다. 2010~2011년에 신형 크루즈 두 척이 추가된다.

전화번호

- 일반전화 : 305-514-2300
- 브로슈어 / 일반문의 : 800-531-5658
- 개별 예약 : 800-531-5658
- 그룹 예약 : 800-531-5658
- 인센티브 문의 : 305-514-2318
- 항공연계 패키지 상품 : 800-531-5658
- 장애인 서비스 : 800-531-5658
- 승객 서비스 센터 : 800-531-5658
- 판매대리점 지원 : 800-531-5658
- 판매대리점 센터 : 800-531-5658

항해 지역

- 아마존강 Amazon River
- 호주 / 뉴질랜드 Australia / New Zealand
- 발틱 / 러시아 Baltics / Russia
- 캐리비안 Caribbean
- 중미 Central America
- 동 지중해 / 에게해 Eastern Mediterranean / Aegean
- 극동 / 오리엔트 Far East / Orient
- 인도 India
- 멕시코 Mexico

- 파나마 운하 Panama Canal
- 홍해 / 수에즈 운하 Red Sea / Suez Canal
- 남미 South America
- 남동 아시아 Southeast Asia
- 남동 지중해 Southeast Mediterranean
- 대서양 횡단 Transatlantic
- 서 유럽 Western Europe
- 서 지중해 Western Mediterranean

예약 관련 정보

- 항공연계 패키지 상품 : YES
- 내륙연계 수송 예약 : YES
- 기항지 관광 예약 : YES
- 조기예약 할인 : 1인 요금으로 2인, 항차 선택과 항공 무료
- 보호자와 동반하는 최저 연령제한 : 2세
- 보호자와 동반이 필요 없는 최저 연령 : 18세 이상
- 3/4번째 객실 승객할인제 : YES
- 취소규정 : www.oceaniacruises.com에 고지
- 신용카드 : 마스터, 비자, 아멕스
- 싱글 추가 : 200%
- 싱글 캐빈 / 싱글 프로그램 : 없음

객실 시설

- 텔레비전 / 라디오, 실내 영화, 안전금고, DVD 플레이어, 직통전화, 인터넷 연결, 헤어드라이기, 미니바 / 냉장고

  *각 크루즈와 캐빈 카테고리에 따라 차이가 있음

식사 서비스

- 오픈 시팅 식사 Open Seating Dining
- 특별/선택 정찬 Specialty/Alternative Dining Venues
- 24시간 베뉴 24-Hr Venues

*특별 식이요법이 필요한 경우 사전 신청 요함

팁

- 승선 시 오픈한 카드로 자동 청구

어린이

- 어린이 전용 침대

회의와 컨퍼런스

- 음향 및 영상 시설 완비 Audio Visual Equipment
- 인터넷 컴퓨터 시설 완비 Computer Equipment
- 회의 룸 별도 제공 Meeting Space
- 이메일 및 인터넷 서비스 E-mail Access
- 회의가 가능한 레스토랑 Conference Dining
- 비즈니스 회의 장소 제공 Conference Calling
- 비즈니스 센터 서비스 Business Center Services

스파/건강관리/피트니스

- 아로마테라피 Aromatherapy
- 전신 마사지 Body Wraps
- 이오니서미 트리트먼트 Ionithermie Treatments
- 해수치료 요법 Thalassotherapy

- 마사지 Massage
- 안면마사지 Facials
- 매니큐어 / 네일아트 Manicures / Pedicures
- 스팀 사우나 Steam Room / Sauna
- 요가 / 필라테스 Yoga / Pilates
- 저쿠지 / 월풀 Jacuzzi / Whirlpool
- 그룹 피트니스 클래스 Group Fitness Classes

골 프

- 퍼팅 그린 Putting Greens
- 개별 골프관광 예약 가능 Individual Golf Excursions Available

특별 프로그램 / 시설 / 서비스

- 결혼 / 허니문 Wedding / Honeymoon
- 휠체어 서비스 Wheelchair Accessible
- 특별 식이요법 Special Dietary Needs
- 승객 특강 / 교육 프로그램 Guest Lecturers / Educational Programs

오셔니아 크루즈 제원

선 명	건조년도	국적	총톤수	정원	층수	스태프국적	총객실
인시그니아 (Insignia)	1998	마샬제도	30,277	684	9	유럽 & 인터내셔널	342
노티카 (Nautica)	2000	마샬제도	30,277	684	9	유럽 & 인터내셔널	342
레가타 (Regatta)	1998	마샬제도	30,277	684	9	유럽 & 인터내셔널	342

15 Paul Gauguin Cruises

Paul Gauguin CRUISES TAHITI, FRENCH POLYNESIA & THE SOUTH PACIFIC	주소 : 1000 Corporate Drive500 Fort Lauderdale, FL 33334 홈페이지 : www.pgcruises.com

폴 고갱 크루즈는 5성급 럭셔리 크루즈로서 상을 받았다. 타히티, 프랑스령의 폴리네시아 섬, 남태평양 등을 비롯 한 척의 크루즈로 운항하지만 그 명성은 자자하다.

승객 만족도와 독특함 등 크루즈의 질적인 서비스로 여러 번 상을 받기도 했다. 특히 고갱의 이름으로 운항되는 만큼 분위기가 독특하다.

전화번호

- 일반전화 : 888-582-6824
- 브로슈어 / 일반문의 : 800-848-6172
- 개별 예약 : 800-848-6172
- 그룹 예약 : 800-848-6172
- 인센티브 문의 : 866-786-2009
- 차터 문의 : 866-786-2009
- 항공연계 패지지 : 800-848-6172
- 장애인 서비스 : 800-848-6172
- 승객 서비스 센터 : 800-848-6172
- 판매대리점 지원 : 866-786-2009

· 판매대리점 서비스 : 866-786-2009

항해 지역

· 호주 / 뉴질랜드 Australia / New Zealand
· 남 태평양 / 타히티 South Pacific / Tahiti

예약 관련 정보

· 항공연계 패키지 : YES
· 내륙연계 수송 예약 : YES
· 기항지 관광 사전예약 : NO
· 스파 패키지 사전예약 : NO
· 조기예약 할인 : 조기예약의 경우 지정된 날짜의 보통 크루즈 요금의 45% 할인. 브로슈어 또는 www.pgcruises.com에 상세 고지
· 보호자와 동반하는 최저 연령제한 : 1세
· 보호자와 동반이 필요 없는 최저 연령 : 18세
· 3/4번째 객실 승객할인제 : YES
· 취소규정 : 항해 시작 120일 이전에 취소 시 승객당 관리수수료 US$100, 120~91일 크루즈 요금의 10%, 90~61일 크루즈 요금의 20%, 60~31일 크루즈 요금의 50%, 30일 이내는 환불 불가
· 신용카드 : 마스터, 비자, 아멕스
· 싱글 추가 : 100%
· 싱글 캐빈 / 싱글 프로그램 : 없음

객실 시설

· 텔레비전 / 라디오, CD 플레이어, 실내 영화, 개인금고, DVD 플레이어, 직통전화, 헤어드라이기, 미니바 / 냉장고

*객실 타입에 따라 객실 시설이 다를 수 있음

식사 서비스

- 오픈 시팅 식사 Open Seating Dining
- 특별 / 선택 정찬 Specialty / Alternative Dining Venues
- 24시간 베뉴 24-Hr Venues

*특별 식이요법이 필요한 경우 사전 신청 요함

팁

- 포함되어 있음

어린이와 패밀리 프로그램

- 크루즈 요금 할인 Reduced Cruise Rate
- 연령대별 특별활동 프로그램 Organized Age-Specific Activities
- 유아 전문교사 선내 상주 Youth Counselors

회의와 컨퍼런스

- 음향 및 영상 시설 완비 Audio Visual Equipment
- 인터넷 컴퓨터 시설 완비 Computer Equipment
- 이메일 및 인터넷 서비스 E-mail Access
- 비즈니스 센터 서비스 Business Center Services
- 미팅 코디네이터 Meeting Coordinator

스파 / 건강관리 / 피트니스

- 아로마테라피 Aromatherapy
- 전신 마사지 Body Wraps

· 머드 테라피 Mud Therapy

· 이오니서미 트리트먼트 Ionithermie Treatments

· 반사치료 Reflexology

· 해수치료 요법 Thalassotherapy

· 마사지 Massage

· 안면 마사지 Facials

· 매니큐어 / 네일아트 Manicures / Pedicures

· 스팀 사우나 Steam Room / Sauna

· 요가 / 필라테스 Yoga / Pilates

· 그룹 피트니스 클래스 Group Fitness Classes

골 프

· 개인골프 관광 예약 가능 Individual Golf Excursions Available

특별 프로그램 / 시설 / 서비스

· 결혼 / 허니문 Wedding / Honeymoon

· 스쿠버 자격증 취득 SCUBA Certification

· 스포츠 장비 렌털 Sports Equipment Rental

· 휠체어 대여 Wheelchair Accessible

· 특별 식이요법 프로그램 Special Dietary Needs

· 승객 강의 / 교육 프로그램 Guest Lecturers / Educational Programs

폴 고갱 크루즈 제원

선 명	건조년도	국적	총톤수	정원	층수	스태프국적	총객실
폴 고갱 (m / s Paul Gauguin)	1997	바하마	19,200	332	7	유럽 & 인터내셔널	166

16 Pearl Seas Cruises

PEARL SEAS CRUISES	주소 : 741 Boston Post Road200 Guilford, CT 06437 홈페이지 : www.pearlseascruises.com

펄 시 크루즈는 의식 있는 여행자들에게 세계적인 크루즈 개념의 고급스런 크루즈를 경험할 수 있도록 하고 있다. 최대 214명의 승객에게 높은 수준의 서비스를 제공하고 있으며, 2009년부터 신형 크루즈 캐리비안과 뉴잉글랜드, 캐리비안 지역을 운항하고 있다.

펄 시 크루즈는 혁신적인 디자인, 현대적인 럭셔리 개념, 예술적이고 쾌적한 분위기의 혁신적인 디자인으로 설계되었다. 스파와 모든 승객이 앉을 수 있는 식사 공간, 파노라믹하게 펼쳐지는 서라운딩 창문, 여러 개의 라운지, 극장 등을 갖추고 있는 안정성을 보장하는 표준시설을 갖추고 있다. 그림 같은 큰 창문과, 평면 스크린 텔레비전 등 개인 편의시설이 캐빈에 마련되어 있다.

전화번호

- 일반전화 : 203-453-4211
- 브로슈어 / 일반정보 : 800-983-7462
- 개별 예약 : 800-983-7462
- 그룹 예약 : 800-983-7462
- 인센티브 예약 : 800-983-7462
- 차터 문의 : 800-983-7462

- 항공연계 패키지 : 800-983-7462
- 장애인 서비스 : 800-983-7462
- 승객 서비스 센터 : 800-983-7462
- 판매대리점 지원 : 800-983-7462
- 판매대리점 서비스 : 800-983-7462

항해 지역

- 캐나다 / 뉴잉글랜드 Canada / New England
- 캐리비안 Caribbean
- 체서피크 만 Chesapeake Bay
- 미드 아틀란틱 해안 Mid Atlantic U.S. Coast
- 북동 해안 North East U.S. Coast

예약 관련 정보

- 플라이 크루즈 패키지 : NO
- 내륙연계 수송 예약 : YES
- 조기 기항지 관광 예약 : YES
- 조기 스파 패키지 예약 : YES
- 조기예약 할인 : 예약 시 다양하게 적용
- 보호자와 동반하는 최저 연령제한 : 생후 6개월
- 보호자와 동반이 필요 없는 최저 연령 : 18세 이상
- 3/4번째 객실 승객할인제 : YES
- 취소규정 : 예약대리점에 고지
- 신용카드 : 마스터, 비자, 아멕스, 다이너스 클럽, 디스커버
- 싱글 추가 : 객실 카테고리별로 150% 혹은 175% 적용
- 싱글 객실 : Yes

· 싱글 프로그램 : YES

객실 시설

· 텔레비전 / 라디오, CD 플레이어, 실내 영화, 개인금고, VCR, DVD 플레이어, 인터넷, 헤어드라이기, 미니바 / 냉장고

*캐빈 종류별로 시설을 다를 수 있음

식사 서비스

· 오픈 시팅 다이닝 Open Seating Dining

팁

· 크루즈 이후 선택적 · 관습적으로 받음

어린이와 패밀리 프로그램

· 크루즈 요금 할인 Reduced Cruise Rate

· 가족 객실 Family Cabins

· 만화 Cartoons

· 게임 / 콘테스트 Games / Contests

· 교육 프로그램 / 클래스 Educational Programs / Classes

· 어린이 영화 Children's Movies

회의와 컨퍼런스

· 음향 및 영상 시설 완비 Audio Visual Equipment

· 인터넷 컴퓨터 시설 완비 Computer Equipment

· 이메일 및 인터넷 서비스 E-mail Access

· 회의가 가능한 레스토랑 Conference Dining

· 비즈니스 센터 서비스 Business Center Services

· 미팅 코디네이터 Meeting Coordinator

스파 / 건강관리 / 피트니스

· 아로마테라피 Aromatherapy
· 전신 마사지 Body Wraps
· 머드 테라피 Mud Therapy
· 이오니서미 트리트먼트 Ionithermie Treatments
· 반사치료 Reflexology
· 해수치료 요법 Thalassotherapy
· 마사지 Massage
· 안면 맛사지 Facials
· 매니큐어 / 네일아트 Mnicures / Pedicures
· 요가 / 필라테스 Yoga ilates
· 저쿠지 / 월풀 Jacuzzi / Whirlpool
· 그룹 피트니스 클럽 Group Fitness Classes

골 프

· 퍼팅 그린 Putting Greens
· 개인골프 관광 예약 가능 Individual Golf Excursions Available

특별 프로그램 / 피트니스 / 서비스

· 결혼 / 허니문 Wedding / Honeymoon
· 스포츠 장비 렌털 Sports Equipment Rental
· 휠체어 대여 Wheelchair Accessible
· 특별 식이요법 프로그램 Special Dietary Needs
· 승객 특강 / 교육 프로그램 Guest Lecturers / Educational Programs

펄 시 크루즈 제원

선 명	건조년도	국적	총톤수	정원	층수	스태프국적	총객실
펄 미스트 (Pearl Mist)	2009	마샬제도	6,000	210	6	인터내셔널	108

17 Princess Cruises

PRINCESS CRUISES escape completely	주소 : Princess Cruises, 24305 Town Center Drive Santa Clarita, CA 91355 웹사이트 : www.princesss.com

북미에서 가장 유명한 선사인 프린세스 크루즈는 세계적인 수준의 선박들로 이루어져 운항되고 있다.

프린세스 선박 안에서는 매일 환상적인 '일상으로부터의 탈출'을 느낄 수 있다. 멋진 디자인의 실내 · 외 수영장, 우아한 인테리어의 레스토랑 그 밖에 요가 수업, 역동적인 예술품 경매 현장 등 무수히 많은 즐길 거리가 진행되고 있다. 아름다운 전망이 보이는 선박 위층의 전신의자에 누워 한가로운 시간을 즐길 수 있는 자유가 있다.

세계 270여 곳 이상의 방문지와 90가지 이상의 아주 독특한 항해 일정은 유럽, 알래스카, 호주, 남미, 지중해 등 세계 모든 곳을 승객들에게 선사한다.

연간 100만 이상의 승객들이 프린세스를 즐기고 있으며, 총 18척의 초호화 크루즈를 보유하고 있는 프린세스는 '일상으로부터의 완벽한 탈출(Escape Completely)'이라는 표어를 주제로 마케팅을 펼친다. 상상을 초월하는 초호화

시설과 막대한 예산이 투입되는 각종 볼거리와 향연은 프린세스가 아니면 그 누구도 흉내 낼 수 없다.

다음 장의 크루즈 승무원과 선상생활은 프린세스 크루즈를 주요 내용으로 다루고 있는 만큼 세계적으로 인정받고 있는 서비스가 그 품격을 더해 준다.

전화번호

- 일반전화 : 661-753-0000
- 브로슈어 / 일반문의 : 800-PRINCESS
- 개인 예약 : 800-PRINCESS
- 그룹 예약 : 800-PRINCESS
- 인센티브 예약 : 800-PRINCESS
- 차터 문의 : 800-PRINCESS
- 장애인 서비스 : 800-PRINCESS
- 승객 서비스 센터 : 800-PRINCESS
- 판매대리점 지원 : 800-421-1700
- 판매대리점 서비스 : 800-421-1700

항해 지역

- 알래스카 Alaska
- 오스트레일리아 / 뉴질랜드 Australia / New Zealand
- 바하마 Bahamas
- 발틱 / 러시아 Baltic / Russia
- 흑해 Black Sea
- 영국제도 / 아일랜드 British Isles / Ireland
- 카나리제도 / 북 아프리카 Canary Island / North Africa
- 캐리비안 Caribbean

· 중앙 아메리카 Central America
· 서 유럽 Western Europe
· 하와이 Hawaii
· 동부 지중해 / 에게해 Eastern Mediterranean / Aegean
· 서부 지중해 Western Mediterranean
· 남부 지중해 Southeast Mediterranean
· 멕시코 Mexico
· 뉴잉글랜드 / 캐나다 New England / Canada
· 파나마 운하 Panama Canal
· 스칸디나비아 / 북해협 Scandinavia / North Cape
· 남미 South America
· 남태평양 / 타히티 South Pacific / Tahiti
· 대서양 횡단 Transatlantic
· 태평양 횡단 Transpacific
· 서부 해안 West Coast
· 세계일주 World Cruises

예약 관련 정보

· 플라이 크루즈 패키지 : YES
· 내륙연계 수송 예약 : YES
· 기항지 관광 예약 : YES
· 보호자와 동반하는 최저 연령제한 : NO
· 보호자와 동반이 필요 없는 최저 연령 : 18세 이상
· 3/4번째 객실 승객할인제 : YES
· 취소위약금 규정 : 항해 기간과 지역에 따라 다른 위약금 비율이 적용된다. www.princesscruises.com 웹사이트에서 자세한 정보 확인 가능

· 싱글 추가 : US$150~200

· 싱글 프로그램 : NO

· 신용카드 : 마스터(Master Card) / 비자(Visa) / 아멕스(American Express) / 디스커버(Discover) / 다이너스 클럽(Diners Club)

객실 시설

· TV / 실내 영화 상영 / 라디오 / 비디오 / 헤어드라이기 / 미니바 / 냉장고 / 전화기 / CD 플레이어 / DVD 플레이어

*객실마다 조금씩 시설이 다를 수 있음

식사 스타일

· 전통 정찬식사 Traditional Seating

· 정통 석식 Formal Nights

· 특별 / 선택 정찬 Specialty / Alternative Dining

· 커피하우스 Coffeehouse

· 24시간 오픈식사 서비스 24-Hr Dining Options

*특별 다이어트 식단은 사전 요청이 요구됨

*선상 카드로 팁 자동 청구됨

팁

· 승선 시 오픈한 개인카드로 자동 청구

어린이와 패밀리 프로그램

· 가족할인 요금제도 Reduced Family Rate

· 가족 전용 객실 Family Cabins

· 유아 전용 의자 Baby Sitting

- 유아용 침대 Cribs
- 만화영화 상영 Cartoons
- 게임 & 콘테스트 Games / Contests
- 교육 프로그램 및 특별활동 Educational Programs / Classes
- 어린이 파티 프로그램 Organized Children's Parties
- 어린이 전용 영화 Children's Movies
- 어린이 전용 놀이터 Children's Playroom
- 연령대별 특별활동 프로그램 Organized Age Specific Activities
- 유아 전문교사 선내 상주 Youth Counselors
- 청소년 전문교사 선내 상주 Teen Counselors
- 청소년 센터 & 디스코 룸 Teen Center or Disco
- 유아 전용 수영장 Children's Pool

회의와 컨퍼런스

- 음향 및 영상 시설 완비 Audio Visual Equipment
- 인터넷 컴퓨터 시설 완비 Computer Equipment
- 이메일 및 인터넷 서비스 E-mail Access
- 회의가 가능한 레스토랑 Conference Dining
- 비즈니스 회의 장소 제공 Conference Calling
- 비즈니스 센터 서비스 Business Center Services
- 미팅 코디네이터 Meeting Coordinator

전문 프로그램

- 아로마테라피 Aromatherapy
- 전신 마사지 Body Wraps
- 머드 테라피 Mud Therapy

- 이오니서미 트리트먼트 Ionithermie Treatments
- 반사치료 Reflexology
- 해수치료 요법 Thalassotherapy
- 마사지 Massage
- 안면 마사지 Facials
- 매니큐어 / 네일아트 Manicures / Pedicures
- 스팀 사우나 Steam Room / Sauna
- 요가 / 필라테스 Yoga / Pilates
- 월풀 Whirlpool
- 그룹 피트니스 클래스 운영 Group Fitness Classes

골 프

- 골프 연습장 Practice Driving Cage
- 골프 퍼팅 Putting Greens
- 골프 클리닉 Golf Clinic / Lessons
- 골프 패키지 Golf Packages
- 골프 시뮬레이터 Golf Simulator
- 골프 프로페셔널 교육과정 Golf Professional Aboard
- 개인골프 관광 예약 가능 Individual Golf Excursions Available

특별 프로그램 / 시설 / 서비스

- 웨딩 / 허니문 프로그램 Wedding / Honeymoons
- 스포츠 장비 렌털 Sports Equipment Rental
- 휠체어 대여 Wheelchair Accessible
- 특별 식이요법 프로그램 Special Dietary Needs
- 승객 특별강의 / 교육 프로그램 Guest Lecturers / Educational Programs

프린세스 크루즈 제원

선 명	건조년도	국적	총톤수	정원	층수	스태프국적	총객실
캐리비안 프린세스 (Caribbean Princess)	2004	버뮤다	113,000	3,100	15	영국 & 이탈리아 & 인터내셔널	1,577
코럴 프린세스 (Coral Princess)	2003	버뮤다	92,000	1,970	11	영국 & 이탈리아 & 인터내셔널	987
크라운 프린세스 (Crown Princess)	2006	버뮤다	113,000	3,070	15	영국 & 이탈리아 & 인터내셔널	1,532
다운 프린세스 (Dawn Princess)	1997	버뮤다	77,000	1,950	10	영국 & 이탈리아 & 인터내셔널	975
다이아몬드 프린세스 (Diamond Princess)	2004	버뮤다	116,000	2,670	14	영국 & 이탈리아 & 인터내셔널	1,337
에메랄드 프린세스 (Emerald Princess)	2007	버뮤다	113,000	3,070	15	영국 & 이탈리아 & 인터내셔널	1,532
골든 프린세스 (Golden Princess)	2001	버뮤다	109,000	2,600	14	영국 & 이탈리아 & 인터내셔널	1,300
그랜드 프린세스 (Grand Princess)	1998	버뮤다	109,000	2,600	14	영국 & 이탈리아 & 인터내셔널	1,300
아일랜드 프린세스 (Island Princess)	2003	버뮤다	92,000	1,970	11	영국 & 이탈리아 & 인터내셔널	987
퍼시픽 프린세스 (Pacific Princess)	1999	버뮤다	30,277	670	9	영국 & 이탈리아 & 인터내셔널	334
로얄 프린세스 (Royal Princess)	2001	버뮤다	30,200	710	8	영국 & 이탈리아 & 인터내셔널	355
루비 프린세스 (Ruby Princess)	2008	버뮤다	113,000	3,070	15	영국 & 이탈리아 & 인터내셔널	1,532
사파이어 프린세스 (Sapphire Princess)	2004	버뮤다	116,000	2,670	14	영국 & 이탈리아 & 인터내셔널	1,337
시 프린세스 (Sea Princess)	1998	버뮤다	77,000	1,950	11	영국 & 이탈리아 & 인터내셔널	975
스타 프린세스 (Star Princess)	2002	버뮤다	109,000	2,600	14	영국 & 이탈리아 & 인터내셔널	1,301
선 프린세스 (Sun Princess)	1995	버뮤다	77,000	1,950	10	영국 & 이탈리아 & 인터내셔널	975
타이티안 프린세스 (Tahitian Princess)	1999	버뮤다	30,277	670	9	영국 & 이탈리아 & 인터내셔널	334

18 Regent Seven Seas Cruises

Regent SEVEN SEAS CRUISES	주소 : 1000 Corporate DriveSuite 500 Fort Lauderdale, FL 33334 홈 페이지 : www.RSSC.com

리젠트 세븐 시 크루즈는 6성급 크루즈 선사로서 등급에 비해 비교적 자유스러운 선내 분위기가 연출된다.

남극을 포함한 7개 대륙에 걸쳐 3백 개 항구의 비교할 수 없는 탐험과 모험이 가득한 크루즈 일정을 선보이고 있다. 럭셔리한 선박은 승객 대비 승무원수에서 타의 추종을 불허하고 있다. 선내는 개별적이고 개인적인 것에 초점을 맞춰 친절하면서도 부드러운 분위기가 연출되어 잊지 못할 추억의 한 페이지를 장식하기에 부족하지 않다.

모든 크루즈는 숙박, 서비스, 식사, 부대시설 등은 6성급 이상으로 갖춰져 있다. 객실은 스위트와 발코니 2가지 종류만이 있을 정도다. 특히 프랑스 요리학교 르 꼬드동 블루(Le Cordon Bleu) 요리를 맛볼 수 있는 레스토랑은 크루즈여행의 참맛의 더해 준다.

전화번호

- 문의전화 : 800-477-7500
- 브로슈어 / 일반정보 : 800-477-7500
- 개별 예약 : 800-285-1835
- 그룹 예약 : 800-914-5500

· 인센티브 예약 : 800-477-7500
· 차터 문의 : 800-477-7500
· 항공연계 수배 가능 : 877-722-7772
· 승객 서비스 센터 : 800-477-7500
· 판매대리점 지원 : 800-285-1835
· 판매대리점 서비스 : 800-285-1835

항해 지역

· 알래스카 Alaska
· 아마존강 Amazon River
· 남극대륙 Antarctica
· 호주 / 뉴질랜드 Australia / New Zealand
· 발틱 / 러시아 Baltics / Russia
· 버뮤다 Bermuda
· 흑해 Black Sea
· 영국제도 British Isles
· 카나리제도 / 북 아프리카 Canary Islands / North Africa
· 캐리비안 Caribbean
· 중미 Central America
· 동 지중해 / 에게해 Eastern Mediterranean / Aegean
· 극동 / 오리엔트 Far East / Orient
· 인도 India
· 이스라엘 Ireland
· 멕시코 Mexico
· 파나마 운하 Panama Canal
· 홍해 / 수에즈 운하 Red Sea / Suez Canal

- 스칸디나비아 / 북해협 Scandinavia / North Cape
- 남미 South America
- 남태평양 / 타히티 South Pacific / Tahiti
- 남동 아시아 Southeast Asia
- 남동 지중해 Southeast Mediterranean
- 남 아프리카 Southern Africa
- 대서양 횡당 Transatlantic
- 태평양 횡단 Transpacific
- 서 유럽 Western Europe
- 서 지중해 Western Mediterranean
- 세계일주 World Cruises

예약 관련 정보

- 항공연계 패키지 : YES
- 내륙연계 수송 예약 : YES
- 기항지 관광 조기예약 : YES
- 스파 패키지 조기예약 : YES
- 조기예약 할인 : 출발 날짜와 목적지에 따라 차이가 있음
- 보호자와 동반하는 최저 연령제한 : 1세
- 보호자와 동반이 필요 없는 최저 연령 : 21세 이상
- 3/4번째 객실 승객할인제 : YES
- 취소규정 : 크루즈 일정과 카테고리에 따라 차이가 있음. 자세한 사항은 예약 시 정보 제공
- 신용카드 : 마스터, 비자, 아멕스
- 싱글 추가 : 40~100% 추가요금. 카테고리에 따라 다름
- 싱글 객실과 프로그램 : NO

객실 시설

· 텔레비전/라디오, CD 플레이어, 영화, 안전금고, DVD 플레이어, 직통전화, 인터넷 연결, 헤어드라이기, 미니바/냉장고

*크루즈와 카테고리별로 다소 다를 수 있음

식사 서비스

· 오픈 시팅 식사 Open Seating Dining

· 공식 정찬 Formal Nights

· 특별/선택 정찬 Specialty/Alternative Dining Venues

· 24시간 베뉴 24-Hr Venues

*특별 식이요법 필요시 예약 시 요청 가능함

팁

· 포함되어 있음

어린이와 패밀리 프로그램

· 크루즈 가격 할인 Reduced Cruise Rate

· 가족 객실 Family Cabins

· 유아 전용 의자 Baby Sitting

· 유아 침대 Cribs

· 게임/콘테스트 Games/Contests

· 교육 프로그램/클래스 운영 Educational Programs/Classes

· 어린이 파티 프로그램 Organized Children's Parties

· 어린이 영화 Children's Movies

· 연령대별 특별활동 프로그램 Organized Age-Specific Activities

· 유아 전문교사 선내 상주 Youth Counselors

· 청소년 전문교사 선내 상주 Teen Counselors

회의와 컨퍼런스

· 음향 및 영상 시설 완비 Audio Visual Equipment
· 인터넷 컴퓨터 시설 완비 Computer Equipment
· 이메일 및 인터넷 서비스 E-mail Access
· 회의가 가능한 레스토랑 Conference Dining
· 비즈니스 회의 장소 제공 Conference Calling
· 비즈니스 센터 서비스 Business Center Services
· 미팅 코디네이터 Meeting Coordinator

스파 / 건강관리 / 피트니스

· 아로마테라피 Aromatherapy
· 전신 마사지 Body Wraps
· 머드 테라피 Mud Therapy
· 이오니서미 트리트먼트 Ionithermie Treatments
· 반사치료 Reflexology
· 해수치료 요법 Thalassotherapy
· 마사지 Massage
· 안면 마사지 Facials
· 매니큐어 / 네일아트 Manicures / Pedicures
· 스팀 사우나 Steam Room / Sauna
· 요가 / 필라테스 Yoga / Pilates
· 월풀 Whirlpool
· 그룹 피트니스 클래스 Group Fitness Classes

골 프

- 골프 연습장 Practice Driving Cage
- 골프 클리닉 / 레슨 Golf Clinic / Lessons
- 골프 패키지 Golf Packages
- 개인골프 관광 예약 가능 Individual Golf Excursions Available

특별 프로그램 / 시설 / 서비스

- 웨딩 / 허니문 Wedding / Honeymoon
- 스쿠버 자격증 취득 SCUBA Certification
- 휠체어 대여 Wheelchair Accessible
- 특별 식이요법 프로그램 Special Dietary Needs
- 승객 특별강의 / 교육 프로그램 Guest Lecturers / Educational Programs

리젠트 세븐 시 크루즈 제원

선 명	건조년도	국적	총톤수	정원	층수	스태프국적	총객실
미네르바 (Minerva)	1996	바하마	12,500	394	6	유럽 & 인터내셔널	196
폴 고갱 (Paul Gauguin)	1997	바하마	19,200	330	7	프랑스 / 유럽 & 인터내셔널	165
세븐 시 마리너 (Seven Seas Mariner)	2001	바하마	50,000	700	8	유럽 & 인터내셔널	350
세븐 시 네비게이터 (Seven Seas Navigator)	1999	바하마	33,000	490	8	유럽 & 인터내셔널	245
세븐 시 보이저 (Seven Seas Voyager)	2003	바하마	46,000	700	9	유럽 & 인터내셔널	350

19 Royal Caribbean International

RoyalCaribbean INTERNATIONAL	주소 : 1050 Caribbean Way Miami, FL 33132 홈페이지 : www.royalcaribbean.com

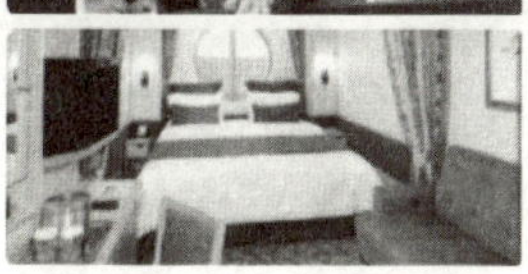

로얄 캐리비안 인터내셔널은 카니발 선사 다음으로 큰 세계 2대 크루즈 선사로서 최근 22만 톤급의 대형 크루즈를 속속 취항시키면서 크루즈 업계를 선도해 가고 있다.

로얄 캐리비안은 젊은 층들이 선호하는 활동적인 선내 시설인 암벽타기, 서핑과 스케이팅 등의 시설과 프로그램을 도입함으로써 가족단위 젊은 층에 인기를 끌고 있다. 보유선적도 7만 톤급의 중형 크루즈에서부터 22만 톤급의 초대형 크루즈 등 20여 척을 보유하고 있으며 2009년 12월에는 센트럴 파크, 아쿠아 씨어터 등의 혁신적인 시설을 갖춘 220,000톤의 떠다니는 도시, 오아이스호를 선보여 초대형 크루즈를 시장을 선도해 나갈 것으로 전망된다.

전화번호

- 일반전화 : 305-539-6000
- 브로슈어 / 일반문의 : 800-659-7225 / 800-521-8611
- 개별 예약 : 800-327-6700 / 866-562-7625
- 그룹 예약 : 800-327-2055
- 인센티브 문의 : 800-345-7225
- 항공연계 문의 : 800-636-2440

· 장애인 승객 서비스 : 800-722-5472 ext. 34492
· 승객 서비스 센터 : 800-529-6918
· 판매대리점 서비스 : 800-432-6559

항해 지역

· 알래스카 Alaska
· 호주 / 뉴질랜드 Australia / New Zealand
· 바하마 Bahamas
· 발틱 / 러시아 Baltics / Russia
· 버뮤다 Bermuda
· 영국제도 British Isles
· 캐나다 / 뉴잉글랜드 Canada / New England
· 카나리아제도 / 북 아프리카 Canary Islands / North Africa
· 캐리비안 Caribbean
· 동 지중해 / 에게해 Eastern Mediterranean / Aegean
· 극동 / 오리엔트 Far East / Orient
· 하와이 Hawaii
· 아일랜드 Ireland
· 멕시코 Mexico
· 파나마 운하 Panama Canal
· 스칸디나비아 / 북해협 Scandinavia / North Cape
· 남미 South America
· 남태평양 / 타히티 South Pacific / Tahiti
· 남동 아시아 Southeast Asia
· 남동 지중해 Southeast Mediterranean
· 대서양 횡단 Transatlantic

· 태평양 횡단 Transpacific
· 서 유럽 Western Europe
· 서 지중해 Western Mediterranean

예약 관련 정보

· 항공연계 패키지 : YES
· 내륙수공 연계 : YES
· 기항지 관광 조기예약 : YES
· 조기예약 할인 : 가능, 예약 요청
· 보호자와 동반하는 최저 연령제한 : 최소 6개월
· 보호자와 동반이 필요 없는 최저 연령 : 21세
· 3/4번째 객실 승객할인제 : YES
· 취소규정 : 취소규정은 크루즈의 기간에 따라 다르다. www.royalcaribbean.com에서 자세한 정보 제공
· 3~8박 일정 : 출발 50일까지 : 별도 취소료 없음. 49~30일까지 신청금, 29~8일까지 캐빈 요금의 50%, 7일 이내 100%(항구세, 세금 포함)
· 9박 이상 일정 : 60일까지 별도 취소료 없음. 59~30일까지 신청금, 29~15일까지 캐빈 요금의 50%, 14일 이내 100%(항구세, 세금 포함)
· 홀리데이 세일링(연초, 연말, 크리스마스, 연휴) : 90일까지 별도 취소료 없음. 89~30일까지 신청금, 29~15일까지 캐빈 요금의 50%, 14일 이내 100%(항구세, 세금 포함)
· 고령자 할인 : YES
· 신용카드 : 마스터, 비자, 아멕스, 다이너스 클럽, 디스커버
· 싱글 추가 : 200%
· 싱글 캐빈 / 싱글 프로그램 : 없음

객실 시설

· 텔레비전/라디오, 실내 영화, 개인금고, VCR, DVD 플레이어, 직통전화, 인터넷, 헤어드라이기, 미니바/냉장고

*각 크루즈와 객실 카테고리에 다라 선내 시설이 다를 수 있음

식사 서비스

· 전통 예약 식사 Traditional Assigned Seating

· 오픈 시팅 식사 Open Seating Dining

· 정찬 Formal Nights

· 특별/선택 식사 베뉴 Specialty/Alternative Dining Venues

· 커피하우스/파티스리 Coffeehouse/Patisserie

· 24시간 베뉴 24-Hr Venues

*특별 식이요법 예약 시 요청할 수 있음

팁

· 선택적 · 관습적으로 크루즈 마지막 날 청구

어린이와 가족 프로그램

· 가족 객실 Family Cabins

· 유아 전용 의자 Baby Sitting

· 어린이 침대 Cribs

· 만화 상영 Cartoons

· 게임/콘테스트 Games/Contests

· 교육 프로그램/클래스 Educational Programs/Classes

· 어린이 파티 프로그램 Organized Children's Parties

· 어린이 영화 Children's Movies

· 놀이방 Children's Playroom

- 연령대별 특별 프로그램 운영 Organized Age-Specific Activities
- 유아 전문교사 선내 상주 Youth Counselors
- 청소년 전문교사 선내 상주 Teen Counselors
- 청소년 센터 & 디스코 룸 Teen Center / Disco
- 어린이 전용 수영장 Children's Pool

회의와 컨퍼런스

- 음향 및 영상 시설 완비 Audio Visual Equipment
- 인터넷 컴퓨터 시설 완비 Computer Equipment
- 이메일 및 인터넷 서비스 E-mail Access
- 회의가 가능한 레스토랑 Conference Dining
- 비즈니스 회의 장소 제공 Conference Calling
- 비즈니스 센터 서비스 Business Center Services
- 미팅 코디네이터 Meeting Coordinator

스파 / 건강관리 / 피트니스

- 아로마테라피 Aromatherapy
- 전신 마사지 Body Wraps
- 머드 테라피 Mud Therapy
- 이오니서미 트리트먼트 Lonithermie Treatments
- 반사치료 Reflexology
- 해수치료 요법 Thalassotherapy
- 마사지 Massage
- 안면 마사지 Facials
- 매니큐어 / 네일아트 Manicures / Pedicures
- 스팀 사우나 Steam Room / Sauna

· 요가 / 필라테스 Yoga / Pilates
· 저쿠지 / 월풀 Jacuzzi / Whirlpool
· 그룹 피트니스 클래스 Group Fitness Classes

골 프

· 골프 퍼팅 Putting Greens
· 골프 클리닉 Golf Clinic / Lessons
· 골프 패키지 Golf Packages
· 골프 시뮬레이터 Golf Simulator
· 개인골프 관광 예약 가능 Individual Golf Excursions Available

특별 프로그램 / 시설 / 서비스

· 웨딩 / 허니문 프로그램 Wedding / Honeymoons
· 스쿠버 자격증 취득 SCUBA Certification
· 휠체어 대여 Wheelchair Accessible
· 특별 식이요법 프로그램 Special Dietary Needs
· 승객 특별강의 / 교육 프로그램 Guest Lecturers / Educational Programs

로얄 캐리비안 크루즈 제원

선 명	건조년도	국적	총톤수	정원	층수	스태프국적	총객실
로얄 캐리비안 오아시스 (Oasis of the Seas)	2009	바하마	220,000	5,400	16	인터내셔널	2,706
로얄 캐리비안 리버티 (Liberty of the Seas)	2007	바하마	154,407	3,634	15	노르웨이 & 인터내셔널	1,817
로얄 캐리비안 인디펜던스 (Independence of the Seas)	2007	바하마	154,407	3,634	15	노르웨이 & 인터내셔널	1,817
로얄 캐리비안 프리덤 (Freedom of the Seas)	2006	바하마	154,407	3,634	15	노르웨이 & 인터내셔널	1,817

선　명	건조년도	국적	총톤수	정원	층수	스태프국적	총객실
로얄 캐리비안 네비게이터 (Navigator of the Seas)	2002	바하마	142,000	3,114	15	노르웨이 & 인터내셔널	1,557
로얄 캐리비안 마리너 (Mariner of the Seas)	2003	바하마	142,000	3,114	15	노르웨이 & 인터내셔널	1,557
로얄 캐리비안 보이저 (Voyager of the Seas)	1999	바하마	142,000	3,114	14	노르웨이 & 인터내셔널	1,557
로얄 캐리비안 어드벤처 (Adventure of the Seas)	2001	바하마	142,000	3,114	15	노르웨이 & 인터내셔널	1,557
로얄 캐리비안 익스플로러 (Explorer of the Seas)	2000	바하마	142,000	3,114	15	노르웨이 & 인터내셔널	1,557
로얄 캐리비안 레디앙스 (Radiance of the Seas)	2001	바하마	90,090	2,112	12	노르웨이 & 인터내셔널	1,056
로얄 캐리비안 브릴리앙스 (Brilliance of the Seas)	2002	바하마	90,090	2,110	12	노르웨이 & 인터내셔널	1,055
로얄 캐리비안 세레나데 (Serenade of the Seas)	2003	바하마	90,090	2,110	12	노르웨이 & 인터내셔널	1,055
로얄 캐리비안 주얼리 (Jewel of the Seas)	2004	바하마	90,090	2,110	12	노르웨이 & 인터내셔널	1,055
로얄 캐리비안 그랜저 (Grandeur of the Seas)	1996	바하마	74,140	1,950	11	노르웨이 & 인터내셔널	975
로얄 캐리비안 랩소디 (Rhapsody of the Seas)	1997	바하마	78,491	1,998	11	노르웨이 & 인터내셔널	999
로얄 캐리비안 레전드 (Legend of the Seas)	1995	바하마	69,130	1,804	11	노르웨이 & 인터내셔널	902
로얄 캐리비안 비전 (Vision of the Seas)	1998	바하마	78,491	1,998	11	노르웨이 & 인터내셔널	999
로얄 캐리비안 스플렌더 (Splendour of the Seas)	1996	바하마	69,130	1,804	11	노르웨이 & 인터내셔널	902
로얄 캐리비안 인챈트먼트 (Enchantment of the Seas)	1997	바하마	81,500	2,252	11	노르웨이 & 인터내셔널	1,126
로얄 캐리비안 마제스티 (Majesty of the Seas)	1992	바하마	73,941	2,350	14	노르웨이 & 인터내셔널	1,829
로얄 캐리비안 모나크 (Monarch of the Seas)	1991	바하마	73,941	2,390	14	노르웨이 & 인터내셔널	1,195

20 Seabourn Cruise Line

THE YACHTS OF SEABOURN INTIMATE. LUXURY.	주소 : 6100 Blue Lagoon Drive Suite 400 Miami, FL 33126 홈 페이지 : www.seabourn.com

시본 요트는 최고의 호화 크루즈로서 지구상의 가장 매력적인 목적지로의 요트휴가를 제공한다.

시본 프라이드, 스피릿, 레전드호는 전 객실이 스위트이며 208명의 승객과 같은 수의 승무원이 승선해 1:1 서비스를 제공, 크루즈 업계의 최고 서비스를 자랑하고 있다.

2009년에 처녀 취항한 오딧세이호는 450명의 승객이 승선할 수 있다. 모든 객실은 오션뷰 스위트로 넓은 객실이 자랑이다. 특별 세계적 요리사인 찰리 펄머(Charlie Palme)가 운영하는 오픈 시팅 레스토랑은 잊지 못할 식사를 제공한다. 캐주얼 식사와 인/아웃도어 베란다 카페, 개별 스위트에서 코스별로 즐길 수 있는 것이 특징이다. 또한 수없이 많은 고객 서비스 예를 들면, 무료로 제공되는 와인과 주류, 무료 마사지, 별빛 아래 상영되는 영화감상, 독특한 수상 스포츠 그리고 영국 런던의 본산인 자연주의 기능성 화장품인 몰턴 브라운(Molton Brown)의 건강 유지에 도움이 되는 목욕 서비스가 제공된다.

시본 크루즈는 많은 승객이 승선할 수 없는 관계로 매우 개별적인 서비스와 경험들을 장점으로 하여 각 목적지별로 독특하고 심층적인 체험을 할 수 있다.

특별히 시본 크루즈는 개별 쇼핑 담당자가 고급 자동자로 고객들을 동반해서 쇼핑을 도와주기도 한다.

전화번호

- 일반전화 : 305-463-3000
- 브로슈어 / 일반문의 : 800-929-9595
- 개별 예약 : 800-929-9595
- 그룹 예약 : 800-929-9595
- 인센티브 문의 : 305-463-3114
- 차터 문의 : 305-463-7641
- 승객 서비스 센터 : 800-929-9391
- 판매대리점 지원 : 800-929-9595
- 판매대리점 서비스 : 800-929-9595

항해 지역

- 아마존강 Amazon River
- 발틱 / 러시아 Baltics / Russia
- 흑해 Black Sea
- 영국제도 British Isles
- 카나리아제도 / 북 아프리카 Canary Islands / North Africa
- 캐리비안 Caribbean
- 중미 Central America
- 동 지중해 / 에게해 Eastern Mediterranean / Aegean
- 극동 / 오리엔트 Far East / Orient
- 인도 India
- 이스라엘 Ireland
- 파나마 운하 Panama Canal
- 홍해 / 수에즈 운하 Red Sea / Suez Canal
- 스칸디나비아 / 북해협 Scandinavia / North Cape

· 남미 South America
· 남동 아시아 Southeast Asia
· 남동 지중해 Southeast Mediterranean
· 대서양 횡단 Transatlantic
· 서유럽 Western Europe
· 서지중해 Western Mediterranean

예약 관련 정보

· 항공연계 패키지 : YES
· 내륙연계 수송 예약 : YES
· 기항지 관광 조기예약 : YES
· 조기예약 할인 : 20~50%
· 보호자와 동반하는 최저 연령제한 : 최소 6개월
· 보호자와 동반이 필요 없는 최저 연령 : 18세
· 3/4번째 객실 승객할인제 : YES
· 취소규정 : 90~46일 전체 요금의 25%, 45~31일 전체 요금의 50%, 30일 전체 요금의 100%, No Show 및 계약 불이행 100%
· 신용카드 : 마스터, 비자, 아멕스, 다이너스 클럽, 디스커버
· 싱글 추가 : 125~175%
· 싱글 객실 / 싱글 프로그램 : 없음

객실 시설

· 텔레비전 / 라디오, CD 플레이어, 실내 영화, 안전금고, DVD 플레이어, 직통전화, 인터넷, 헤어드라이기, 미니바 / 냉장고

*크루즈와 객실 카테고리에 따라 선내 시설이 다를 수 있음

식사 서비스

· 오픈 시팅 식사 Open Seating Dining

· 정찬 Formal Nights

· 특별 / 선택 식사 베뉴 Specialty / Alternative Dining Venues

· 24시간 베뉴 24-Hr Venues

*특별 식이요법 사전신청 가능

팁

· 포함되어 있음

어린이 & 패밀리 프로그램

· 크루즈 가격 할인 Reduced Cruise Rate

· 가족 객실 Family Cabins

· 유아 전용 의자 Baby Sitting

회의와 컨퍼런스

· 음향 및 영상 시설 완비 Audio Visual Equipment

· 인터넷 컴퓨터 시설 완비 Computer Equipment

· 이메일 및 인터넷 서비스 E-mail Access

· 회의가 가능한 레스토랑 Conference Dining

· 비즈니스 센터 서비스 Business Center Services

스파 / 건강관리 / 피트니스

· 아로마테라피 Aromatherapy

· 전신 마사지 Body Wraps

· 머드 테라피 Mud Therapy

- 이오니서미 트리트먼트 Ionithermie Treatments
- 반사치료 Reflexology
- 해수치료 요법 Thalassotherapy
- 마사지 Massage
- 안면 마사지 Facials
- 매니큐어 / 네일아트 Manicures / Pedicures
- 스팀 사우나 Steam Room / Sauna
- 요가 / 필라테스 Yoga / Pilates
- 저쿠지 / 월풀 Jacuzzi / Whirlpool
- 그룹 피트니스 클래스 Group Fitness Classes

골 프

- 개인골프 관광 예약 가능 Individual Golf Excursions Available

특별 프로그램 / 시설 / 서비스

- 웨딩 / 허니문 Wedding / Honeymoon
- 휠체어 대여 Wheelchair Accessible
- 특별 식이요법 프로그램 Special Dietary Needs
- 승객 특별강의 / 교육 프로그램 Guest Lecturers / Educational Programs

시본 크루즈 제원

선 명	건조년도	국적	총톤수	정원	층수	스태프국적	총객실
시본 레전드 (Seabourn Legend)	1992	바하마	10,000	208	6	인터내셔널	104
시본 오딧세이 (Seabourn Odyssey)	2009	바하마	32,000	450	8	인터내셔널	225

선　명	건조년도	국적	총톤수	정원	층수	스태프국적	총객실
시본 프라이드 (Seabourn Pride)	1988	바하마	10,000	208	6	인터내셔널	104
시본 스피릿 (Seabourn Spirit)	1989	바하마	10,000	208	6	인터내셔널	104

21 SeaDream Yacht Club

SEADREAM YACHT CLUB	주소 : 601 Brickell Key Drive1050 Miami, FL 33131 홈페이지 : www.seadream.com

시드림 요트 클럽은 가족 소유 크루즈로서 개별 요트를 원하는 사람들을 대상으로 서비스하고 있다. 보통 55명의 커플이 승선할 수 있으며, 거기에 준하는 95명의 승무원이 승선해 서비스를 한다.

시 드림은 2척의 최고급 요트인 SEADREAM I과 SEADREAM II로 5~14일간의 일정으로 캐리비안과 지중해 지역을 운항한다. 규모가 작은 크루즈인 만큼 주요 아름답고 우아한 요트 항구에 정박해 하룻밤을 보내거나 저녁시간을 즐길 수 있도록 하고 있다.

시드림의 하이라이트는 선내의 최고급 재료를 오픈바에서 선택할 수 있으며 세계적인 미식 요리와 마리나 수상 스포츠, 산악자전거 등 다양한 레포츠를 즐길 수 있다. 특별히 골프 마니아를 위해 골프 시뮬레이터를 통해 30개의 유명한 골프 코스를 체험할 수 있다. 대리석이 깔려 있는 욕실에서 멀티 제트 샤워 마사지와 불가리(Bvlgari®) 목욕을 즐길 수 있기도 하다.

아늑하고, 친밀하고, 여유 있고 로맨틱한 요트 경험을 할 수 있는 크루즈가 시드림이다. 크루즈가 아닌 요트로 선전하고 있을 정도다.

전화번호

· 일반전화 : 305-631-6100

· 브로슈어 / 일반정보 : 305-631-6100

· 개별 예약 : 800-707-4911

· 그룹 예약 : 800-707-4911

· 인센티브 문의 : 800-707-4911

· 차터 문의 : 800-707-4911

· 항공연계 예약 : 800-707-4911

· 장애인 승객 서비스 : 305-631-6100

· 승객 서비스 센터 : 800-707-4911

· 판매대리점 지원 : 800-707-4911

· 판내 대리점 서비스 : 800-707-4911

항해 지역

· 캐리비안 Caribbean

· 동 지중해 / 에게해 Eastern Mediterranean / Aegean

· 남동 지중해 Southeast Mediterranean

· 대서양 횡단 Transatlantic

· 서 지중해 Western Mediterranean

예약 관련 정보

· 조기 스파 패키지 예약 : YES

· 조기예약 할인 : 조기예약 인센티브에 대한 정보는 문의 요함(305-631-3100)

· 보호자와 동반하는 최저 연령제한 : 1세
· 보호자와 동반이 필요 없는 최저 연령 : 18세
· 취소규정 : 출발 120일 이상 관리비용 US$50를 제외한 비용, 출발 120~91일 전 US$200 개인별, 출발 90~46일 전체 요금의 25%, 45~31일 전체 요금의 50%, 출발 30일 이내 전체 요금의 100%
· 신용카드 : 마스터, 비자, 아멕스
· 싱글 추가 : 비시즌 175%, 시즌 200%
· 싱글 캐빈 / 싱글 프로그램 : 없음

객실 시설

· 텔레비전 / 라디오, CD 플레이어, 실내 영화, 안전금고, DVD 플레이어, 직통전화, 인터넷, 헤어드라이기, 미니바 / 냉장고

*크루즈 객실 카테고리별로 다를 수 있음

식사 서비스

· 오픈 시팅 식사 Open Seating Dining
· 특별 / 선택 식사 베뉴 Specialty / Alternative Dining Venues
· 24시 베뉴 24-Hr Venues

*특별 식이요법이 필요한 고객은 여행예약 시 요청 가능함

팁

· 크루즈 요금에 포함되어 있음

회의와 컨퍼런스

· 음향 및 영상 시설 완비 Audio Visual Equipment
· 인터넷 컴퓨터 시설 완비 Computer Equipment

· 이메일 및 인터넷 서비스 E-mail Access
· 회의가 가능한 레스토랑 Conference Dining
· 비즈니스 센터 서비스 Business Center Services

스파 / 건강관리 / 피트니스

· 아로마테라피 Aromatherapy
· 반사치료 Reflexology
· 마사지 Massage
· 안면 마사지 Facials
· 매니큐어 / 네일아트 Manicures / Pedicures
· 스팀 사우나 Steam Room / Sauna
· 요가 / 필라테스 Yoga / Pilates
· 저쿠지 / 월풀 Jacuzzi / Whirlpool
· 그룹 피트니스 클래스 Group Fitness Classes

골 프

· 골프 시뮬레이터 Golf Simulator
· 개인골프 관광 예약 가능 Individual Golf Excursions Available

특별 프로그램 / 시설 / 서비스

· 웨딩 / 허니문 Wedding / Honeymoon
· 스포츠 장비 렌털 Sports Equipment Rental
· 특별 식이요법 프로그램 Special Dietary Needs

시드림 요트 크루즈 제원

선 명	건조년도	국적	총톤수	정원	층수	스태프국적	총객실
시 드림 I (SeaDream I)	1984	바하마	4,260	110	5	인터내셔널	55
시 드림 II (SeaDream II)	1985	바하마	4,260	110	5	인터내셔널	55

22 Silversea Cruises

SILVERSEA	주소 : 110 East Broward Blvd. Fort Lauderdale, FL 33301 홈페이지 : www.silversea.com

실버시 크루즈는 1990년대 초 이태리 로마의 르페브르(Lefebvre) 가문이 설립한 크루즈 선사이다. '실버시'라는 말 자체가 지닌 수준과 럭셔리함 그리고 바다가 주는 특별한 감성과 로망을 포괄하여 회사 이름으로 결정, 운항을 하고 있다.

실버시는 울트라 럭셔리 고객을 위해 특별히 설계된 선박들은 소규모의 가족적인 분위기를 지닌 선박의 새로운 표준이 되었으며 대형 선박이 접근할 수 없는 아주 특별한 곳까지도 방문할 수 있게 되었다.

실버시의 고급 선박들은 소수의 인원에게 더 넓은 여유 공간을 제공하고, 이탈리안과 유럽의 세련된 승무원이 중심이 되어 모든 고객에게 개인적인 서비스를 제공할 수 있도록 특별히 디자인 되었다. 대부분 개별 발코니가 있는 모든 객실에서는 바다의 전망이 유지되며 원하는 어떤 사람과도 같은 자리에서 편안하게 식사할 수 있는 오픈 시팅은 여타의 크루즈에서 결코 경험할 수 없는 품위와 여유를 누릴 수 있다.

무엇보다도 실버시의 장점은 소형 크루즈이면서도 대형 크루즈에서 제공되는 수준 이상의 화려한 쇼, 카지노, 스파와 최신 설비를 갖춘 피트니스 센터가 준비되어 있다는 것이다.

실버시 크루즈는 럭셔리 여행 체험의 기준이자 대명사로 자리 잡고 있으며 세계 유수의 기관이나 잡지의 독자들로부터 "World's Best"로 호평받고 있다. 한 걸음 더 나아가 실버시 크루즈에서는 럭셔리 탐험선인 프린스 앨버트 II호를 취항시켜 탐험여행의 새로운 장을 열었다.

실버시 크루즈는 크루즈 요금에 모든 것을 포함시켜 놓고 있으며 전 객실 스위트룸과 일체의 음료를 포함한 와인, 샴페인, 주류, 미네랄워터 등이 전 선내에서 무료로 제공되며 일체의 선상 팁도 포함되어 있다. 정찬 식당도 원하는 시간에, 원하는 자리에서 가능한 오픈 시팅 시스템이다.

스위트 객실의 미니바도 무료이며 24시간 룸서비스 또한 가능하다. 또한 모든 크루즈가 별도로 구입해서 즐길 수 있도록 하고 있는 기항지 관광도 일부이기는 하지만 지정 항차와 지정 기항지에서는 크루즈 요금에 포함시켜 놓았다.

오너스위트, 그랜드, 로얄 스위트 객실에는 한층 더 수준 높은 서비스를 제공하기 위해 전용 집사(Butler)가 배치되어 가방을 풀고 싸는 것을 포함한 모든 세밀한 서비스를 제공한다.

전 승객을 동시에 수용할 수 있는 더 레스토랑에서는 미슐렝 3성급 레스토랑인 를레 샤또(Relais & Chateaux)의 주방장이 선보이는 정찬과 엄선한 와인 등 최상의 식사를 매일 즐길 수 있다

전화번호

- 일반전화 : 800-722-9955

- 브로슈어 / 일반문의 : 800-722-9955
- 개별 예약 : 800-722-9955
- 그룹 예약 : 800-722-9955
- 인센티브 문의 : 800-722-9955
- 항공연계 예약 : 800-722-9955
- 장애인 승객 서비스 : 800-722-9955
- 승객 서비스 센터 : 800-722-9955
- 판매대리점 지원 : 800-722-9955
- 판매대리점 서비스 : 800-722-9955

항해 지역

- 알래스카 Alaska
- 아마존강 Amazon River
- 남극 Antarctica
- 호주 / 뉴질랜드 Australia / New Zealand
- 발틱 / 러시아 Baltics / Russia
- 흑해 Black Sea
- 영국제도 British Isles
- 캐나다 / 뉴잉글랜드 Canada / New England
- 카나리아제도 북 아프리카 Canary Islands / North Africa
- 캐리비안 Caribbean
- 중미 Central America
- 동 지중해 / 에게해 Eastern Mediterranean / Aegean
- 극동 / 오리엔트 Far East / Orient
- 인도 India
- 이스라엘 Ireland

· 멕시코 Mexico
· 파나마 운하 Panama Canal
· 홍해 / 수에즈 운하 Red Sea / Suez Canal
· 스칸디나비아 / 북해협 Scandinavia / North Cape
· 남미 South America
· 남동 아시아 Southeast Asia
· 남동 지중해 Southeast Mediterranean
· 남 아프리카 Southern Africa
· 대서양 횡단 Transatlantic
· 태평양 횡단 Transpacific
· 미 서부해안 West Coast U.S.
· 서유럽 Western Europe
· 서 지중해 Western Mediterranean
· 세계일주 World Cruises

예약 관련 정보

· 항공연계 패키지 : YES
· 내륙연계 수송 예약 : YES
· 기항지관광 조기 예약 : YES
· 스파 패키지 조기예약 : YES
· 조기예약 할인 : 항해 6개월 전 예약 및 보증금 예치 시 10~30% 할인, 상세 내용은 www.silversea.com에서 확인 가능
· 보호자와 동반하는 최저 연령제한 : 최소 6개월
· 보호자와 동반이 필요 없는 최저 연령 : 18세
· 3/4번째 객실 승객할인제 : YES
· 취소규정 : 출발 120~91일 이전 US$200, 90~61일 전체 금액의 10%, 60~

31일 전체 금액의 20%, 30~15일 전체 금액의 50%, 14일 이내 혹은 No Show 100%

- 신용카드 : 마스터, 비자, 아멕스, 다이너스 클럽, 디스커버
- 싱글 추가 : 25~100%
- 싱글 객실 / 싱글 프로그램 : 없음

객실 시설

- 텔레비전 / 라디오, CD 플레이어, 실내 영화, 개인금고, VCR, DVD 플레이어, 직통전화, 인터넷, 헤어드라이기, 미니바 / 냉장고

*각 선실의 카테고리별로 시설이 다를 수 있음

식사 서비스

- 오픈 시팅 식사 Open Seating Dining
- 정찬 Formal Nights
- 특별 / 선택 식사 베뉴 Specialty / Alternative Dining Venues
- 커피하우스 / 파티스리 Coffeehouse / Patisserie
- 24시간 베뉴 24-Hr Venues

*특별 식이요법이 필요한 승객은 예약 시 요청 가능함

팁

- 크루즈 요금에 포함

회의와 컨퍼런스

- 음향 및 영상 시설 완비 Audio Visual Equipment
- 인터넷 컴퓨터 시설 완비 Computer Equipment
- 이메일 및 인터넷 서비스 E-mail Access

- 회의가 가능한 레스토랑 Conference Dining
- 비즈니스 회의 장소 제공 Conference Calls
- 비즈니스 센터 서비스 Business Center Services
- 회의 코디네이터 Meeting Coordinator

스파 / 건강관리 / 피트니스

- 아로마테라피 Aromatherapy
- 전신 마사지 Body Wraps
- 이오니서미 트리트먼트 Ionithermie Treatments
- 반사치료 Reflexology
- 마사지 Massage
- 안면 마사지 Facials
- 매니큐어 / 네일아트 Manicures / Pedicures
- 스팀 사우나 Steam Room / Sauna
- 요가 / 필라테스 Yoga / Pilates
- 저쿠지 / 월풀 Jacuzzi / Whirlpool
- 그룹 피트니스 클래스 Group Fitness Classes

골 프

- 골프 연습장 / 케이지 Practice Driving Range / Cage
- 퍼팅 그린 Putting Greens
- 골프 클리닉 / 레슨 Golf Clinic / Lessons
- 골프 패키지 Golf Packages
- 프로골퍼 상주 Golf Professional Onboard
- 개인 골프관광 예약 가능 Individual Golf Excursions Available

특별 프로그램 / 시설 / 서비스

- 웨딩 / 허니문 Wedding / Honeymoon
- 스포츠 장비 대여 Sports Equipment Rental
- 휠체어 대여 Wheelchair Accessible
- 특별 식이요법 프로그램 Special Dietary Needs
- 승객 특별강의 / 교육 프로그램 Guest Lecturers / Educational Programs

실버시 크루즈 제원

선 명	건조년도	국적	총톤수	정원	층수	스태프국적	총객실
프린스 엘버트 II (Prince Albert II)	1989	바하마	6,072	132	5	인터내셔널	66
실버 클라우드 (Silver Cloud)	1994	바하마	16,800	296	6	이태리 & 인터내셔널	148
실버 쉐도우 (Silver Shadow)	2000	바하마	28,258	388	7	이태리 & 인터내셔널	194
실버 스피릿 (Silver Spirit)	2009	바하마	36,000	540	11	이태리 & 인터내셔널	270
실버 위스퍼 (Silver Whisper)	2001	바하마	28,258	388	7	이태리 & 인터내셔널	194
실버 윈드 (Silver Wind)	1995	바하마	16,800	296	6	이태리 & 인터내셔널	148

23 Uniworld Boutique River Cruise Collection

UNIWORLD BOUTIQUE RIVER CRUISE COLLECTION	주소 : 17323 Ventura Blvd Los Angeles, CA 91316 홈페이지 : www.uniworld.com

유니월드는 10척의 전용 리버 크루즈를 운항하고 있다. 유니월드와 함께하는 유럽, 러시아, 중국, 이집트의 주요 강상에서 운항되는 리버 크루즈는 30년의 역사를 자랑한다. 4개 대륙, 20개국, 12개 강상에서 운항되며 30개의 일정에 연중 5백회 운항된다.

유니월드 소유의 크루즈선은 최근에 높은 수준으로 이노베이션을 실시하였다. 선상에서는 친밀함을 느낄 수 있으며, 부티크 호텔 스타일을 경험할 수 있다. 각각의 배들은 고대의 우아함과 현대의 안락함과 친밀함을 조화시켜 놓고 있다. 강이 바라다 보이는 객실에는 최상의 린넨으로 꾸민 호텔 스타일의 침대가 갖춰져 있고, 개별 욕실에는 아로마테라피가 가능한 시설을 갖춰 놓고 있다.

각 기항지에는 전문적인 교육을 이수한 영어 스태프가 배치되어 있으며 선내의 편의시설로는 평면 텔레비전과 피트니스 센터, 사우나, 선물센터, 뷰티 살롱 등이 갖춰져 있어 집과 같은 편안한 분위기가 연출된다.

매일 저녁의 엔터테인먼트와 격식 있는 강의 그리고 일정에 따라 방문지마다 식견을 넓일 수 있는 프로그램이 제공되는데 로컬 영어 가이드가 동행하며 여정을 설명해 준다.

전화번호

· 일반전화 : 818-382-7820 or 800-733-7820

· 브로슈어 / 일반문의 : 818-382-7820 or 800-733-7820

· 개별 예약 : 818-382-7820 or 800-733-7820

· 그룹 예약 : 800-425-0043

· 인센티브 문의 : 800-868-7905

· 차터 문의 : 800-868-7905

· 항공연계 예약 : 818-382-7820 or 800-733-7820
· 승객 서비스 센터 : 818-382-7820 or 800-733-7820
· 판매대리점 지원 : 818-382-7820 or 800-733-7820
· 판매대리점 서비스 : 818-382-7820 or 800-733-7820

항해 지역

· 흑해 Black Sea
· 서 유럽 Western Europe

예약 관련 정보

· 항공연계 패키지 : YES
· 내륙연계 수송 예약 : YES
· 기항지관광 조기 예약 : YES
· 조기예약 할인 : 크루즈와 항해 일정에 따라 다양하다. www.uniworld.com 에서 확인 가능하며 전화문의는 800-733-7820 또는 818-382-7820
· 보호자 동반이 필요 없는 최저 연령 : 21세
· 취소규정 : 유니월드 크루즈의 문헌사항과 조건을 게시
· 신용카드 : 마스터, 비자, 아멕스, 디스커버
· 싱글 추가 : 예약 시 상세히 설명

객실 시설

· 텔레비전/라디오, 실내 영화, 개인금고, 직통전화, 헤어드라이기
*선박과 선실의 카테고리에 따라 시설이 다를 수 있음

식사 서비스

· 오픈 시팅 식사 Open Seating Dining

· 공식 정찬 Formal Nights

팁

· 선택적 · 관습적으로 크루즈 마지막 날 해당 승무원에게 지급

어린이와 패밀리 프로그램

· 크루즈 가격 할인 Reduced Cruise Rate

· 게임 / 콘테스트 Games / Contests

· 교육 프로그램 / 클래스 Educational Programs / Classes

· 어린이 파티 프로그램 Organized Children's Parties

· 어린이 영화 Children's Movies

· 어린이 놀이방 Children's Playroom

· 연령대별 특별활동 프로그램 Organized Age-Specific Activities

회의와 컨퍼런스

· 음향 및 영상 시설 완비 Audio Visual Equipment

· 인터넷 컴퓨터 시설 완비 Computer Equipment

· 이메일 및 인터넷 서비스 E-mail Access

스파 / 건강관리 / 피트니스

· 아로마테라피 Aromatherapy

· 마사지 Massage

· 스팀 룸 / 사우나 Steam Room / Sauna

· 저쿠지 / 월풀 Jacuzzi / Whirlpool

· 그룹 인센티브 클래스 Group Fitness Classes

특별 프로그램 / 시설 / 서비스

· 특별 식이요법 프로그램 Special Dietary Needs

· 승객 특별강의 / 교육 프로그램 Guest Lecturers / Educational Programs

유니월드 크루즈 제원

선　명	건조년도	국적	총톤수	정원	층수	스태프국적	총객실
도루 퀸 (Douro Queen)	2005	포르투갈	-	130	3+상갑판	유럽	65
리버 앰버서더 (River Ambassador)	1993	네덜란드	-	128	2+상갑판	유럽	64
리버 바로네스 (River Baroness)	1994	네덜란드	-	128	2+상갑판	유럽	64
리버 베아트리체 (River Beatrice)	2007	네덜란드	-	160	3	유럽	80
리버 카운테스 (River Countess)	2003	스위스	-	134	3+상갑판	유럽	67
리버 더치스 (River Duchess)	2003	스위스	-	134	3+상갑판	유럽	67
리버 엠프리스 (River Empress)	2001	스위스	-	134	3+상갑판	유럽	67
리버 프린세스 (River Princess)	2001	네덜란드	-	132	3+상갑판	유럽	66
리버 퀸 (River Queen)	1999	네덜란드	-	132	3+상갑판	유럽	66
리버 로얄 (River Royale)	2006	네덜란드	-	132	3+상갑판	유럽	66

24 Windstar Cruises

주소 : 2101 4th Avenue1150 Seattle, WA 98121
홈페이지 : www.windstarcruises.com

럭셔리 요트 크루즈인 윈디스타는 '180° from Ordinary'라는 슬로건에 걸맞게 대양의 로망과 럭셔리 리조트에서의 휴가가 조화를 이룬 완벽한 자유와 휴가를 즐길 수 있다.

3척의 요트 크루즈를 운항하고 있으며 재킷과 넥타이를 하지 않고 캐주얼 스타일의 복장으로 즐길 수 있는 5성급 크루즈다. 특히, 선미에 설치된 마리너를 통해 윈드서핑, 스노클링, 카약, 스쿠버 다이빙 등을 즐길 수 있다.

선내는 대형 크루즈에 버금가는 멀티미디어 시스템을 갖추었는데 iPod 전용 보스 사운드 덕(Bose Sound Dock) 스피커가 장착되어 있기도 하다.

미국 시애틀에 본사를 두고 있으며, 이국적이고 매혹적인 유럽과 미주, 캐리비안 등 50개국에 1백여 개의 기항지를 운항하고 있다. 윈드 스타 크루즈의 고객들은 평균 51세이며 프로패셔널하고 잘 교육받은 사람들이 대부분을 차지하고 있는 특징이다.

전화번호

- 일반전화 : 206-292-9606
- 브로슈어 / 일반정보 : 800-824-8636(US)
- 개별 예약 : 800-258-SAIL(7245)

· 단체 예약 : 800-258-SAIL(7245)
· 인센티브 문의 : 800-628-3354
· 차터 문의 : 800-628-3354
· 승객 서비스 센터 : 800-599-8256
· 판매대리점 지원 : 800-258-7245, 206-733-2942, 206-733-2943
· 판매대리점 서비스 : 800-258-7245

항해 지역

· 캐리비안 Caribbean
· 중미 Central America
· 동 지중해 / 에게해 Eastern Mediterranean / Aegean
· 파나마 운하 Panama Canal
· 남동 지중해 Southeast Mediterranean
· 대서양 횡단 Transatlantic
· 서 유럽 Western Europe
· 서 지중해 Western Mediterranean

예약 관련 정보

· 항공연계 패키지 : YES
· 내륙연계 수송 예약 : YES
· 조기예약 할인 : 윈드 스타의 조기예약 프로그램은 항차별로 다양하다. 항해와 수용 여부의 조절을 위해 예고 없이 바뀔 수 있다.
· 보호자와 동반하는 최저 연령제한 : 여행시작 기점으로 2세 이상
· 보호자와 동반이 필요 없는 최저 연령 : 25세
· 3/4번째 객실 승객할인제 : YES
· 취소규정 : 여행시작 90~60일은 예치금의 US$500 또는 US$750, 여행시

작 59~30일 총 가격의 50%, 여행시작 29일 이내는 총 가격의 100%

· 신용카드 : 마스터, 비자, 아멕스
· 싱글 추가 : 175%(카테고리 A / B), 200%(스위트)
· 싱글 객실 / 싱글 프로그램 : 없음

객실 시설

· 텔레비전 / 라디오, CD 플레이어, 실내 영화, 개인금고, DVD 플레이어, 직통전화, 인터넷, 헤어드라이기, 미니바 / 냉장고

*크루즈와 객실 카테고리에 따라 선내 시설이 다를 수 있음

식사 서비스

· 오픈 시팅 다이닝 Open Seating Dining
· 커피하우스 / 파티스리 Coffeehouse / Patisserie
· 24시간 베뉴 24-Hr Venues

*특별 식이요업이 필요한 고객은 예약 시 별도 요청해야 함

팁

· 승선 시 오픈한 카드로 자동 청구
· 팁 포함
· 선택적 · 관습적으로 크루즈 마지막 날 청구

회의와 컨퍼런스

· 음향 및 영상 시설 완비 Audio Visual Equipment
· 인터넷 컴퓨터 시설 완비 Computer Equipment
· 이메일 및 인터넷 서비스 E-mail Access
· 회의가 가능한 레스토랑 Conference Dining

· 비즈니스 센터 서비스 Business Center Services
· 회의 코디네이터 Meeting Coordinator

스파 / 건강관리 / 피트니스

· 아로마테라피 Aromatherapy
· 전신 마사지 Body Wraps
· 이오니서미 트리트먼트 Ionithermie Treatments
· 반사치료 Reflexology
· 해수치료 요법 Thalassotherapy
· 마사지 Massage
· 안면 마사지 Facials
· 매니큐어 / 네일아트 Manicures / Pedicures
· 스팀 사우나 Steam Room / Sauna
· 요가 / 필라테스 Yoga / Pilates
· 저쿠지 / 월풀 Jacuzzi / Whirlpool
· 그룹 피트니스 클래스 Group Fitness Classes

특별 프로그램 / 시설 / 서비스

· 웨딩 / 허니문 Wedding / Honeymoon
· 스포츠 장비 대여 Sports Equipment Rental
· 특별 식이요법 프로그램 Special Dietary Needs
· 승객 특별강좌 / 교육 프로그램 Guest Lecturers / Educational Programs

윈디스타 크루즈 제원

선 명	건조년도	국적	총톤수	정원	층수	스태프국적	총객실
윈디 스피릿 (Wind Spirit)	1988	바하마	5,703	148	4	유럽 & 인터내셔널	74
윈디 스타 (Wind Star)	1986	바하마	5,703	148	4	유럽 & 인터내셔널	74
윈드 서프 (Wind Surf)	1990	바하마	14,745	312	6	유럽 & 인터내셔널	156

25 Steps of Paul Coastal Cruises

주소 : 85, Vouliagmenis Ave. Athens 16674 Greece
홈 페이지 : www.stepsofpaul.gr

그리스가 역사상 가장 잘 알려진 도시 중 하나인 것은 바로 철학, 예술, 의학 그리고 민주주의가 있었기 때문이었다. 그러나 그 속에는 기독교 신앙이 쓰인 근원지로서의 역할이 있었기에 오늘의 그리스가 있다. 사도 바울이 살아서 숨 쉬는 기원전으로 돌아가 보자. 사도 바울의 발자취를 따라 역사 속을 탐험하는 여정으로 안내하는 크루즈가 성지순례 크루즈다.

성지순례 크루즈(Steps of Paul Costal Cruises Line)는 그동안 많은 사랑을 받아 온 그리스의 성지순례 명소들만을 선정하여 그 당시의 상황들을 놀라운 모습으로 재현해 내고 있다. 뿐만 아니라 숙련된 가이드와 성서 전문 배우, 기독교 가수가 여러분의 여행을 보다 실감나고 감동적으로 꾸민다. 연안 크루즈를 즐기며 그리스, 터키, 홀리랜드(성지), 이태리, 이집트 등에서 다양한 프로그램을 선택할 수 있는 크루즈다.

전화번호

· 문의 : 30-210-9604250

항해 지역

· 지중해 Mediterranean
· 그리스 Greece
· 터키 Turkey
· 이태리 Italy
· 이스라엘 Ireland
· 성지순례 Holylands

예약 관련 정보

· 항공연계 패키지 : YES
· 내륙연계 수송 예약 : YES
· 조기예약 할인 : YES
· 보호자와 동반하는 최저 연령제한 : 여행시작 기점으로 1세 이상
· 보호자와 동반이 필요 없는 최저 연령 : 18세
· 3/4번째 객실 승객할인제 : YES
· 취소규정 : 여행시작 90~60일 20%, 여행시작 59~30일 총 가격의 50%, 여행시작 29일 이내는 총 가격의 100%
· 신용카드 : 마스터, 비자, 아멕스

객실 시설

- 텔레비전/라디오, CD 플레이어, 실내 영화, 개인금고, DVD 플레이어, 직통전화, 인터넷, 헤어드라이기, 미니바/냉장고

*크루즈와 객실 카테고리에 따라 선내 시설이 다를 수 있음

식사 서비스

- 오픈 시팅 다이닝 Open Seating Dining
- 커피하우스/파티스리 Coffeehouse/Patisserie

*특별 식이요법이 필요한 고객은 예약 시 별도 요청해야 함

팁

- 승선 시 오픈한 카드로 자동 청구

회의와 컨퍼런스

- 음향 및 영상 시설 완비 Audio Visual Equipment
- 인터넷 컴퓨터 시설 완비 Computer Equipment
- 이메일 및 인터넷 서비스 E-mail Access
- 회의가 가능한 레스토랑 Conference Dining
- 비즈니스 센터 서비스 Business Center Services
- 회의 코디네이터 Meeting Coordinator

스파/건강관리/피트니스

- 아로마테라피 Aromatherapy
- 전신 마사지 Body Wraps
- 반사치료 Reflexology
- 해수치료 요법 Thalassotherapy

· 마사지 Massage
· 안면 마사지 Facials
· 매니큐어 / 네일아트 Manicures / Pedicures
· 스팀 사우나 Steam Room / Sauna
· 요가 / 필라테스 Yoga / Pilates
· 저쿠지 / 월풀 Jacuzzi / Whirlpool
· 그룹 피트니스 클래스 Group Fitness Classes

특별 프로그램 / 시설 / 서비스

· 웨딩 / 허니문 Wedding / Honeymoon
· 특별 식이요법 프로그램 Special Dietary Needs
· 승객 특별강좌 / 교육 프로그램 Guest Lecturers / Educational Programs

스텝스 오프 폴 크루즈 제원

선 명	건조년도	국적	총톤수	정원	층수	스태프국적	총객실
스텝 크리스탈 (Steps Cristal)	1992	유럽연합	25,611	960	10	그리스 & 인터내셔널	482

VI Cruise Tour

크루즈 승무원과 선상생활

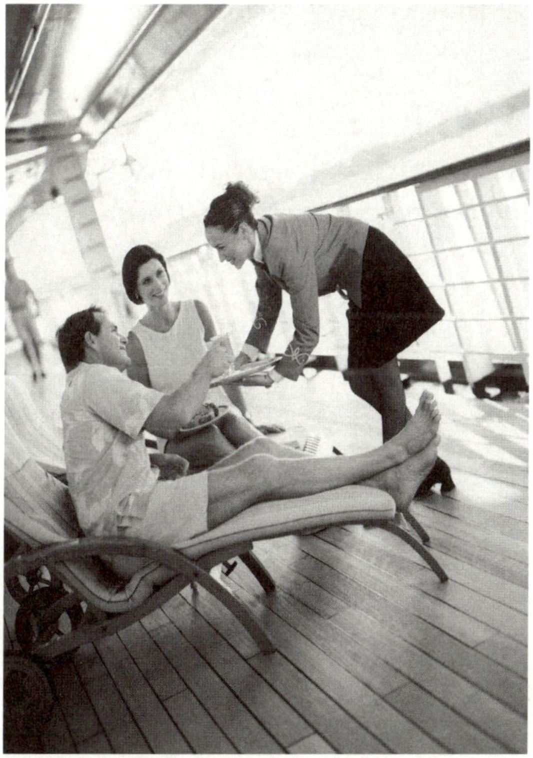

1 선상 부서들

프린세스의 약속인 우수한 서비스의 제공을 위해 약 15,000명의 승무원들이 선상에서 일하고 있다. 선상 직원들은 선상과 선사에서 이루어지는 모든 업무와 승객들의 편안함과 안전을 위한 모든 책임과 권한이 있는 선장에 의해 관리된다. 선상에는 크게 3개의 부서가 있으며 이 부서에서 선장에게 업무를 보고하게 된다.

갑판부(DECK DEPARTMENT)

직원들의 장에 의해 관리되는 갑판 부서는 승선과 관련한 안전에 책임이 있으며 항해, 환경, 공중위생과 유지보수 업무도 담당하고 있다.

기술부(TECHNICAL DEPARTMENT)

기술부서는 기술부서장에 의해 관리되며, 모든 기술적인 업무, 전기 및 환기 시스템과 선박과 육지 사이의 중요한 연결 부분을 두루 살펴보는 업무를 하고 있다.

고객 서비스(호텔)부

고객 서비스 부서는 호텔 부서로도 알려져 있으며, 고객 서비스 부서장에 의해 관리된다. 모든 호텔 서비스, 고객과 선사를 위한 수입 관련 업무, 모든 관련 서류, 선상 계좌와 회계업무를 담당하고 있다.

2 계급과 계급장

선상에서는 만약 이름이 없다면 계급이나 부서로 동료, 승무원과 사무원 등을 구분해 알아보는 것이 중요하다. 선사에서는 여러 부서들이 함께 협동하여 일하도록 조직을 구성하였다. 모든 부서들은 고객지원 업무를 통하여 프린세스 크루즈의 우수성에 대한 명성을 유지하는 안전하고 편안한 분위기를 만들어내고 있다.

갑판부(DECK DEPARTMENT) : 금색 줄 / 검은 바탕

제독(떠오르는 태양이 두꺼운 금색 직선 막대기 위에 있음)은 선박의 수석 선장이며 선상에서 필요 시 선장과 같은 권한을 가지고 있다. 선장(떠오르는 태양이 4개의 금색 직선 막대기 위에 있음)은 고객들의 편안함과 안전을 위해 선상과 선사에서 이루어지는 모든 일들에 책임과 권한이 있다.

기술부(TECHNICAL DEPARTMENT) : 금색 줄 / 보라색 바탕

엔진과 전기기술 부서의 전체적인 업무 책임이 있는 기술부서장(4개의 금색 줄)에 의해 관리된다.

엔진 부서(ENGINE DEPARTMENT) : 금색 줄 / 보라색 바탕

엔지니어 사무원(3.5개의 금색 줄)이 관리하며, 기술부서장에게 업무를 보고한다.

전기기술부(ELECTRO-TECHNICAL DEPARTEMENT) : 금색 줄 / 보라색 바탕

전기기술 사무원(3.5개의 금색 줄)이 관리하며, 기술부서장에게 업무를 보고한다.

의료진(MEDICAL DEPARTMENT) : 금색 줄 / 빨강 바탕

수석 의사(3.5개의 금색 줄)는 승객과 승무원의 건강과 보건 관련 업무를 담당하고 있다.

고객 서비스(호텔) 부서 : 금색 줄 / 흰색 바탕

고객 서비스 부서장(4개의 금색 줄)은 고객과 선사를 위한 선상의 모든 호텔 서비스 분야의 업무와 관련된 서류, 선상 계좌, 회계업무를 담당하고 있다.

엔터테인먼트 부서(ENTERTAINMENT DEPARTMENT)

책임자는 3.5개의 줄을 가진 부서장들과 같은 권한을 가지고 승객들을 위한 모든 오락과 활동에 대한 책임이 있다. 비록 엔터테인먼트 직원들은 공식적인 유니폼을 입지는 않지만 모든 선상에서 직원과 같은 대우를 받는다.

3 규정과 절차

모든 직원들은 회사의 방침을 따라야 할 책임이 있으며, 승무원들은 규정을 따르지 않은 것을 보고해야 할 의무가 있고, 슈퍼바이저는 승무원들에게 그들의 객실로 돌아갈 것을 명령할 권한이 있다. 어떠한 규정이라도 계속 어길 시에는 징계 조치가 내려진다.

위 생

규칙적으로 샤워를 하며 무향 데오드란트를 포함한 적절한 데오드란트를 사용하여 위생에 대해 항상 주의를 기울여야 한다. 강한 향의 향수나 스킨은 피하며 특히 손톱은 항상 깨끗해야 하며, 잘 손질되어야 하고 적당한 길이로 잘라야 한다. 또한 위생적인 근무 훈련에 대한 미국 공중위생 법규를 유념해야 한다. 몸이 안 좋거나 열상이 있고 아픈 경우는 즉시 치료를 받아야 한다.

용 모

이상한 스타일과 자연스럽지 않은 색깔로 염색한 머리는 허용되지 않는다. 머리는 감고 난 후 근무 시작 전에 반드시 말려야 한다.

• 여성 : 머리는 단정하고 매력적이며 수수한 스타일이어야 한다. 식당이나 음식을 제공하는 장소에서 일하는 여직원들은 머리카락을 올리고 어깨에 닿지 않도록 해야 하며 얼굴을 가리지 않아야 한다. 주방에서 일하는 긴 머리 직원들은 머리카락을 뒤로 묶고 머리 망으로 고정해야 한다. 화장은 완벽하게 하되, 과하지 않아야 한다. 오직 무색의 매니큐어만 바를 수 있으며 미국 공중위생국 방침에 따라 주방에서 일하는 직원들은 매니큐어를 바를 수 없다.
• 남성 : 머리와 수염(짧은 구레나룻)은 깔끔하게 다듬어야 하며, 너무 길거나 너무 짧아서도 안 된다. 머리는 옷깃의 윗부분보다 길어서는 안 되며, 깨끗하게 면도해야 하고, 콧수염, 턱수염, 긴 구레나룻 수염은 허용되지 않는다.
• 참고 : 사무원, 갑판, 기술부나 승객들을 접하지 않는 곳에서 일하는 호텔 직원들은 깔끔하게 다듬은 턱수염이나 긴 구레나룻과 콧수염을 기를 수 있다. 단 부서장의 허락을 받아야 한다. 각 크루즈 선사별로 종교적인 믿음에 근거한 경우 이 조항의 변경을 고려하고 있다.

귀금속

귀금속은 승무원 유니폼의 일부분이 아니다. 비록 적절성에 대한 판단은 슈퍼바이저가 하더라도 다음의 것들만 허용된다.

• 시계 한 개
• 반지 하나(도장을 새긴 것 혹은 결혼반지)
• 목걸이 하나 / 체인(블라우스나 셔츠 안쪽으로 찰 것)
• 귀고리(한쪽 귀에 한 개씩. 달랑거리는 것은 안 됨. 여성만 착용 가능)
• 이름표나 C.R.U.I.S.E 핀(왼쪽에 착용)을 제외하고는 브로치나 핀은 착용해서는 안 된다.

문신과 피어싱

호텔 서비스 분야에서 유니폼을 입은 상태에서 눈에 띄는 부분에는 문신을 할 수 없다. 일을 할 때나 승객들이 있는 곳에서 얼굴에 피어싱(코, 혀, 눈썹)을 하면 안 된다.

선장의 복무 규정

선장의 복무 규정은 다양한 문제에 대한 구체적인 지시들을 한다. 이 규정은 승무원 사무실이나 식당에서 읽을 수 있다.

고충 처리 절차

선상에서 일을 하면서 문제가 있는 경우, 처음으로 슈퍼바이저에게 상의하여야 한다. 또한 부서장, 인사부 매니저, 선장이나 선장의 대리인에게 언제든지 의논할 수 있다.

기밀 유지

회사가 승무원의 사생활을 보장하는 것처럼 승무원도 회사 정보의 보안 유지를 해야 한다. 예를 들면 승무원은 회사의 정보를 외부 사람에게 발설해서는 안 된다. 또한 사내 문제를 언론이나 제3자와 의논해서도 안 된다.

복 지

긴밀한 공동체 생활, 예를 들면 한 배에서의 생활은 육지생활에서는 느끼지 못할 많은 압박을 받을 것이다. 만약 직속상관과 논의할 수 없는 개인적인 문제가 있는 경우, 인사부 매니저 또는 부서장과의 비밀 인터뷰를 신청할 수 있다(예를 들면, 호텔 직원은 승객 서비스 임원과의 만남을 진행할 수 있다).

관리 체계

승무원들은 고용의 중요한 조건들과 관리 체계 모두를 반드시 읽어야 한다. 승무원들은 고용 업체로부터 이 책자를 받았을 것이며, 그렇지 않다면 슈퍼바이저에게 알리거나 승무원 사무실에 요청할 수 있다.

괴롭힘이나 보복에 관한 대책

크루즈 선사의 정책은 괴롭힘이나 보복에 대해 다루고 있다. 선사는 모든 직원들이 존엄성을 지니며 존중받고 대우받으며 괴롭힘과 보복으로부터 자유로운 근무환경을 만들도록 노력하고 있다. 근무하면서 일과 관련해 발생하는 괴롭힘이나 보복은 조직에 비생산적인 일이며 묵인할 수 없는 일로 처리한다.

승객과의 관계

크루즈 선사는 승객과 우애적인 친교를 맺지 말아야 한다는 정책을 강조하고 있다. 승객들과 긴밀한 관계를 갖는 것은 허용되지 않는다. 기밀한 관계를 갖거나 그러한 시도들(승객에게 혼자 있냐고 묻거나, 키스하거나, 성적인 관계, 다른 비슷한 행동을 할 경우) 해고를 원칙적으로 한다. 이러한 행동들은 범죄인 성추행으로 간주되며, 체포될 수 있다. 승객들을 사무실이나 승무원 객실로 초대해서는 안 되며, 사무원이나 승무원도 공식적인 일과 관련된 업무를 하기 위한 경우를 제외하고는 승객의 객실에 가서는 안 된다.

선상생활

근무 스케줄은 부서장에 의해 정해지며 맡은 위치나 선박의 일정에 따라 달라진다. 대부분의 승무원들은 1주일에 7일 근무로 계약을 맺었으며, 쉬는 날은 없다. 쉬는 시간은 매일 상당히 다를 것이다. 승무원들은 안전교육을 받을 때나 승선할 때 배가 항구에 정박할 경우 선상에 머물도록 교육받을 것이다. 적극적으로 활동해야 하며 갱웨이나 승선과 안전에 대한 임무도 적극적으로 임해야 한다.

신입직원 되기

만약 승무원이 신입직원이면 객실을 배정받고 슈퍼바이저에게 소개되고 여러 안전 절차를 안내받기 위해 여러분이 일하는 부서에서 직원들의 일을 처리해 주는 Crew Senior Assistant Purser(SAP)에게 찾아가 여러분 자신을 소개하면 안내해 준다.

승무원 협약 동의 절차

승선하면서부터 여러분은 선상 규약이라고도 알려진 승무원 협약을 지켜야 하는 신분이 되는 것이다. 이것은 특정한 환경에서 고용계약 조건을 법률상에 근거한 여러분들의 권리와 함께 기술한 문서이며, 고용의 중요한 조건들을 포함하고 있다. 승무원 협약서의 복사본은 승무원 사무실 옆 공지사항 게시판에 부착되어 있으며 여러분은 이 협약서를 승무원 사무실에서 열람할 수 있을 것이다. 또한 질문이 있거나 명확하게 알고자 하는 사람은 SAP에게 문의하면 자세히 설명해 준다.

여권 / 비자 / 입국신고 / 세관

승무원은 모든 관련된 비자, 만약 승무원이 가지고 있다면 선원 하선 책자를 포함한 여권을 입사하자마자 승무원 사무실에 넘겨줘야 한다. 여행에 필요한 서류나 관련된 비자들은 배를 타자마자, 그리고 일을 하는 기간 동안에 유효한지 확인하는 것은 승무원들의 의무이다. 미국 내 항구나 미국 외 항구에서 육지로 들어갈 때 직원들은 I-95 입국신고서를 소지하여야 한다. 이 양식은 승선 후 미국 외 기항지를 지나 첫 번째 미국 내 항구에서 U.S 이민국에 의해 발행된 것이다. 매 90일마다 미국 항구 이민국 담당자는 승선을 하여 모든 승무원들의 입국신고를 검사할 것이다. 계약이 만료될 때 미국 이민국에 제출하기 위해 I-95 양식은 SAP에게 반납해야 하며 승무원이 미국을 떠날 때 공항에 제출할 대체 서류를 발급받을 것이다. 만약 I-95 양식을 잃어버리거나 손상되었다면 미국 이민성에 의해 벌금이 부과된다.

하선할 때, 승무원들도 SAP에 의해 요청되는 입국신고를 완료하고 세관 절차를 거쳐야 한다. 이것은 세관 신고서를 작성하는 것을 포함하며 항상 최신의 정보로 작성하는 것은 의무이다. 만약 승무원이 신고사항의 변경을 원할 경우, 가능한 빨리 SAP에게 알려야 한다. 가치 있는 물품을 소지하고 신고하지 않는 직원에게는 많은 벌금이 부과될 것이다.

보건증

승무원은 안전상의 이유로 보건증의 제출이 요청된다. 항상 유효한 보건증을 소지하는 것은 승무원의 책임이며, 일하는 모든 기간 동안 유효해야 한다. 입사하는 시점에 유효하지 않은 보건증은 제출할 수 없다.

인사 & 교육 담당 매니저

승무원들의 복지와 선상에서의 문제에 대해 도움을 주기 위해 인사, 교육 담당 매니저는 항상 승무원을 기다리고 있다. 약속을 하려면 전화를 하거나 혹은 공고된 시간에 찾아가면 상담이 가능하다.

휴식시간

기항지로 나가는 것은 슈퍼바이저에게 허락을 받아야 한다. 그리고 일이 끝난 직원들에게만 허용된다. 승객들의 하선이 완료된 이후에 하선이 시작된다. 승무원들은 기항지로 나가도 된다는 방송이 있을 때까지 숙소에서 기다려야 한다. 기항지로 나갔다가 배가 떠나기 1시간 전까지 들어와야 한다. 또한 갱웨이 게시판에서 정확한 시간을 체크해야 한다. 승객들의 관광에 참여하고 싶은 승무원들은 우선 투어 시간에 근무 스케줄이 없어야 한다. 그리고 슈퍼바이저에게 물어봐야 하며 슈퍼바이저는 남는 자리가 있는지 기항지 관광 매니저에게 확인을 통해 통보해 준다.

방문자 허가증

방문자 허가증을 얻기 위해서는 배가 항구에 도착하기 48시간 전에 부서장에게 요청해야 한다. 요청은 허가증을 발행해 주는 선장이나 보안과 직원에게로 보내질 것이다. 승무원들은 방문하는 사람들을 갱웨이에서 만나거나 그들이 선상에 있는 동안 계속 함께 시간을 보낼 수 있을 것이다. 허가증의 발행 횟수나 발행 주기의 제한이 있다.

숙소와 식사

대부분의 승무원 캐빈과 승무원 공간은 승객들이 이용하는 공간 아래층에 위치해 있다. 대부분의 승무원들은 2개의 침대와 개인 욕실시설을 갖춘 숙소를 배정받는다. 캐빈을 함께 쓰는 사람은 보통 같은 부서에서 일하는 동료이지만 다른 근무 스케줄로 일할 것이다. 객실은 작고, 보관 공간이나 서랍장 등이 협소하다. 대부분 객실은 텔레비전, VCR과 DVD 플레이어가 있으며 전화기가 갖추어져 있다.

승무원 클럽

승무원 클럽은 선박 안이나 밖의 모든 승무원들의 선상생활의 질을 높이기 위해 설립된 독립적인 기구이다. 승무원 클럽은 바비큐, 예술경연대회, 디스코, 빙고, 축구 게임 등을 주최한다. 승무원들은 여가시간에 즐거움을 더하기 위해 승무원 클럽 활동에 적극적으로 참여를 권장한다.

승무원 TV

대부분의 객실은 TV와 DVD 플레이어가 있다. 승무원 클럽은 가능한 비디오테이프나 DVD를 제공하고 있다.

식 당

식사는 정해진 시간에 정해진 승무원들의 공간에서 제공된다. 음식과 음료수는 식당 밖으로 가지고 나가서는 안 된다. 미 연방 공중위생국의 규정에 따라 직원 객실이나 식당 밖 어떠한 곳에서 음식을 준비하고 먹는 것은 징계를 받는 큰 위반사항이다.

- 여러분의 식당 위치는 ____________________
- 식사시간

  아침식사 : ______________________________

  점심식사 : ______________________________

  저녁식사 : ______________________________

디스코

직원들의 디스코 타임은 승무원 클럽 활동의 일환으로 때때로 열린다.

낚 시

선박에서 낚시하는 것은 금지되어 있다. 만약 승무원이 해안가에서 낚시를 하길 원한다면 낚시 허용권을 구매해서 활용하면 된다.

체육관

대부분의 프린세스 선박은 승무원 체육시설을 갖추고 있다. 따라서 승무원은 시간이 되는 대로 체육시설을 이용해 신체를 단련할 수 있다.

인터넷 카페

인터넷은 모든 선박에서 승무원들이 사용할 수 있다. 소액의 요금이 부과된다. 또한 대부분의 항구에는 승무원들이 가진 인터넷 주소로 이메일을 주고받는 것이 가능한 인터넷 카페들이 있다. 몇몇의 선박은 승무원들이 보유한 개인용 컴퓨터에 무선 인터넷 서비스가 가능하기도 하다.

세 탁

승무원의 유니폼은 회사의 비용으로 세탁된다. 1주일에 3번 세탁하여야 하며 구체적인 사항은 승무원 게시판에 자세히 공지된다. 또한 승무원이 직접 세탁하기 원하는 경우 직원 빨래방을 이용해도 된다. 하지만 승객들의 빨래방을 이용하면 안 된다.

메 일

우표는 승무원 사무실에서 구매하실 수 있으며 보내고자 하는 편지는 승무원 사무실에 두고 가면 된다. 많은 항구의 포트에이전트로부터 편지를 받을 수 있다. 포트에이전트는 배가 항구에 있는 동안에 개인이나 회사를 지원하고 서비스를 제공하는 업체이다. 각 기항지의 포트에이전트 정보는 선상에서 승무원에게 제공될 것이다.

수영장 / 일광욕

승무원 수영장은 대부분의 선상에서 근무하지 않을 때 사용 가능하다.

휴식시간

휴식시간은 공고된다. 최소한 이 시간 동안에는 소음 없이 조용해야 한다. 늦게 객실로 돌아올 때 다른 동료에 대한 배려를 잊지 않는 것이 기본 에티켓이다.

선박위원회

이 위원회는 근무와 생활환경 지원을 위한 승무원들의 관심에 근거한 것이다. 한 달에 한 번 선상 모든 부서의 대표자들이 미팅을 갖는다. 모든 계급과 선박위원회의 대표자들은 선상에서의 의사전달과 협의 증진을 위한 출구 역할을 한다. 근무와 생활환경의 개선을 위한 승무원의 의견은 대표자에게 전달되어 위원회 미팅 시 안건으로 제시되어야 할 것이다.

직원 레크리에이션 룸

각 선박은 직원 레크리에이션 룸과 바를 갖추고 있다. 이용시간은 공지된다. 이곳은 현금을 사용할 수 없다. 입사할 때 현금 카드를 받게 되는데 이 현금카드를 이용해 선내에서 사용하고 매월 월급에서 공제된다. TV와 오디오 시스템, 비디오 게임과 음료 서비스와 댄스 무대가 마련되어 있다.

전화 걸기

선상에서 전화를 걸고 받는 것은 인공위성을 이용하기 때문에 비싸다. 선박의 위치에 따라 선상에 있는 위성전화를 전화카드로 사용할 수 있다. 전화카드는 승무원 사무실에서 살 수 있으며 선상과 육지에서 사용 가능하다.

유니폼 락커

유니폼 락커는 구입한 승무원의 유니폼의 여벌을 보관해 둘 수 있다. 또한 남성의 안전화, 남성의 까만 구두를 보관할 수 있지만 운동화나 여성의 신발은 보관할 수 없다.

객실 지침

선사는 객실을 집에서 멀리 떨어진 집으로 만들며, 승무원들은 가능한 최고의 생활환경과 최고의 유지, 보수 기준을 갖춘 안전하고 위생적인 환경에서 지낼 자격이 있다. 다음의 지침들은 독방이나 쉐어에 관계없이 자신의 방을 가진 모든 승무원들을 위한 발전적인 지침사항이다.

객실 배정

객실의 배정은 승무원의 업무와 계급에 기초한다. 계약이 완료되면 다음에 방을 쓸 사람을 위해 모든 개인 소지품은 치우고 객실을 깨끗하고 정돈된 상태로 정리해야 한다. 만약 승무원이 다른 사람과 방을 같이 쓴다면 화장실과 샤워 시설도 같이 쓰게 될 것이다. 만약 비흡연자와 함께 방을 쓰게 될 경우 객실에서는 흡연을 하면 안 된다.

승객 규제사항

승객은 어떠한 경우에도 승무원들이 이용하는 공간은 들어올 수 없다. 직원 숙소와 레크리에이션 룸 등과 같은 직원들만 이용하는 곳과 정해진 공간으로 절대 승객들을 초대하면 규칙 위반이다. 직원 구역으로 승객을 초대하는 직원 발견 시 징계 대상이 되며 하선 사유가 된다.

전기 시스템

오디오, 영상 컴퓨터 장비를 포함한 모든 전기기구, 변압기 등은 휴대용 전기 기구 테스트(PAT) 기간에 선박의 전압과의 적절성이나 안전성 점검을 위해 전기 기술부서장에게 제출해야 한다. 퓨즈를 사용하지 않는 히터, 전기주전자, 취사도구, 가습기를 포함한 가열장치와 다리미(승무원 빨래방에 제공된 것 제외)는 사용할 수 없다. 승무원 객실의 전압은 110볼트나 220볼트로 선박에 따라 다르다.

승무원 객실 점검(순찰)

승무원은 각자의 객실을 정리하고 항상 깨끗하게 정돈하여야 할 책임이 있다. 1주일에 한 번 인사부 직원은 승무원 객실을 점검한다. 사전에 공고가 나가게 되며, 승무원의 구명조끼와 파란색 긴급상황 카드는 순찰 시 침대 위에 올려두어야 한다.

식 사

아침, 점심, 저녁은 정해진 식당에서 무료로 제공된다. 대체로 선택할 수 있는 식사는 승객들이 이용하는 식당에서 정해진 시간에 이용할 수 있다. 유료이며, 식당에서 객실로 음식을 가져가는 것은 금지되어 있다.

임금의 지불

임금을 정해진 은행계좌로 바로 입금되도록 처리한 승무원들과 월급 지불일에 고용계약을 맺은 승무원 그리고 당일 계약이 만료된 승무원들을 제외한 다른 승무원은 SAP에 의해 매월 말에 선상에서 현금을 지급받는다.

한 달 이하의 기간 동안의 연금은 비례 배분된다. 각 승무원이 받는 월급은 당시에 유효한 임금과 각 승무원의 임금 동의서에 정해진 바에 따른다. 법률상의 조항을 따르고 정해진 공제를 한 후에 임금은 승무원들에게 바로 지불된다.

은행 업무

안전 입금 봉투 : 승무원은 많은 액수의 돈이나 고가품을 객실에 두지 않는 것이 좋다. 봉합되는 안전 봉투는 승무원 사무실에서 사용할 수 있으며, 안전하게 보관할 수 있다.

- 송금 : 사무원들은 승무원들이 은행계좌로 돈을 송금하도록 도와줄 것이다. 한 번 송금 시 20달러의 비용이 든다(반환되지 않음). 그리고 계좌명, 계좌번호와 은행 고유번호와 swift code를 알려주어야 송금이 가능하다.

- 수표 현금화 : 여행자 수표는 SAP에 의해 현금화 될 수 있다. 미국 은행 계좌를 가진 승무원들은 7일 일정에 250달러까지, 7일 이상의 일정에서 500달러까지 개인 수표를 현금화할 수 있다.
- 참고 : 은행에 의해 수표가 반환되는 경우에는 요금이 부과되며, 특권 등이 철회될 것이다.
- 환전 : 프린세스 선상에서 거래되는 통화는 미국 달러(USD)이다. 선박이 항해하는 지역에서 필요한 다른 통화는 승무원 사무실에서 사고팔 수 있다.
- 참고 : P & O Australia에 의해 운행되는 프린세스 선박은 선상에서 호주 달러가 사용된다. 또한 선사별로 국적에 따라 사용하는 화폐가 다를 수 있다.

유니폼

C.R.U.I.S.E 프로그램에서는 "우리의 유니폼은 청결하다"라고 언급하고 있다. 따라서 승무원의 유니폼은 좋은 인상을 만드는 데 큰 역할을 할 것이다.

유니폼 규정과 행동 매뉴얼에 따라 승무원의 유니폼과 적당한 신발을 일하는 동안 항상 갖추고 있어야 한다. 게다가 유니폼은 얼룩 없이 깨끗하고 단정하게 입어야 한다. 또한 좋은 상태로 알맞게 다리미질 되어야 한다. 보이는 곳에 있는 주머니에는 아무것도 넣지 않습니다.

이름 배지와 C.R.U.I.S.E 핀은 유니폼에서 매우 중요한 부분이며 일을 하는 동안 항상 달아야 한다. 이름 배지를 장식해서는 안 된다.

신발은 항상 깨끗하고 반짝이며 좋은 상태여야 한다. 수수한 스타일의 신발을 신어야 한다. 여성의 경우, 앞이 둥글고 굽이 낮은 신발을 신어야 하며 안전상의 이유로 앞이 트인 신발이나 뒤가 트인 신발, 샌들은 일하는 동안 신을 수 없다. 치마나 드레스로 유니폼과 함께 신는 팬티스타킹, 스타킹, 타이즈는 검은색 또는 회색을 신어야 한다. 솔기나 다른 장식적인 특징은 허용되지 않는다. 비록 깨끗하지 못한 일을 하더라도 항상 깔끔하고 깨끗하도록 노력해야 한다. 요청 시 안전화와 안전복을 착용해야 한다.

- 무료 제공 : 선사에 입사하면 모든 직원들은 무료로 유니폼을 받게 된다. 추가로 유니폼이 필요한 경우 추가적인 유니폼은 사비로 구매할 수 있다. 유니폼에 신는 신발(안전화 제외)은 본인들이 각자 구입해야 한다. 승객들이 이용하는 공간에서 유니폼을 입을 수 없게 되는 경우 즉, 개인이 어쩔 수 없는 상황에서 유니폼이 손상된 경우(예를 들면 : 기름이나 페인트 등으로 인한 경우)는 부서장과 직원/사무직원이 함께 무료로 여벌의 유니폼 제공을 허가해 준다.
- 주인의식과 유니폼의 관리 : 각 직원은 각자의 유니폼이 깨끗하고 단정한 상태로 유지되도록 관리할 책임이 있다. 또한 계약기간 만료 때 하선 시 각자의 유니폼을 가져갈 수 있다. 또한 입지 않을 때는 올바르게 넣어두고 깨끗하게 유지해야 한다. 더불어 직원들은 유니폼을 잘 챙기고 다리미질 하여 승선하자마자 입을 수 있도록 준비해 두어야 한다.
- 유니폼 규정과 행동 매뉴얼 : 자세한 사항과 모든 선상의 직원들의 유니폼 사진은 유니폼 규정과 행동 매뉴얼에 따라서 다르며, 행동지침이 정해져 있다. 사본은 승객 서비스 담당자가 가지고 있다.

4 C.R.U.I.S.E : 기본 헌장

매일 한 번씩, 승객 한 명이 승무원 한 명과 계약을 맺기 위해 방문하는 격이다. 그리고 그 때 승무원은 스스로가 프린세스 기업 자체가 되어야 할 것이다. 기업의 모든 명성은 승무원의 손에 달려 있으며, 우리가 기업의 인상을 만들 것이다. 그 인상은 좋을 수도 있고 나쁠 수 도 있다. 그리고 우리는 승객들에게 우리 공동체와 관련된 일, 모든 우리의 광고, 모든 우리의 인간관계를 다 합친 것보다 더 큰 목소리로 말해야 할 것이다. 프린세스 크루즈는 모든 선박에서 일하는 직원들이 업계 고객만족 최고점이라는 결과를 낳은 것에 대해 굉장한 자부심을 가지고 있다.

C.R.U.I.S.E는!
C-Courtesy(공손함)
R-Respect(존경)
U-Unfailing(확실함)
I-In
S-Service(서비스)
E-Excellence(우수함)

1996년에 만들어지고 소개된 이 프로그램은 10개의 서비스 헌장으로 이루어진 서비스 개념을 강화하고, 고객에게 가장 좋은 서비스를 제공하기 위해 일하는 승무원들에 대한 보상을 다루고 있다. 승무원들은 그들의 C.R.U.I.S.E 핀을 착용하고 서비스 헌장 카드를 보이는 곳에 두고 승객의 필요를 채우기 위한 서비스를 할 때 그것들을 상기하며 항상 행동을 할 때는 주인의식을 가지고 임한다. 이 프로그램은 굉장히 성공적이며 프린세스 선상에서 승무원의 일과 중 매우 중요한 부분이다. 이 서비스 헌장은 모든 사람들이 알고 교육받고 숙지하여 활성화될 것이다. 다른 선사에서도 프린세스 크루즈의 헌장과 규칙 같은 것이 있다.

서비스 헌장

1. 우리는 최고가 되기 위해 노력합니다. 우리는 최선을 다하며 항상 선상의 모든 업무를 할 역량을 갖추고 있으며 우리의 업무에 자부심을 느낍니다.
2. 우리는 승객의 문제를 즉시 해결하기 위해 빠르게 행동을 취합니다. 승객의 기쁨을 위해서 가능한 모든 일을 합니다.
3. 우리는 미소 짓습니다. 우리는 무대 위에 있습니다. 항상 온화하게 눈을 맞추고 서비스 용어를 사용합니다. 우리는 승객들을 맞이하며 그들에게 "물론입니다", "그렇게 하면 기쁠 것입니다", "저의 기쁨입니다"라고 합니다.
4. 우리는 친근하며, 도움을 주며, 예의바릅니다. 이것이 프린세스의 방식입니다. 우리는 승객과 동료를 우리 자신을 대하듯이 대합니다.
5. 우리는 일할 때나 쉴 때나 선박의 외교관입니다. 항상 긍정적으로 말하고 절대 부정적인 단어를 쓰지 않습니다.
6. 우리의 유니폼은 깨끗합니다. 유니폼은 단정하게 입고 깨끗하고 윤이 나는 안전한 신발을 신습니다. 우리는 이름 배지와 C.R.U.I.S.E 핀을 착용합니다. 또한 긍지를 가지며 우리 개인의 몸단장을 합니다.
7. 우리는 긍정적입니다. 항상 할 수 있는 방법을 찾습니다. 우리는 항상 실현 가능하도록 합니다. 절대 포기하지 않습니다.
8. 우리는 알맞은 전화 에티켓을 사용합니다. 항상 벨이 3번 울리기 전에 웃으면서 전화를 받도록 노력합니다. 만약 필요하다면, 승객에게 기다려도 되는지 물어보고 가능한 전화를 연결하는 횟수를 줄이고자 합니다.
9. 우리는 모든 선박의 모든 정보에 대해 알고 있으며 항상 선상 서비스를 추천합니다.
10. 우리는 절대 "아니오(NO)"라고 말하지 않습니다. 우리는 "제가 확인해 보겠습니다", "대체 안을 추천해 드리겠습니다." 만약 우리가 고객의 요구를 만족시키지 못한다고 느낄 경우 슈퍼바이저나 매니저에게 연락합니다.

5가지 유의사항

1. 진리의 순간 : 승객이 승무원과 계약을 맺기 위해 들어와 첫인상이 형성되는 순간이 진리의 순간입니다. 여러분은 승객들에게 좋은 체험을 만들어줄 능력이 있으며 매 순간 프린세스 크루즈의 최고의 서비스를 선사하기 위해 최선을 다해야 합니다.
2. 내부 고객 : 만약 여러분이 직접적으로 승객에게 서비스를 하고 있지 않다면 여러분은 누군가 승객이 될 사람을 서비스하고 있는 것입니다. 프린세스 크루즈 승무원으로서 선상에서 여러분은 승객에게 제공하는 것과 같은 서비스를 내부 고객인 동료에게 공손하고 효율적으로 제공할 특별한 임무를 가지고 있습니다.
3. 팀워크 : 여러분은 선상의 모든 곳에서 승객들의 여행에 최상의 경험을 제공해 주기 위해서 함께 일한다는 일반적인 목표를 가진 집단의 일원일 것입니다.
4. 환영 : 승무원의 따뜻함과 친근함은 가장 중요한 요소이며 여러분이 승객들에게 차별화된 크루즈여행을 제공할 수 있는 가장 중요한 요소 중 하나입니다. 그러므로 여러분은 항상 이 사항을 준수하며 절대 승객을 "Good Morning, Good afternoon, Good evening"이라는 인사 없이 지나쳐서는 안 됩니다. 만약 여러분이 승객을 알고 있는 경우, 그들의 이름을 부르면서 그들을 맞이할 수 있다면 이는 더욱 의미 있을 것입니다.
5. 영어만 사용하기 : 대다수의 프린세스 승객은 모국어로 영어를 사용합니다. 영어 외의 다른 언어는 승객들에게 불편할 것입니다. 그러므로 여러분은 반드시 이 규칙을 준수하고 승객들이 이용하는 곳에서는 영어만 써야 합니다.

프린세스 승무원으로서 여러분은 이 5개의 유의점을 몸소 실천하기를 바라며 우리 승객들이 완벽한 휴가를 즐길 수 있도록 그들의 기대를 능가하는 승무원들이 되기를 바란다.

5 기초 음식물 안전과 위생

손 씻기

개인 청결의 가장 중요한 부분은 자주 그리고 철저하게 손을 씻는 것이다. 상당히 많은 경우, 더러운 손톱이 음식물을 감염시키는 위험한 상황의 주범이 되기도 한다. 손 씻기는 정기적으로 이루어져야 하며 손에서 병균을 없애는 방법을 반드시 따라야 한다.

다음의 활동 전후 항상 손을 철저하게 씻어야 한다.

- 화장실 사용 시
- 음식 만드는 곳에 들어가거나 음식을 다루는 경우
- 날것을 만지고 요리된 음식을 만지는 경우
- 머리를 빗거나 머리카락이나 신체의 일부를 만질 경우
- 음식을 먹을 때, 담배를 피울 때, 기침이나 코를 풀 경우
- 음식물 쓰레기를 처리할 때
- 세정제를 만지는 경우
- 장갑을 사용할 때
- 전화를 이용할 때

매일 이루어지는 이러한 활동들은 음식을 다루는 사람의 손에 잠재적인 오염물질을 갖게 한다. 따라서 손을 청결히 하는 것은 상당히 중요하다. 모든 직원들은 반드시 올바른 손 씻는 방법을 알아야 한다.

올바른 손 씻기 방법

1. 정해진 장소에서 따뜻한 흐르는 물에 손을 적신다.
2. 물비누를 사용한다.
3. 물비누를 손가락 사이와 손톱 사이를 포함한 손 전체에 적어도 20초 동안 문지른다.
4. 흐르는 따뜻한 물에 손을 깨끗하게 씻어낸다.
5. 일회용 페이퍼 타월에 손을 닦고 페이퍼 타월을 이용하여 물을 잠근다.

6 개인위생

머리카락

만약 머리카락이 잘 정돈되지 않으면 머리카락과 비듬은 음식을 오염시킬 것이다. 머리를 빗거나 머리를 감싼 모자를 바로 잡는 것은 음식 만드는 곳에서 해서는 안 됩니다. 손으로 머리를 만지지 말고, 긁지 말고 머리카락을 만지지 않는 것이 유익하다.

부스럼, 감염된 상처와 피부 감염

감싸지 않은 상처는 박테리아를 불러일으키는 병원이 된다. 그리고 승무원 자신과 승객, 다른 승무원들이 감염에 노출될 것이다. 모든 부스럼, 상처, 피부염은 승무원의 직속상관이나 의료센터로 보고되어야 한다. 이러한 상처와 열상은 반드시 치료해야 한다. 손에 붙이는 밴드나 반창고는 눈에 띄도록 파란색이어야 하고, 음식과 음식을 다루는 사람을 위해 방수 일회용 플라스틱 장갑을 껴야 한다. 방수 일회용 장갑을 벗었을 때 밴드나 반창고가 음식에 떨어지지 않도록 세심한 주의를 기울여야 한다.

코, 입과 귀

거의 모든 성인의 절반은 잠재적으로 해를 끼칠 수 있는 포도상구균이라고 하는 박테리아를 보균하고 있다. 포도상구균은 보균자에게는 해를 끼치지 않지만 특히 먹기 직전의 음식을 감염시키면 다른 사람들에게 유해한 병균이다. 재채기를 하거나 자주 손을 씻지 않는 것은 박테리아가 퍼지는 가장 일반적인 경로이다.

흡 연

음식 준비, 서빙, 식기 세척 공간에서 흡연을 하거나 어떠한 형태로든 담배를 이용하는 것은 허용되지 않는다.

귀금속

반지, 팔지, 시계와 같은 물품은 먼지 등의 오물이 묻기 쉽고 깨끗하게 유지하기도 힘들다. 음식을 준비하는 동안에 잃어버릴 수 있고 이는 신체적인 위협이 될 수도 있다. 따라서 보석이 없는 작은 평범한 결혼반지를 제외하고 귀금속은 음식을 준비하는 공간에서의 착용이 금지되어 있다.

발병 보고

음식을 다루는 사람으로서 어떠한 발병이 생길 경우 이를 업무 시작 전 슈퍼바이저에게 보고하는 것은 의무이다. 승무원의 슈퍼바이저는 치료를 위해 간호사에게 연락해 줄 것이다. 만약 다음의 증상이 있을 경우 음식을 다뤄서는 안 된다.

- 설사
- 구토
- 황달이나 피부가 노랗게 되는 현상

• 손이 상처 등으로 감염된 경우

음식 맛보기

솥에서 음식을 만들던 국자로 절대 직접 맛보면 안 된다. 접시에 작은 양을 덜어서 낱개로 포장된 스푼이나 스푼의 잡는 부분이 위로 꽂혀 있는 플라스틱 스푼을 사용하여 맛을 봐야 한다. 사용한 접시는 닦고 스푼은 처리하기 위해 치워야 한다. 맛을 볼 때도 절대 사용한 스푼을 주머니에 넣어 가지고 가지 다니면 안 된다.

노로 바이러스

프린세스는 승객들에게 안전하고 즐거운 여행을 제공해 주는 것에 대해 기쁨을 느끼고 있다. 노로 바이러스와 같은 바이러스는 편안한 분위기를 망칠 것이다. 그래서 프린세스는 가능한 이러한 바이러스에 감염되는 것을 막기 위해 최선을 다하고 있다.

노로 바이러스는 갑작스러운 구토와 설사를 동반하는 자주 출현하는 바이러스이다(미국 내 매년 약 2천 3백만 명의 사람들이 이 바이러스로 고통받고 있다고 추정된다).

노로 바이러스 증상

노로 바이러스는 특별한 증상을 동반하는데 갑작스러운 구토, 설사, 멀미 등의 증상들이다. 증상은 발병에 의한 느낌이 승무원 자신의 신체 느낌으로 발병을 확인할 수 있다. 만약 승무원이 아프다고 느끼거나, 아프거나, 설사를 할 경우 반드시 즉시 일을 중단해야 한다.

물 사용

선상에서 사용하는 물의 약 90%는 바닷물에서 염분을 제거하여 사용하고 있다. 하지만 이러한 과정에서 연료를 필요로 한다. 따라서 승무원들과 승객들이 가능한 물을 절약하는 것이 중요하다.

모든 사람이 거둔 결실과 성과

프린세스는 환경보호 분야에서 많은 상을 받으며 명성을 유지하고 있는 것에 큰 만족을 가지고 있다. 프린세스는 U.S. Coast Guard's Admiral William M. Benkert상, The Smithsonian Magazine / ASTA 환경보호상 그리고 The British Airways "Tourism for Tomorrow"상을 수상한 유일한 크루즈 기업이다.

하지만 프린세스 크루즈의 성공 판단기준은 바다의 건강함과 깨끗함일 것이다. 그렇기 때문에 프린세스는 계속해서 최신 쓰레기 처리 기술에 투자할 것이고, 모든 선박에서 관련된 미국 환경 규정을 준수하도록 할 것이다.

EMS 의식 고취 훈련

프린세스는 환경보호 시스템(EMS) 의식 고취 훈련을 모든 직원을 상대로 실시하고 있다. 몇몇 직위에 있는 사람들은 더 포괄적인 훈련을 받은 승무원이 처음 배를 탈 때 강화된 EMS 의식 고취 훈련이라고 불리는 훈련을 받게 된다. 이 훈련은 선상 환경보호 사무원들에 의해 실시되고 활성화 된다.

에너지 절약

재생 불가한 에너지(특히 기름)를 보존하기 위한 세계적인 노력에 발맞추어 승무원들도 객실에서 나갈 때는 항상 전기를 끄고 나가는 교육을 받는다.

7 이러한 증상이 있을 경우 슈퍼바이저에게 보고

화장실을 이용한 후나 병을 앓고 난 후에는 항상 손을 깨끗하게 씻는 것을 포함하여 청결한 개인위생을 실천한다. 승무원의 객실을 깨끗하게 청소하는 방법은 슈퍼바이저의 지침에 따른다. 이러한 증상을 즉시 보고하지 않을 경우 선사의 입장에서는 상당히 중대한 사태로 여기며, 징계 처리가 될 수 있다.

전염 방지

노로 바이러스는 감염된 사람을 만지고 손을 씻지 않는 경우나 아픈 사람과 가까이 있는 것과 같은 접촉에 의해 사람과 사람 사이로 전파된다. 이는 또한 감염된 음식을 먹거나 감염된 사람이 만진 것을 만지면 감염될 수 있다. 이는 난간, 엘리베이터 버튼, 문고리나식 기구 등의 표면을 만지면서 감염되는 경우들이다.

노로 바이러스의 확산을 방지하는 가장 쉽고 효과적인 방법은 음식을 먹고 마시고 담배를 피기 전후에 자주 그리고 철저하게 손을 씻는 것이다. 화장실을 사용한 후와 일을 시작하기 전에는 항상 손을 씻어야 한다. 본인의 입을 만지는 것을 피하고 많은 사람들이 만진 물건의 표면을 만지지 말며, 혹시 만졌다면 그 후에 손을 씻는다.

알맞은 손 씻기 방법

1. 손에 비누칠을 하여 흐르는 따뜻한 물에 20초 동안 씻는다.
2. 손과 손목은 항상 깨끗해야 한다.
3. 손톱 아래와 손가락 사이를 주의 깊게 씻기 바란다.
4. 물비누를 사용합니다. 보통 비누는 바이러스를 확산시킬 수 있다.
5. 흐르는 물에 손을 헹군다.
6. 일회용 페이퍼 타올은 손을 말리고 물을 잠그고 화장실 문을 여는 데 사용한다.

사 고

만약 승무원이 선상에서 환자를 발견하면 즉시 모든 승객과 승무원에게 알린다. 파편들이 있으면 가능한 빨리 페이퍼 타올이나 냅킨 또는 가까운 곳에 있는 흡수 가능한 것으로 덮어야 한다. 만약 아픈 사람이 여전히 현장에 있으면 간호사에게 알리고 간호사가 올 때까지 환자 곁에 있어야 한다. 만약 환자가 현장을 떠나길 원하면 객실 번호를 물어 의료진이 그들에게 연락을 취할 수 있도록 해야 할 것이다. 다른 승무원에게 현장을 깨끗하게 처리할 것을 부탁하고 사고를 보고한다. 현장을 떠난 후에 승무원도 몸 상태를 체크한다.

1. 여러분의 객실로 바로 돌아가서
2. 샤워를 하고
3. 유니폼을 갈아입고
4. 더러워진 유니폼은 특별 세탁을 위해 보내고
5. 위치로 다시 돌아와 일한다.
6. 배가 아픈지 여러분의 건강을 체크해야 한다.

HIT 팀

HIT 팀은 특별히 다음과 같은 일에 훈련된 그룹이다.

- 빠르고 안전하게 병의 전염 위험이 있는 지역을 깨끗하게 청소하고
- 특별한 공중위생 절차 훈련을 받았으며
- 하루 24시간, 일주일에 7일 동안 연락 가능하고
- 승무원의 발병이나 발병 환자를 보자마자 보고하는 빠른 행동으로 도움을 주어야 할 사람들이다.

8 선상에서 전염병 발생 시

선상에서 전염병 발생 시 선상의 노로 바이러스 행동위원회가 적절한 대응

책을 마련하기 위해 모일 것이다. 처리 방법은 의료진이 검진한 환자수에 따라 달라질 것이다. 만약 빨강 경보 등급이 발령되면 다음의 절차를 따른다.

1. 셀프 서비스 뷔페는 문을 닫고 음식을 승객들에게 서빙을 할 것이다. 업무가 지연되며 승객들의 휴가의 즐거움이 줄어들 것이다. 더 많은 사람에게 음식을 제공하고 청결을 유지하기 위해 승무원에게 추가 업무가 생길 것이다.
2. 바이러스의 확산을 막기 위해 승무원의 활동이 제한된다. 선상에서 발병은 많은 부정적인 결과를 초래한다. 항해하는 동안 청소하는 데 더 많은 시간이 필요하므로 여정을 바꾸어야 한다. 특히 만약 한 개 이상의 선박에서 발병이 있을 경우, 적어도 한 개의 선박 일정은 취소될 것이다. 이러한 사태 방지를 위해 슈퍼바이저가 알려 주는 위생 절차를 따르는 것은 매우 중요하다. 미국 내에서 항해하는 선박의 승객과 승무원에게 2% 이상의 영향을 미치는 모든 발병 상황들은 인터넷 웹사이트에 나와 있다.

바이러스

노로 바이러스 이외에도 음식물을 통해 질병을 유발하는 다른 주된 바이러스는 A형 간염 바이러스이다. 두 바이러스 모두 오염된 음식과 물을 통해 사람들 사이로 전염된다. 수로는 바이러스를 포함한 오수에 의해 오염될 수 있다. 이러한 물에 사는 조개는 조개를 먹는 사람을 감염시키는 원인이 된다. 만약 가지고 다니는 물이 오염되었는데 이것을 이용하여 손을 씻고 사용할 경우 바이러스가 확산될 것이며 음식물을 통한 발병이라는 결과를 낳을 것이다. 특히 화장실을 사용한 이후 손을 씻지 않거나 평소에 청결한 생활을 하지 않은 감염된 사람이 음식을 제공하는 경우 음식이 오염될 수 있을 것이다. 선상의 물은 안전하기 때문에 청결한 개인위생은 음식이 바이러스에 감염되어 발병을 일으키는 것을 막는 길이다. 승무원들의 안전을 위해 손으로 입과 음식을 만지지 않는 습관을 길러야 한다. 특히 화장실 사용 후, 재채기, 기침을 한 후, 음식을 먹고 마시고 담배를 피운 전후에는 자주 손을 씻는다.

A형 간염

A형 간염은 간에 생기는 바이러스 감염이다. 이는 상당히 전염성이 강하고 오염된 음식을 먹거나 물을 마시거나 사람을 가까이 접촉하면서 전염된다(예를 들면 식기류를 함께 쓸 경우). 이는 고열, 피로, 황달과 피부가 노랗게 되는 증상과 식욕을 잃고 구토 증상을 동반한다.

다음은 음식의 오염을 막는 방법이다.

- 음식을 덮어 둔다.
- 먹기 직전의 음식이나 생야채를 다룰 경우 장갑을 사용한다.
- 항상 날 것과 먹기 직전의 음식은 구분하여 둔다.
- 물건의 표면을 문지를 때는 깨끗한 천만 사용한다.
- 자주 씻고 헹구고 위생 처리를 한다.
- 철저한 개인위생 기준을 준수하여야 한다.

9 프린세스와 함께하는 승무원의 미래

프린세스는 승무원의 동반자 관계를 통해 승무원의 경력을 발전시키는 기회를 제공한다. 아래의 설명된 다양한 프로그램은 승무원의 능력을 발전시키고 최고의 발전 가능성에 도달하도록 할 것이다. 경력 발전이나 승진에 관한 조언을 얻기 위해 슈퍼바이저나 인사부 매니저와 수시로 상담한다.

경력 발전 프로그램

승무원들은 만약 특정한 업무를 할 능력이 된다면 한 부서에서 다른 부서로 옮길 수 있는 기회가 있다. 이러한 기회는 열려 있고 접근은 허용된다. 관심 있는 승무원들은 현재 슈퍼바이저에게 보유 기술과 새로운 업무와 관련된 경험들이 포함된 이력서와 '업무 변경 요청' 양식을 작성 · 제출하여 다른 부서에 가고자 하는 의사를 알려야 한다. 지원 자격은 적어도 회사와 한 번의 계약이 완료되었어야 하며, 현재 업무에서 승무원의 경우는 4점, 사무원은 2점 이상의 중간 평가점수를 받아야 하며, 현재 기록상 어떠한 징계도 받지 않은 사람이어야 한다. 지원자들은 선상에서 인터뷰를 갖고 합격된 지원자는 재정적인 이유로 본사의 인사부로 보내질 것이다.

수행평가제도

평가는 직원들이 그들 개개인의 강점과 약점을 더 잘 알도록 독려하며 그에 따라 직원들 개인적인 또한 경력상의 발전을 돕고자 의도된 것이다. 또한 회사의 평가는 선상 또는 기항지 관리자들이 선상 직원들의 전체적인 효율성 증가를 위해 개인의 업무 능력을 효율적으로 관리하도록 한다. 또한 평가는 승무원의 계약 만료 시 재계약을 결정하는 데 이용된다.

서비스 의식

프린세스 크루즈는 승객을 기대 이상으로 만족시키는 승무원을 찾기를 기대한다. 그러한 승무원을 찾기 위해 선사는 승객들에게 객실에 놓인 "당신은 다릅니다." 파란색 카드에 답하도록 부탁하고 있다. 친절한 동료 승무원을 추천하기 위해 승무원들은 또한 "당신은 다릅니다." 녹색 카드를 기입할 수 있다. 다 기입된 카드는 검토를 위해 선상 C.R.U.I.S.E 위원회로 보내져 승무원의 경력 발전과 이달의 승무원을 뽑기 위한 중요한 고려 사항이 된다.

이달의 승무원

이달의 승무원은 프린세스 각 선박에서 선출된다. 이달의 승무원상은 뛰어난 서비스를 수행한 직원을 동료 직원과 슈퍼바이저 그리고 승객들이 뽑아 수여한다. 승객과 승무원은 최종 결정을 내리는 선상 C.R.U.I.S.E 위원회에 한 명의 승무원을 추천한다.

서비스 제안 프로그램

서비스 제안 프로그램은 승무원에게 서비스를 제공하는 방법에 대해 묻는 프로그램이다. 승무원들에 의해 제안된 안건은 매달 선상의 C.R.U.I.S.E 위원회에 의해 검토된다. 최고 안건들은 내륙의 C.R.U.I.S.E 위원회로 최종 점검을 위해 보내진다. 최종 안건들은 그것들이 가져올 긍정적인 영향, 비용 절감과 실효성을 바탕으로 선택된다.

프린세스 U

강사들은 프린세스 선박의 모든 선상에서 이루어지는 다양한 강좌들을 위해 배치된다. 교육은 선상에서 15명에서 25명의 참여자 규모로 이루어진다. 강좌의 주제는 효율적인 의사소통, 리더십의 기본, 감정 관리 방법, 효율적인 위임 방법, 팀 내 문제해결법 등에 관한 것이다. 또한 승무원은 교습을 받거나 혼자 공부하는 프로그램을 통해 영어 실력을 계속 발전시킬 수 있다. 또한 프린세스 U는 컴퓨터를 통해 교육 강좌를 제공하고 있으므로 만약 선상에서 강사의 지도를 받을 수 없는 경우 승무원의 진도에 따라 프린세스 U를 이용할 수 있다. 또한 승무원들은 마이크로 소프트와 같은 컴퓨터 활용 교육을 제공하는 "숙련자 과정"을 통해 혜택을 받을 수 있을 것이다.

10 안전과 보안

승무원들은 육지의 근무환경과는 매우 다른 환경에서 근무하게 된 것이다. 선박은 가장 가까운 소방서, 긴급상황 서비스 시설에서 수백 마일 떨어져 있기 때문에 직원들이 긴급상황에 서비스를 제공해 주어야 한다. 승무원은 선박의 긴급상황 대책 기구 내 각자 맡은 임무를 수행하여야 할 것이다. 언제든지 긴급상황은 발생할 것이고 승무원은 항상 이러한 긴급상황에 대처할 능력을 갖추고 있어야 한다.

선박에서 탈출

라디오를 통해 선장이 이 명령을 내릴 것이다. 이것은 절대 선박의 P. A 시스템을 통해 방송되지 않을 것이다.

조사반

화재나 사고 발생 시 목격한 직원은 조사반을 부를 것이다. 조사반은 사고를 수사하는 핵심 인물로 구성된 조직이다. 승무원들이 사고의 위치를 알더라도 특별히 취할 행동은 없으며, 이후 방송이나 신호에 귀를 기울여야 한다.

파란색 긴급상황 카드

승무원의 선박에 승선한 후 슈퍼바이저가 파란색 긴급상황 카드를 줄 것이다. 이 카드는 안전에 관한 중요한 정보를 포함하고 있으므로 훈련 시 구명조끼, 따뜻한 옷과 함께 안전모를 지참해야 한다. 만약 승무원이 위급상황에 대해 의문이 있을 시 슈퍼바이저에게 질문하면 자세히 안내해 준다.

보트 소집 위치

이 명령은 갑판 선장이 내릴 것이다. 모든 직원은 비상 시 소집 위치에 모여야 한다. 소집 위치는 승무원들이 배를 버려야 할 경우에 모이는 장소이다.

승무원 경계경보

계속 울리는 알람 소리는 승무원 경계경보를 의미한다. 이 소리를 들으면 승무원의 구명조끼와 따뜻한 옷, 의약품과 안전모를 객실에서 가지고 나와 승무원 경계경보 위치로 가면 된다.

비상사태 훈련

이는 법적으로 필요한 훈련이며 정기적으로 이루어진다. 승무원은 이 훈련에 적극적으로 참여해야 하며, 선장의 허가 없이는 모든 사람이 훈련에 의무적으로 참여해야 한다.

화 재

화재는 바다에서 일어나는 가장 위험한 사태 중 하나이다. 소형 화재의 경우, 끄기 위해 한 번만 시도한다. 그리고 가능하다면 주조종실에 전화를 한다. 화재의 경우를 대비해 화재경보기와 소화기가 선상 곳곳에 배치되어 있다. 만약 타는 냄새나 연기를 볼 경우 즉시 선상 곳곳에 위치해 있는 빨간색 수동식 화재경보기를 작동시켜서 알람을 울리고 화재 차단막을 작동시켜 불이 번지는 것을 막아야 한다.

항구 정박 시 배치 근무

이는 몇몇 승무원들을 배가 항구에 정박해 있는 동안 선상에 머물도록 하는 업무 형태이다. 정박해 있는 동안 비상사태가 발생할 경우 법률상에 정해진 대로 선상에도 승객을 돌볼 충분한 인력이 있어야 한다.

구명조끼

승무원의 구명조끼는 사용하지 않을 때 정해진 객실에 두어야 한다. 이는 락커, 선반 또는 객실 밖의 어떤 곳에도 보관해서는 안 된다. 만약 승선 시 구명조끼를 찾을 수 없다면 즉시 슈퍼바이저에게 보고한다. 또한 구명조끼가 손상되었다면 교체를 위해 슈퍼바이저에게 문의해야 한다.

사람이 물에 빠진 경우

만약 물속으로 뛰어들거나 떨어지는 사람을 보면 즉시 라이프 재킷(Life Buoy)이나 다른 물에 뜨는 물건을 밖으로 던지고 최대한 빨리 주조종실에 알려야 한다. 이런 경우에는 3번의 긴 경적 소리가 신호로 울릴 것이다.

승객 비상사태 훈련

승객 비상사태 훈련은 법률상에 근거한 것이며 모든 선박에서 항해 시작 전에 이루어지므로 모두 다른 시간에 시작한다. 슈퍼바이저가 이 훈련에 참가하기 권할 것이다.

방수를 위한 문 사용 방법

사무원들이 출항에 앞서 안전을 위해 나눠주는 안전 지침에는 안전한 방수를 위한 문의 작동 방법이 포함되어 있을 것이다. 이 방수문은 굉장히 위험하지만 바다에서 승무원의 안전을 위한 것이기도 하다. 만약 승무원이 가까운 위치에 있으면 절대 열지 않는다. 또한 문이 열리려고 하거나 열리는 도중에 걸어 나가지 않는다. 이것은 단지 징계를 받는 행위일 뿐 아니라 치명적으로 위험한 행동이다.

신원 확인

모든 승무원들은 본인의 사진을 넣은 보안 카드(A-PASS)를 보안과로부터 발급받게 된다. 이것은 승무원의 공식적인 선상 ID 카드이므로 분실 시 즉시 슈퍼바이저에게 보고해야 한다. 또한 카드를 잃어버리는 것은 징계를 받는 위반사항이다. 다른 승무원의 ID 카드를 쓰는 행위는 금지되어 있다. 선상의 안전과 보안을 위해 승무원들은 선박을 떠나거나 돌아올 때 ID 카드를 제시해야 하며, 계약 만료로 배를 떠날 때는 SAP에게 카드를 반납하여야 한다.

건강과 안전

승무원과 여러 동료의 건강과 안전은 가장 중요한 사항이다. 안전 검사는 자주 선상 사무원들과 육지에 있는 담당자들에 의해 이루어질 것이다. 승무원에게 주어진 모든 안전 규칙을 따르고, 안전상의 위험이 있을 경우 즉시 슈퍼바이저에게 보고해야 함을 명심해야 한다. 기후가 나쁠 때 항해하는 경우, 층계를 오르고 내릴 때는 꼭 난간을 잡고 실외 갑판이 젖었을 때 미끄러우므로 이곳을 걸을 때는 주의하고 고무 달린 신발을 신길 권한다. 문들은 자동으로 닫히게 되어 있으므로 문을 지날 때는 문을 잡고 지나가야 한다. 어떠한 이유로든 절대 등받이가 없는 의자 등에 올라가지 않는다. 잠재적으로 위험 요소가 있는 업무를 하는 직원들에게는 방호복과 안전장치가 제공될 것이며 이는 반드시 착의, 착용해야 한다.

모든 부서에서 선출된 대표자들이 안전, 건강, 위생과 환경을 위한 위원회를 매달 갖고 있다. 선상에서의 안전, 건강과 위생을 향상시킬 의견을 가지고 있으면 승무원의 대표자에게 전달해야 한다. 만약 승무원이 안전하지 못한 행동이나 장비를 보면 위원회 미팅 소집까지 기다리지 않아도 된다.

의 료

모든 선박에는 승무원 의료센터가 있으며 공지된 시간에 운영된다. 만약 꼭 진료가 필요하면 선상에서 치료받거나 의사에 의해 육지에 있는 시설로 보내져 치료받을 수도 있다. 만약 처방전에 처방된 약이 필요하면 처방전을 가지고 간다. 여러분은 의사에게 투약하는 약을 알려 줘야 한다. 만약 승무원이 헌혈증을 가지고 있고 긴급사태에 수혈할 의사가 있다면, 승무원의 상세 정보를 의료센터에 등록한다. 몸이 아플 경우(특히 배가 아프고 설사를 하는 경우)에는 의료센터에 알려야 한다. 그렇게 하지 않으면 징계를 받게 될 것이다.

음 주

승무원은 일상 업무와 긴급사태 시 맡은 임무를 다하기 위해 역량이 절대 감소되어서는 안 된다. 승무원이 알코올로 인해 맡은 임무를 수행하는 데 무기력함과 무능함으로 일관한다면 이는 선상의 다른 사람의 안전을 위협하는 일이므로 해고될 것이다. 또한 알코올 테스트 요청에 응하지 않을 시에도 해고될 것이다.

불법적인 약물 복용

프린세스는 불법적인 약물 복용에 관하여 일체의 관용을 베풀지 않는 정책을 추구하고 있다. 이는 다른 선사도 마찬가지이다. 거래, 소지, 불법적인 약품의 판매는 중대한 범죄이며 사법권의 적용으로 기소되는 결과를 낳을 것이다. 아마 장기간 감옥에 수감되거나 사형에 처해지는 경우도 있다. 본사는 법률 집행부서에서 약물의 남용과 거래를 근절하기 위해 모든 노력을 다하고 있다. 그러므로 선상에서 어떠한 단서를 발견하면 관계자에게 신고해야 한다. 또한 회사는 이러한 일과 관련된 개인을 상대로 법적인 절차를 밟아 나갈 것이다.

직원들의 불법적인 약물 소지나 확산은 즉각적인 해고와 더불어 법적인 절차 그리고 미래의 취업 기회의 박탈로 이어질 것이다.

무기 / 밀수

금지된 무기 소유나 밀수는 엄격하게 금지되어 있으며 즉각적인 해고와 고소를 당하게 될 것이다.

환경보호 인식 강화

우리가 항해하는 이 대양은 지구의 생명줄이다. 이 대양은 기후, 날씨, 우리의 식생활에 영향을 미치며, 수백만 동·식물 종의 서식지이기도 하다. 만약 우리가 이곳을 파괴한다면 미래 세대에게 물려주어야 할 유산이 줄어들게 되는 것이다. 환경보호를 위해 프린세스 크루즈는 미국에서 선도적인 해양보호기관이 인정한 환경 프로그램인 “산업용 쓰레기 관리 프로그램”을 수행하고 있다. 또한 여러 차례 환경보호상을 받아 명성을 떨치고 있으며 사내에는 법률이 정해 놓은 것 이상으로 환경을 보존하고자 하는 마음이 널리 퍼져 있다.

프린세스 크루즈는 쓰레기와 오물 관리에 관한 미국과 국제 법률을 완벽히 따르기 위해 전념하고 있다. 우리는 환경을 보호하는 이 분야 리더가 되기 위해 더 많은 노력을 기울일 것이다. 모든 선상의 쓰레기는 구체적인 명시가 없는 경우 원료에 따라 분류하고 있다. 모든 쓰레기장에서는 수거된 쓰레기를 라벨을 붙여 종류별로 분류한다. 쓰레기의 종류에 따라 알기 쉽도록 페인트칠 되어 있거나 컬러 테이프가 붙여 있으며 굵은 영문 글자도 쓰여 있다. 승무원으로 근무하는 동안 해양 환경을 보존해야 함을 명심해야 한다.

- 무단 투기를 볼 경우 “NO”라고 말하십시오. 프린세스는 어떠한 무단 투기도 금지하고 있다. 우리의 규정은 현재 법규에 요청되는 것보다 더 엄격하다.

쓰레기 처리에 있어 최고의 방법은 처음 생산 단계에서부터 쓰레기를 덜 만드는 것이다. 그래서 우리는 공급업체에게 함께 선상에서 사용하는 플라스틱의 양을 줄이고자 도움을 요청하고 있다.

- 재활용 : 모든 선박에는 깡통 압축기, 쓰레기 압축기, 유리와 금속 분쇄기 등을 갖추고 있다. 오늘날 우리는 업계 최고의 고체 쓰레기 관리 프로그램을 실시하고 있음을 자랑스럽게 대외에 알리고 있다.
- 액체 쓰레기 : 근래에 건조된 선박에는 생물학적인 오수 처리 장치가 설비되어 있다. 화장실에서 나온 더러운 물, 주방 씽크대에서 나온 물 또는

음식물 제조기에서 나온 물 모두 유해한 물질을 포함한 상태로 바다로 흘러가지 않는다.

- 누수 방지 : 프린세스는 기름기 있는 물이 선상의 기계로부터 배출되는 것을 하루 24시간 감시하고 제거한다. 그리고 적소에서 24시간 내내 운영되는 선상 기름오염 긴급대책과 육지 긴급대책 계획을 실시하고 있다.
- 위험 쓰레기 : 우리는 모든 위험 쓰레기의 적절한 처리를 위해 라벨을 붙여 육지에 내려둔다. 오존 감소 CFC는 선상의 냉동장치로부터 제거된다.

VII Cruise Tour

크루즈의 주요 목적지와 상품

1 주요 목적지

본장에서는 세계적으로 유명한 크루즈의 기항지를 살펴본다. 크루즈는 크게 크루즈가 출발하는 모항과 거점항, 기항항으로 구분되는데 모항과 거점항, 기항항을 연계해 3일 혹은 4일, 1주일, 14일, 21일 등의 코스로 상품을 개발하게 된다. 본장은 기항항의 여행 지역을 중심으로 소개한다.

(1) 알래스카

매년 알래스카는 산, 울창한 숲, 빙하 그리고 피오르드가 서로 조화를 이룬 광대하고 장엄한 해안가를 보기 위해 이곳을 방문하는 수많은 승객들로 붐빈다. 5월부터 10월까지 크루즈는 인사이드 패세지(Inside Passage)의 좁고도 구불구불한 해안을 따라 움직인다. 인사이드 패세지란 확 트인 북태평양의 바다로부터 마치 하나의 완충지로서 해안가의 길게 늘여진 섬들 사이를 크루즈가 다니기 때문에 붙인 이름이다. 그 길을 따라 힘차고 거친 삶을 유지해 가는 고래, 돌고래, 해달, 물곰 그리고 바다 위를 날고 있는 독수리를 볼 수 있다.

크루즈가 다니는 길은 인사이드 패세지와 글레시어 패세지 2가지로 나누어지는데 인사이드 패세지는 캐나다 밴쿠버를 왕복하는 7일간의 라운드 여행이며, 글레시어 패세지는 인사이드 패세지를 포함하여 밴쿠버와 앵커리지를 여행하는 노선이다. 인사이드 패세지의 경우 매우 가까이에서 빙하를 볼 수 있으며 그것은 영국 조지 밴쿠버호가 얼음으로 된 장애

물 사이를 다니던 200년 전의 얼음 덩어리를 그대로 간직한 채 형성되어 있고 맨 위 끝은 좁고 한쪽 면은 깎아지른 듯하다. 글레시어만으로 향하는 입구에서도 빙하를 볼 수 있다.

(2) Inside Passage의 주요 기항지

인사이드 패세지의 기항지들은 배, 비행기로만 접근할 수 있는 곳으로 섬의 가장자리 혹은 해안가에 위치한 산 중간에 위치해 있다. 산과 바다를 갈라 놓는 알래스카의 항구는 집들이 아름답게 배열되어 있고 다정하고 친절한 분위기가 곳곳에서 느껴진다.

이곳을 처음 개척한 선구자들의 유적은 나무 창고, 통조림 공장, 선적물을 쌓아 놓는 곳 등 여러 곳에서 쉽게 볼 수 있다. 정신적 수호 역할을 하는 토템상을 나무에 그려 집 앞에 세우는 기둥은 자연과의 친화력을 그들에게서 볼 수 있다. 알래스카 해안의 약간 습한 공기는 거주지들을 둘러싼 짙고 두터운 숲의 형성을 가능케 한다.

항구는 크지 않아서 걸어서도 쉽게 찾는다. 배가 항구에 정박해 있는 동안 많은 관광객들은 수면 위의 빙하와 거친 삶을 힘차게 살아가는 바다 속 동물들을 보며 그들 나름의 관광을 즐긴다.

케치칸

1800년대 말에 통조림의 마을로 알려졌었다. 연어가 산란을 위해 물 위를 거슬러 올라가는 것이 보이는 케치칸 후미의 입구에 위치해 있다. 이 지역의 토착적인 문화는 집 앞에 세워진 토템 기둥에 잘 나타나 있다. 가장 인기 있는 기항지의 관광 형태는 옅은 안개로 신비로움을 자아내는 아름다운 피오르드 해협을 헬기를 타고 바라보는 것이다. 말로 형용할 수 없는 멋진 고산지대의 호수와 움푹 패인 빙하로 마치 조각을 해놓은 듯한 해로를 높은 곳에서 내려다보며 케치칸에서의 기항지 관광은 최고의 절정을 맛보게 된다.

주 노

주노는 1880년 이곳에서 금을 발견한 이들 중의 한 이름을 본 따 지어졌다. 이 아름다운 도시는 레드 독 살롱에서 정부 고관의 저택까지 잘 정렬되어 이 지역의 독특한 문화를 보여준다. 주노 또한 상공에서 헬리콥터를 타고 불규칙한 얼음으로 뒤덮인 주노의 도시 전경을 즐길 수 있는 기회를 관광객에게 제공하고 있으며 헬기가 빙하 위에 착륙하면 관광객들은 특별한 장화를 신고 얼음 표면을 걷거나 빙하의 갈라진 틈을 내려다보는 즐거움을 맛본다.

그리고 나무 오두막집에서 연어를 구워먹으며 관광을 즐길 수 있는 타쿠항 또한 관광객에게 유명한 곳이다.

스캐그웨이

스캐그웨이는 클론다이크 골드러시 시대인 1897년 신흥도시로 부상했다. 그리고 거리는 그 당시의 건물 모습을 그대로 간직한 채 지금은 선물가게와 관광센터가 있다. 겨울에는 마을이 조용하며, 여름엔 이곳을 관광하는 방문객들로 분주하다. 눈으로 뒤덮인 산으로 둘러싸인 아름다운 린 카넬의 앞부분에 위치한 스캐그웨이는 크루즈에서 내린 승객들이 기차를 타고 클론다이크 산을 여행하며 금을 캐기 위해 수천만 사람들이 이곳으로 모여들었던 열광적인 당시 상황을 느끼게 된다.

(3) 빙하 노선

인사이드 패세지를 뒤로 한 채 알래스카만을 향해 전진하고 있는 크루즈는 종종 산으로 둘러싸인 해협의 앞부분에 위치한 허버드 빙하가 있는 야쿠타 해협으로 가기도 한다. 알래스카 해협의 가장 앞쪽에 위치해 있으며 알래스카 빙하의 아름다움을 최고로 만끽할 수 있는 곳은 프린스 윌리엄 사운드이다. 이곳에서는 항상 눈이 덮혀 있는 산 정상과 조각한 듯한 수많은 빙하들로 알래스카 크루즈 여행의 최고조를 이룬다.

북쪽으로 올라가는 빙하 크루즈는 항상 고기잡이 항구로 유명한 서워드에서 막을 내린다. 서워드는 케냐 반도에 있으며, 관광객이 약 3시간 동안 앵커리지를 향하며 아름다운 비경을 즐길 수 있는 관광버스를 타는 시작점이자, 지상 관광이나 비행을 할 수 있도록 연결된 곳이다. 울창한 황야 지대로 둘러싸인 앵커리지는 현대적 건물과 알래스카의 전형적인 숲 지대가 서로 조화를 이룬 곳이다. 멀리 시야를 훤히 볼 수 있는 맑은 날에는 북아메리카에서 가장 높은 맥켄리 산맥을 앵커리지 시내 한복판에서 볼 수 있다.

(4) 대서양의 섬들

해안가의 아름다운 휴식처와 포도밭의 도시, Azores는 1400년대 초 포르투갈 선원에 의해 발견되었으며, 한때는 영국과 스페인의 해양 적전지였다. 오늘날 포르투갈의 이 광범위한 전초기지는 북대서양조약기구의 공군 기지이기도 하며 폰타 델가다는 중요한 크루즈 기항지이다.

모로코에서 350마일 떨어져 있는 신록으로 녹색 빛을 띤 Madeira 섬은 전통적으로 로마인들에게 화려하고 현란한 섬으로 알려져 왔으나 1400년대 초에 포르투갈 인에 의해 재발견된 이후 정착민들은 헨리 해군 장군의 명령 아래 다시 정착되었다. 19세기 초에는 잠시 영국이 이곳을 지배하기도 했지만, 오늘날 완전히 포르투갈의 령에서 벗어나 자주권을 지니고 있다.

이 아름다운 섬은 녹색 들판과 마치 점을 찍은 듯한 붉은색 지붕의 집들이 수를 이뤄 언덕 경사를 이룬다. 부겐빌리아와 하이비스커스와 같은 꽃들이 만개해 있고 세계에서 가장 높은 바다 절벽인 카보 기라오에서 바라보는 절벽 아래 장관이란 실로 보는 이의 감탄을 자아내게 한다.

편찰 항은 휴가차 이곳을 찾은 윈스턴 처칠이 가장 좋아하던 겨울 은거처였다. 산 아래 아름다운 해안가에 위치한 편찰 항은 신선한 꽃과 손으로 만든 린넨, 고리버들 세공작품을 사고파는 중요한 지역 시장이기도 하다. 훌륭한

품질의 와인은 수많은 포도주 가게 중에 어느 곳에서도 맛볼 수 있고 오후에 마시는 차 한 잔은 고전적인 라이드 호텔이 적격이다.

스페인의 카나리 섬은 본래 활화산이며, 섬의 역사는 기원전 40년경으로 거슬러 올라간다. 아메리카로 가는 중요한 기지로서 이곳은 프랜시스 드레이크와 같은 해적과 민간 무장선에게 쉽게 강탈당했다.

크루즈 승객들이 주로 방문하는 곳은 그랜 카나리와 테내리프 그리고 검거나 붉은빛의 해안이 아름다운 조화를 이루는 란자로테, 부글부글 거품이 이는 간헐천과 에메랄드빛을 띠는 수면을 간직한 작은 동굴 등이다. 아프리카 해안에서 겨우 67마일이 떨어진 라스 팔마스는 그랜 카나리의 수도이다.

크루즈 관광객들은 한때 콜롬버스가 머물렀던 집을 방문하거나 부드럽고 마치 수정 같은 모래 언덕을 오르며 근처 마스팔로마 해안가에서 수영을 즐긴다. 한참을 달리다 마침내 환상의 크루즈는 세계적 면세 구역에서 손님을 기다리는 산타 크루즈에 도달한다. 남으로는 화산에서 뿜어 나온 부드러운 모래 해안을 연인과 함께 거닐 수 있는 휴양 시설과 스페인의 최고봉인 타이드 산의 정상이 눈으로 덮여 있어 멀리 스페인 전체를 내려다보고 있다. 또한 이곳은 바나나와 파인애플의 세계적인 재배지로써 관광객의 발걸음을 멈추게 하는 또 다른 관광지이다.

아프리카의 북서쪽에 위치한 모로코는 대서양 섬 크루즈에 포함된다. 유명한 항구 중의 하나인 카사블랑카는 전설적인 배우 험프리 보가트, 잉그리드 버그만 주연의 헐리우드 영화 제목과도 일치하고 1943년 제2차 세계대전 연합군 정상들이 만났던 장소이다. 고전적인 도시로 술탄의 정원, 궁전, 분위기는 금방이라도 아라비안나이트에 온 듯한 느낌을 갖게 한다. 마라케로 가기 위해서 또한 이곳 카사블랑카에서 크루즈를 정박할 수 있다.

탕기어는 아프리카와 유럽의 교차 지역에 위치한 모로코의 또 다른 아름다운 도시이다. 구불구불하면서 울퉁불퉁한 길을 걸으며 그곳에서 서로 다른 부류의 장인들을 만날 수 있고 각자가 손수 만든 공예품을 서로 주고받을 수 있다. 술탄 정원과 달 엘 마크잔은 이곳을 찾는 관광객의 유명한 명소이고 근처 카스바는 성을 보호하기 위해 쌓은 성벽이 볼거리로 충분하다.

(5) 버뮤다

우선 버뮤다 해협을 관광하는 크루즈는 이 아름다운 섬이 오염되지 않도록 철저히 모니터 된다. 매년 5월부터 10월까지 정기적인 항로가 개설되어 있으며, 55,000명의 인구가 21평방마일에 거주하고 있다.

환경을 가장 우선시하는 것이 이곳의 목적인지라, 가구당 한 대의 차량만 보유할 수 있도록 하고 있고 관광객은 렌터한 자전거나 택시 그리고 노란색과 핑크색의 지역 버스로 잘 정비된 버뮤다 섬을 여행할 수 있다.

버뮤다 섬에는 3개의 항구가 있는데, 서쪽 끝 킹즈 와프, 해밀턴 항, 성 조지 항이 그것이며, 대부분의 배는 이 3가지 중 최소한 두 곳에 들른다. 항구까지의 거리가 멀지 않아 4일을 머무는 동안 호텔이나 시내 어디에 있든 섬 전체의 전경을 감상하기엔 어렵지 않다. 많은 사람들은 햇살을 받아 분홍빛을 띠는 모래가 해안 절벽까지 뻗은 아름다운 비치를 보기 위해 남쪽 바닷가로 향한다. 다이빙과 스노클링을 할 수 있는 더 없는 장소이며 가장 먼 거리가 고작 2마일 정도라 여러 곳을 보기 위해 바삐 걸을 필요가 없다. 환상적인 바닷가를 배경으로 한 8개의 골프장과 수백 개의 해변가가 있으며 천연동굴, 바다 비치들도 버뮤다를 여행하는 크루즈 여행객들에게 잊혀지지 않는 기항지로 남을 것이다.

버뮤다는 영국령이며 1609년 이 섬에 어떤 배가 좌초되면서 한 영국인 버지니아 식민 지배자에게 처음 발견되었다. 식민 지배 역사는 성 조지에 있는 킹즈 스퀘어나 깁스 힐 라이트 하우스 또는 지역 박물관에 잘 나타나 있다. 쇼핑광이라면 해밀턴에 짐을 풀고 일련의 상점들이 늘어서 항구를 바라보는 쇼핑센터에서 마음껏 그들의 탐욕을 즐길 수 있다.

(6) 캐리비안

캐리비안 크루즈는 제트 비행기가 대서양을 횡단하는 새로운 조류를 형성하고 선적 회사들이 대양으로 활로를 모색하던 1960년대 시작되었다. 오늘날 캐리비안은 세계에서 가장 인기 있는 크루즈 여행 지역이 되었고 그렇게 된 데에는 충분한 이유가 있다.

믿기 어려우리만치 바다 아래 세상이 환히 보이는 옥빛의 매혹적인 이곳은 천연적 자연뿐 아니라 캐리비안의 다양한 섬 국가들이 가진 나름의 역사와 주민들의 삶의 방식과 사회구조를 형성하게 한 생태 구조가 그것이다.

스페인 탐험대를 이끈 크리스토퍼 콜롬버스가 이곳을 처음 탐험한 후 영국, 프랑스, 네덜란드, 덴마크인들이 그 뒤를 이었다. 스페인이 가장먼저 캐리비안 서인도제도보다 더 큰 그레크 안티에 지역에 성을 쌓았고 다른 유럽국가는 안티에 보다 작은 섬에 그들의 지배력을 넓혀 갔다. 반면에 유럽 식민지 정책으로 사라진 이들을 제외한 토착 거주민들은 도미니카에 현재 거주하고 있다. 설탕 재배농장에서 노예로 붙들려 온 이들은 아프리카 원주민이었으며 그들만의 리듬 있는 음악과 현란하고 대담한 색으로 고유한 문화를 형성한 채 캐리비안의 주요한 인종을 형성하고 있다.

어떠한 섬들은 본래 화산 폭발로 인해 산의 형태를 갖추었으며, 또 어떤 것들은 높이가 낮은 산호섬이다. 아열대 꽃들과 야자나무로 둘러싸여 멋있는 해변가를 연출하고 있다. 캐리비안은 두 야자나무 사이에 걸쳐 놓은 그물침대라고 할 수 있는데 편안한 자세와 신에게 축복받은 기후 조건이 바로 그런 연상을 하게 한다.

각기 다른 일정으로 카리브해를 항해하는 크루즈 선사는 여러 가지가 있지만 가장 대표적인 것이 웨스턴, 이스턴, 서든 크루즈 선사이다. 웨스턴 카리브해 크루즈는 자메이카, 그랜드 케이먼, 코즈멜 그리고 멕시칸이 주요한 기항지이고 이스턴 캐리비안 크루즈는 바하마, 미국 버진 섬 중의 하나인 성 토마스 등이다. 그리고 서든 캐리비안 크루즈는 레세 안티에의 나머지 지역과 바베이도스, 그레나다, 구라카오에 들르게 된다. 전 여행기간은 3일에서 2주간이며 다양한 항구에서 손님이 원하는 곳에서 사랑의 크루즈는 출발을 한다.

(7) 캐리비안 지역의 항구

푸에르토리코 섬에 있는 산 후앙은 1508년 퐁스 레옹에 의해 발견되었다. 엘 모르를 포함한 스페인의 중요한 항으로서 카리브해에서 가장 광대한 성을 갖고 있다. 오늘날 길게 뻗은 자갈길과 햇살이 따사로운 이 도시는 푸에르토리코의 수도이며, 이스턴과 웨스턴 캐리비안 크루즈여행 시 반드시 지나야 할 중요 항구이다. 이 지역 박물관에는 파블로 캐사르의 모든 것들이 전시되어 있다.

크루즈를 타고 캐리비안을 관광할 수 있는 또 하나의 출발지는 플로리다에 있는 포트 라더데일이다. 이곳은 유명한 노인 주택지구이며 관광도시로서 차를 주차하기보다는 요트가 적절하고 부드러운 모래 해변이 눈부셔 관광객을 매료케 한다. 마이애미는 비즈니스적인 성격이 강한 도시이며, 푸른 산호 빛의 바다색과 흰 백사장, 바하마 수도인 낫소의 영국 건축물 그리고 패러다이스 섬의 비치는 연중 내내 방문객의 발길을 끌고 있으며 사랑의 크루즈는 손님이 원하는 어떠한 곳으로도 안내할 것이다.

케네디 스페이스 센터와 월트 디즈니월드에 근접해 있는 포트 카나브랄도 또한 중요한 카리브해의 기항지이고 크루즈여행을 전후하여 플로리다 골프 코스트로 이용할 수 있는 경치가 훌륭한 장소이다.

뉴올리언즈는 색다른 크레올 문화와 재즈 음악 그리고 프랑스풍의 주거지구가 밀집해 있고 수많은 공원, 세계 유수의 레스토랑을 자랑하는 캐리비안의 주요 항구이다.

서 캐리비안 항구

코즈멜은 멕시코의 유일한 캐리비안 섬이며, 극도로 맑은 바닷물에서 스릴 넘치는 스노클링을 할 수 있는 곳이다. 유카탄 반도에 있는 해협을 지나 프라야 델 카르만과 칸쿤에서는 세계 문명의 하나인 마야 유적을 손님들이 관광할 수 있도록 기항지를 소개하고 있고 툴룸 돌 도시, 치첸이사의 피라미드 모양 사원, 광대한 쿠바 유적 등 옛 도시의 흔적이 남아 있다. 잠수함을 타고 바다 아래의 세상을 보고 싶은 이는 그랜드 케이먼으로 가자. 이곳은 다이빙을 위한 장소로도 적격이다. 조지타운은 국제적인 은행도시이고 세븐 마일 비치는 그랜드 케이먼의 또 하나의 매력적인 곳이다.

자메이카는 너무나도 유명한 아름답고 다양한 경치의 산과 빛나는 바닷물, 작은 폭포, 인공의 손길이 전혀 묻지 않은 자연 그대로의 해변 등 이루 말할 수 없다. 자메이카에 들르는 크루즈는 대개 오초 리오스에도 가곤 하는데, 이곳에서 층층 계단처럼 떨어지는 던즈강 폭포까지 걸어 올라가는 모험이 여행객들 사이에 인기가 높다. 키 웨스트는 서 크루즈여행의 한 일정으로써 가장 남단에 위치한 섬으로, 쿠바에서 약 60마일 떨어져 있다. 이 조그마한 아름다운 도시는 길게 늘여진 나무와 보헤미안과 예술가들의 숨결이 느껴지고 어니스트 헤밍웨이가 살던 집은 멜 피셔의 박물관으로 사용되며 인기가 많다.

동·서 카리브해 항구

아루바, 보네르 그리고 카라카오는 베네수엘라 해안에 접해 있는 중요한 카리브해 기항지이다. 아루바 섬의 기항지 이름은 오란제스타드인데 화려한 카리브 연안의 독특한 색으로 칠해진 박공 지붕의 집들은 명백한 네덜란드의 흔적이 남아 있다.

이곳에서 유리처럼 맑은 물속에서 스노클링과 다이빙을 가능케 한다. 보네르의 카라렌딕 항은 많은 상점들로 항상 시끌벅적하며 크루즈 여행객들은 핑크빛의 플라맹고를 비롯한 열대어와 함께 바다 속에서 스노클링을 즐길 수 있다.

카라카오의 윌림 스타드에는 금빛 지붕이 일렬로 늘어서 있는 광경이 가장 아름다운 카리브해의 기항지 중 하나로 알려져 있다. 또 다른 역사적 유물로는 1769년에 지어진 오래된 네덜란드의 교회가 있으며 웨스턴 햄미스피어에 있는 가장 오래된 유대인 교회 중의 하나가 당시의 역사적 상황을 잘 설명해 준다.

바베이도스는 카리브해 섬들 중 가장 영국적이며 크리켓은 이곳에서 국가적인 스포츠로 간주되고 브릿지 타운에는 또 다른 트라팔가 광장이 있다. 이곳 생활수준은 여타 지역에 비해 훨씬 높으며 관광을 할 수 있는 최적의 해안을 자랑한다. 서쪽 해안은 최상의 해수욕장이 펼쳐져 있고 대서양을 맞대고 있는 동쪽은 거친 파도소리가 요란하여 환상적인 서핑을 할 수 있다. 안쪽으로 오면서 양 사방으로 나 있는 좁은 길에는 아기자기한 마을과 설탕농장이 이곳의 풍요로움을 말해 준다.

라구에라는 카라카스로 가는 입구 항이며 베네수엘라의 가장 큰 도시이다. 1567년 스페인에 의해 만들어졌고 북으로는 산, 남으로는 언덕이 자리 잡고 해수면이 3,000피트 이상인 이상적인 기후를 유지한다. 1812년 큰 지진으로 거의 모든 도시가 붕괴되었지만, 제2차 세계대전 이후 유럽에서 이주해 온 많은 이민자들로 지금은 현대적 도시의 모습을 갖추고 있다.

콜롬비아의 카르타제나는 1533년 현대적 모습을 갖추었고 살인적인 해적들의 침입을 막기 위해 엄청나게 큰 성이 지어졌다. 17세기 수도원으로 보이는 것은 이베리안 왕궁이며, 중세시대 지하감옥으로 쓰였던 응달진 플라자와 자갈길은 현재 옷을 파는 상점으로 사용되고 있다.

도미니카는 카리브해에서 가장 덜 발달된 곳으로, 콜롬버스가 도미니카로 처음 불렀다. 섬의 전체적 분위기는 무성하고 산이 많아서 손대지 않은 습한 숲이다. 수백 개의 강과 폭포는 산을 타는 하이킹을 원하는 분들에게 좋은 장소이다.

그레나다는 따뜻한 산들바람으로 육계피, 육두구, 정향, 바닐라향이 온 섬에 가득하다. 수도인 성 조지는 파스텔 톤의 창고와 삼각형 지붕의 건물이 도시 가운데 있는 호수를 안으로 둘러싸고 있다. 깨끗하고 오염되지 않은 그레나다는 자연 그대로의 해변가와 스노클링을 하기에는 더없이 훌륭하다.

과델로프는 2개의 전혀 다른 섬으로 구성되어 있는데 하나는 화산으로 인한 산지이고, 다른 한 섬은 코랄 형태로 흰 백사장이 넓게 펼쳐져 있다. 1635년부터 프랑스의 요새로 섬의 크레올 문화는 프랑스, 아프리카 그리고 인디언적인 요소가 섞여 있다.

마티니크는 나폴레옹의 연인 조세핀의 출생지였다. 1502년 콜롬버스가 이곳을 찾았고 1635년에는 프랑스에 복속되었다. 산세가 험준하고 계곡이 무성하며 설탕과 파인애플이 대규모로 경작되고 있다.

성 키츠는 1623년 영국 식민지령이 내려졌고 바세테레의 주요한 항구도시이며 정부 청사와 구 법정이 있다. 이 섬 전체를 드라이브 하는 데 4시간이 소요되고 물을 가로질러 펼쳐지는 브리스톤 힐을 따라 성 유스타 티우스 섬까지 가면서 많은 상점에서 카리브해의 기억을 영원히 간직하는 기념품을 구입하는 즐거움을 만끽할 수 있다.

영국과 프랑스가 서로 차지하기 위해 싸웠던 성 루시아 섬은 카리브해의 가장 유명하면서 수프리어 만을 내려다보며 서 있는 2개의 봉우리 산이 많은 지역이다. 또 하나의 환상적인 기항지로 매리간 만이 있는데, 이곳은 영화 〈Dr. Doolittle〉의 배경장소로 이용되었다.

한편, 네덜란드와 프랑스는 성 마틴 섬을 서로 분할하기로 결정했는데, 고품질의 물건을 좋은 가격으로 구입하는 쇼핑관광의 명소로 필스버그는 네덜란드령으로 했으며, 프랑스령으로 지정한 곳과 매리간 베이와의 거리는 섬을 가로질러 짧은 드라이브 코스 정도다. 산호 빛의 바다물결, 넓은 골프장, 그리고 12미터의 큰 요트가 이곳을 항해하고 있어 관광객들에게 매우 인기 있는 명소이다.

캐리비안 크루즈에서 가장 바쁜 도시는 바로 미국령의 성 토마스이다. 플로리다에서 1,000마일 이상 떨어져 있는 이곳은 카리브해를 여행하는 모든 관광객들에게 쇼핑관광의 메카로 알려져 있다. 수도인 샤롯데 애밀레는 매년 정박하는 수천 명의 손님을 위한 광범위한 숙박 시설을 갖추고 있고 17세기 말 데니스에 의해 개발되어 지금은 세계에서 가장 큰 면세점이 위치해 있다. 오늘날 미국령의 버지니아 섬의 행정 중심지로 보석류와 면세품을 구입하려는 방문객을 유혹하고 이웃한 성 존 섬과 아름다운 해변 또한 훌륭하다.

전혀 오염되지 않은 섬 토바고는 태양 아래 선탠과 스노클링, 피전 지역에서 수영을, 부코 리프까지 보트를 즐길 수 있다.

영국 버진의 가장 큰 섬 토톨라는 산지형으로, 눈부시게 빛나는 모래와 사람이 살지 않는 섬으로 하루 정도는 이곳에서 일상에서 탈출해 보는 자유를 만끽할 수 있다.

(8) 극동 지역과 동남아시아

아시아 지역의 크루즈여행 주요 기항지는 홍콩과 일본, 말레이시아, 태국, 중국 그리고 우리나라다.

홍 콩

자유 무역항과 상업도시 홍콩은 극동아시아의 은행과 쇼핑의 중심적 역할을 하는 곳이다. 1898부터 99년간 영국의 지배 하에 있다 지금은 중국에 반환되었다.

번뜩이는 고층 건물이 스카이 라인을 형성하고 항구 주변에는 전통적인 중국 어선인 정크선과 페리로 연일 분주하다.

항구에서부터 난 길 옆으로는 많은 음식점과 개인의 운명을 점쳐 주는 사람 등을 볼 수 있으며 세계적 쇼핑도시로서 홍콩은 잘 디자인 된 옷과 고가의 상품을 사기엔 훌륭한 장소이다. 이 도시를 한눈에 보기 위해 가장 높은 곳으로 피크 트램을 타고 올라가는 이들도 있다.

일 본

4개의 큰 섬과 여러 개의 군소 섬으로 구성된 일본은 화산지대이며 곳곳에 강과 넓은 평야 그리고 숲이 많다. 대부분의 산이 활화산으로 1707년에 마지막으로 화산 폭발한 후지산이 가장 유명하다.

완벽한 형태와 눈으로 뒤덮인 산꼭대기는 일본인과 여러 주제를 찾고 있던 예술가들에게 인기가 많다. 기항지들로는 사무라이와 전형적 일본 정원을 관광할 수 있는 큐슈 섬의 가고시마, 서 일본의 관광 관문인 고베 그리고 멀지 않은 곳의 사찰과 불상, 전통 가옥을 볼 수 있는 나라와 교토 등이 있다. 소군과 사무라이라는 계급제도는 1800년도에 모두 사라지고 지금은 현대적 산업국가로 일본의 유일한 신토 사찰과 분재 정원, 전통적인 가부키 극은 여전히 계승되어 내려오고 있다.

말레이시아와 싱가포르

말레이시아의 기항지는 키나발루산 아래 위치한 키나발루이고 펜강은 말레이시아를 구성하는 9개 주 중의 하나이다. 조지 타운의 수도는 길가의 상점과 사찰뿐만 아니라 저명한 아시아의 호텔과 영국식 건축물이 볼 만하다.

고도로 잘 정비된 싱가포르는 말레이시아 반도에서 남쪽으로 떨어져 있고 깨끗하며 범죄가 없는 곳이다. 영국인 토마스 라펠을 통해 1819년 동인도회사를 설립한 이래, 이 섬은 동남아시아의 상업적 거점의 역할을 담당하며 아라비안 바자르, 힌두교와 불교 사찰, 빅토리안 고관 등 역사적 문화 속에 현대적 문명이 잘 결합된 곳이다. 최고급의 특급 호텔, 현대적인 호화스러운 쇼핑거리는 라펠 호텔의 롱바와 차이나타운의 진열된 역사적 고품들이 이러한 대조를 보여준다.

태 국

타일랜드 왕국은 원래 시암이라 불렸고, 19세기 유럽의 식민지에서 독립을

획득했다.

람차방은 화려하고 거대한 사찰이 있는 방콕의 중심적 항구이며 태국산 실크는 많은 이들에게 인기 있는 쇼핑거리이고, 보석으로 치장된 의상과 정교하게 차려 입은 무용가들이 추는 타이 전통춤은 타일랜드를 기억하는 데 중요한 요소이다. 또 다른 관광지 시암의 진주로 불리는 푸켓은 팬시아 비치에 위치한 휴양지이다. 007 영화 〈황금총을 가진 사나이〉로 더욱 유명한 휴양지가 되었다.

(9) 하와이·남태평양·오스트레일리아

남태평양에 산재한 열정적이고 아름다운 섬들은 이곳을 방문하는 관광객들에게 멋진 매력을 제공한다. 오늘날 크루즈 승객들은 영국 제임스 쿡이 가장 먼저 멀리 육지에서 떨어진 대양을 개척했던 노정을 다시 밟으며 그 당시의 흔적을 엿보곤 한다.

하와이

화산섬인 하와이는 숲이 무성하고, 깊은 협곡, 작은 동굴, 눈부시게 희고 금빛의 모래와 검은 빛을 띠는 모래들로 구성되어 있다. 호놀룰루의 오하우는 와이키키 해변을 따라 들어선 호텔과 도시의 삭막함이 벗어난 항구의 진주라고 일컬어질 만큼의 아름다운 광경과 오염되지 않은 와이머 폭포 공원으로 유명하다. 마우이 섬의 예전 고래마을이었던 라하이나는 섬의 아름다운 해변과 골프 코스를 볼 수 있는 항구이다.

남태평양

미합중국의 일원인 피지는 800개가 넘는 섬들로 구성되어 있고, 800개가 넘는 섬들 중 100개 정도의 섬들에만 사람들이 살고 있다. 게다가 이 섬의 아름다운 백색 비치와 하늘빛의 호수, 정부 청사를 호위하는 근위병의 다양한 모습 그리고 토착 풍습인 불놀이는 이곳의 의식적인 행사이다.

마리아나 참호의 가장자리에 위치한 마리아나 섬은 헤아릴 수 없이 많은 정글로 덮여 있고 과거 스페인의 소유였지만, 지금은 미국 영토로 베트남전의 전략적 요충지였던 괌이 포함되어 있다.

뉴질랜드 섬은 아주 다양한 풍경이 여행객을 맞이한다. 들쑥날쑥한 산봉우리, 피오르드 해안, 길게 이어진 언덕, 넓은 평야 그리고 화산 열의 작용으로 마치 초현실적인 장관을 드러내는 로토루아는 계속 뿜어나는 간헐온천과 거품이 이는 진흙탕으로 유명하다. 오클랜드는 섬의 북쪽에 위치해 있는 뉴질랜드의 가장 큰 도시이다. 요트로 가득한 항구를 바라볼 수 있는 바와 레스토랑이 있다.

남쪽의 대표적 도시인 크리스트 처치는 영국 밖에서 가장 영국다운 풍경을 자아내는데 아봉 강변에 위치해 있다. 빌딩과 빅토리안 성당, 촌락들, 고가구를 파는 가게들이 즐비하다.

또 다른 화산섬인 사모아는 유명한 작가들로 유명하다. 〈솜머셋 마괌〉, 〈보물섬〉의 작가인 루이 스티븐은 그의 여생 대부분을 이곳에서 지냈고 수많은 별이 반짝이는 광대한 하늘 아래 베이어 산에 묻혔다. 약간 외딴 아름다운 솔로몬 섬의 해안 비치는 제2차 세계대전 중 미군과 일본군이 치열하게 싸운 격전의 장소였다.

오스트레일리아

단일 국가로 큰 영토를 지닌 오스트레일리아는 1770년 제임스 쿡 선장에 의해 세상에 알려졌다. 몇 년 후 영국인은 이곳을 범죄자 식민지로 삼고 현재 시드니가 위치한 동부 해안에 정착하기 시작했다. 오늘날 오스트레일리아의 주요한 도시들은 아름다운 해안가를 따라 발달했다.

해안선에서 떨어진 대보초 지역은 세계에서 가장 큰 산호초 지대를 형성한다. 수백 개의 암초와 산호, 바다 아래를 볼 수 있는 보트는 400여 종의 산호와 1,500여 종의 열대어를 볼 수 있도록 여러분을 안내할 것이다.

퀸즐랜드의 중심도시인 브리즈번은 신흥도시로 수많은 고층 건물이 있고 오스트레일리아의 가장 크고 오래된 시드니는 유명한 오페라 하우스로 더 잘 알려져 있다. 본다이 비치에서는 연중 내내 선탠을 즐기는 사람들, 서퍼스와 비치, 레스토랑 등이 유명하다. 남쪽 지역의 문화도시인 멜버른은 3개의 큰 대학과 수많은 공원, 도시전차가 볼거리를 제공한다.

프린멘틀은 남서쪽 해안에 위치한 도시로 빅토리안 술집과 레스토랑, 스완강에서 안쪽으로 6마일 떨어진 퍼스로 가는 출발지이다. 이 거대한 국가는 오스트레일리아에만 사는 캥거루와 코알라를 볼 수 있는 공원들도 많다.

(10) 지중해 연안

지중해 지역은 문화의 발상지로 일컬어지고 라틴어로는 '가장 중심 바다'라는 의미이다. 고고학적인 지역과 이곳을 여행하는 여행객들은 고대국가가 흥하고 망했던 곳을 직접 확인할 수 있다.

크고 작은 바다로 나누어져 있는데 그것은 에투루리아해, 아드리아해, 이오니아해 그리고 에게해이다. 이곳을 흐르는 큰 강은 포강, 론느강, 에브로강 그리고 나일강이다. 지중해 연안의 다양한 목적지는 저마다 역사와 문화를 간직하고, 늘 따뜻하고 건조한 기후 또한 이곳을 세계에서 두 번째로 유명한 크루즈 기항지로 손꼽히게 한다.

이집트

고대도시 알렉산드리아는 이집트로 가는 출발지이고, 카이로에 근접한 항구이다. 나일강의 입구에 위치하여 BC 332년에 알렉산더에 의해 처음 발견되어 문화의 중심지가 되었다. 그는 인공 둑을 쌓아 파로섬을 육지와 연결시키게 했고 포토레미 2세는 14세기 지진이 일어나기 전까지 고대 7가지 불가사의 중의 하나였던 유명한 등대를 완성했다.

이집트의 수도 카이로는 969년에 세상에 알려졌고 나일강 어귀의 삼각주 앞부분에 위치해 있으며 2개의 섬도 포함한다. 지금은 긴 도로가 즐비한 현대도시로 중동과 아프리카에서 인구 600만 이상의 가장 큰 도시이다. 화려했던 역사를 간직한 회교 사원과 함께 이집트 국립 박물관에는 유명한 예술작품을 전시해 놓았고 이집트를 대표하는 피라미드도 볼 수 있다.

나일강 크루즈는 고대 이집트 문명을 더 잘 보고 느낄 수 있는 방법이다. 나일강의 서쪽 둑에는 투탕카멘 무덤비밀이 있는 계곡이 있고 세계에서 가장 긴 나일강을 횡단하는 이들은 전통적 운송수단인 범선이나 낙타를 타 보는 기회를 경험해 볼 수 있다.

프랑스

프랑스를 여행하는 동안 지롱드, 가론강에서 포도주로 유명한 보르도 지역으로 거슬러 올라가든지 매력적인 니스, 프랑스 남쪽 깐느, 마르세이유에 가든지 어떠한 곳을 가더라도 아름다움을 즐길 수 있다.

항구마다 옥외 카페와 요트로 가득 찬 마르세이유는 프랑스의 가장 오래된 고성으로 BC 600년 그리스인에 의해 발견되었다. 코르시카 섬은 프랑스와 이탈리아의 영향을 받아 컬러풀한 모래와 숲이 우거진 언덕이 많다. 주요 항인 아자시오는 나폴레옹이 태어난 곳이고 그의 생가는 관광지로 각광받고 있다.

지브랄타

관광객들은 케이블카를 타고 락의 정상에 올라 지브랄타 해협을 가로질러 멀리 아프리카를 향해 바라볼 수 있다. 또 다른 관광지는 바바리 에프스인데 이곳 동굴에서 자연과 벗 삼은 체험이란 실로 형언할 수 없이 신비로울 것이다.

그리스

그리스는 태양의 혜택을 받아 여신과 신, 고대 유적 그리고 생동감이 느껴지는 선술집이 있고 코르피 섬에서 수백 만의 해변가와 우거진 숲을 볼 수 있다.

남쪽의 사이프러스는 그리스에서 기대할 수 있는 모든 것을 갖고 있다. 사랑의 여신 아프로디테가 태어났다는 파페우스 비치와 콜로시의 훌륭한 성이 그것이다. 카타콜론은 고대 올림픽이 열렸던 올림피아의 항구도시이다.

피레우스는 그리스의 수도이자 전체 인구의 1/3이 살고 있는 아테네에 근접한 항구이다. 아크로폴리스에 올라 유명한 파르테논 신전을 바라보라. 또는 케이블카를 타고 아크로폴리스를 한눈에 내려다보며 리카베투스 산의 레스토랑에서 정찬을 하곤 한다. 또 다른 즐거움이란 양질의 가죽과 은 수공예품을 사는 쇼핑을 하고 신선한 바다 요리와 그리스산 포도주를 음미하거나 정부 청사 앞에 전통적인 의상을 한 근위병을 바라보는 것이다.

로도스는 원래 그리스, 로마, 십자군에 의해 지배를 받았고 성 존 기사들이 오트만으로부터 침략을 막기 위해 성을 쌓았다. 특징적인 큐빅 빌딩으로 구성되어 있고 그리스에서 가장 오래된 사찰이 있는 린도스 또한 훌륭한 관광명소이다. 페리라키에서는 수영을 할 수 있는 비치와 선술집이 있다.

아름다운 산토리니 섬은 큰 화산활동으로 형성되었고 이로 인한 크레타 섬의 모든 문명화를 일순간 무너지게 했다. 케이블카와 당나귀를 타고 티라의 정상을 올라가 항구에 정박해 있는 웅장한 크루즈를 멀리 내려다보노라면 왜 크루즈를 탔는가 실감할 것이다.

이스라엘과 이탈리아

하이파는 성지 순례 시 꼭 가게 되는 항구이고 갈릴리 타운, 베들레헴, 사해가 인상적이다.

이탈리아 로마교의 중심이자 르네상스의 발상지인 이태리는 포도밭, 궁전 그리고 유명 걸작들의 국가이다. 시베타베치카 항에 근접한 로마는 포럼과 콜로세움, 시스틴 성당의 고향이다. 제노아 또한 훌륭한 작품을 보관하고 있는 박물관이 있고, 역사적인 도시 리보르노에서 미켈란젤로의 작품이 있는 플로렌스에 가기 위해 투스칸 언덕을 지나 짧은 드라이브를 위한 코스가 있다.

고전적인 나폴리는 이탈리아 남부 지방에 위치한 세계 3대 미항 중 하나로, 도시를 둘러싸고 있는 것은 파스텔 톤 빌딩과 원형꼭대기이다. 웅장함을 한없이 자랑하는 오페라 하우스, 아말피 해안까지의 드라이브는 이태리에서만 느낄 수 있는 경관이다.

2000년 전 화산활동으로 당시 흔적을 그대로 지니고 있는 폼페이 그리고 배를 타고 나폴리 만에서 카프리 섬과 나폴리 만을 사레노 만에서 분리시키는 소렌토 항구까지 가는 묘미 또한 아름답다.

시칠리 섬은 비옥한 포도밭과 올리브 농장으로 유명한데, 시라쿠스 항은 옛 로마 원형경기장과 교회당이 볼 만하다.

세계에서 가장 로맨틱한 항구 중 하나인 베니스는 사이트 브릿지를 포함한 400개의 다리, 150여 개의 운하, 118개의 작은 섬들 사이에 있고 물 위에 떠 있는 듯한 르네상스 교회와 왕궁은 곤돌라를 타고 방문하면서 알 수 있다.

포르투갈

포르투갈의 수도 리스본은 타거스 강가에 위치해 있고, 멋진 쇼핑거리와 음울함으로 대표되는 포르투갈 파두 등이 있다.

스페인

화려한 로마 유적과 중세시대를 그대로 재현해 놓은 마을, 무어 양식의 건축물의 나라, 스페인은 매년 백만 명의 관광객이 찾아와 햇빛이 내려쬐는 해안가와 포도밭과 오렌지농장을 찾곤 한다.

1992년 하계 올림픽이 열렸던 바르셀로나는 코스타 브라바에 위치해 있고, 초현실적 건축물이 많고 차가 지나가기엔 너무 좁은 무리쉬 거리, 아름다운 꽃과 카페들이 있는 라블람스 거리엔 항상 관광객들로 붐빈다. 카디에는 세빌리아로 가는 항구이고 중세시대의 의상과 교회 등이 무리쉬 거리에 넘친다.

말라가는 코스타 델 솔의 대표적 항구도시이다. 스페인에서 조금 떨어진 섬 마요르카는 올리브와 아몬드 나무로 가득 차 있고 항구에는 아름답고 유유히 떠 있는 요트들로 가득 차 있다. 데야에는 시인 로버트 그라브의 생가가 있고 발데모사는 쇼팽과 함께 조르주 상드가 살았던 곳으로 장엄함을 자랑하는 교회가 있다.

터 키

에페수스의 항구도시 쿠사다시와 이즈미어는 조각상, 분수대가 원형 그대로 보존되어 고대 그리스 시대의 화려함을 보여준다. 디오 여왕이 지은 카르타제는 카르타제 왕국의 중심적인 위치였고 줄곧 로마와 경쟁적이었다.

동로마 제국의 수도, 이스탄불은 1930년까지 콘스탄티노폴로 불렸다. 문화적, 물질적으로 반은 아시아, 반은 유럽요소를 갖고 있으며 특징적인 것으로 이슬람교 사원, 소피아 교회, 그랜드 바자르에 까지 끊임없이 이어지는 가게들이 볼만하다.

(11) 멕시코 리베리아

멕시코는 데킬라라는 그 지방 특유의 칵테일과 마리아치 밴드, 열정적인 중남미 축제와 모닥불이 있다. 길게 늘어선 2,000마일의 태평양 해안은 멕시칸 리베리아라고 일컬어진다. 암석과 해변가가 잘 조화되어 휴가를 즐기러 온 관광객을 위해 최적의 장소이다.

길을 따라 늘어선 옥외 상점에는 은제품, 용기, 수놓은 옷감 그리고 여러 물건들을 사려는 쇼핑객들로 항상 붐빈다. 물건을 서로 교환하며 서로 높은 값을 부르는 행위는 멕시코에서 쇼핑하며 얻을 수 있는 또 하나의 즐거움이고 택시 드라이브와 요금 때문에 벌이는 간단한 실랑이도 때로는 이곳의 정겨움으로 느껴진다.

스페인어가 공식 언어이고 정중히 정장을 입는 것이 예의이며, 항구에서는 짧은 바지와 샌들도 가능하다. 이곳 사람들의 걸음걸이는 느린 편이고 일몰의 광경은 그야말로 실언을 금치 못하며 지방 맥주는 매우 우수하다.

(12) 로스앤젤레스

디즈니랜드, 헐리우드, 유니버셜 스튜디오, 베버리 힐즈의 고향인 로스앤젤레스는 멕시칸 리베리아의 주요 항구이다.

(13) 뉴잉글랜드와 캐나다 동부

북아메리카인들은 캐나다와 유럽의 동쪽 해안선을 따라 크루즈여행을 할 경우에 아틀랜타 해안을 건널 필요 없이 유럽의 문화를 경험할 수 있다. 유럽인들이 이곳에 정착한 시기는 스페인, 프랑스, 영국, 네덜란드의 탐험가들로서 그 시기는 16세기였다.

이 지역은 역사적인 항구와 낚시의 명소로서 크루즈 여행객들에게 새로운 각광을 받고 있는 곳이다. 여름과 가을은 이 지역을 관람하기에는 최적의 계절인데 이때야말로 향기로운 바람과 맑은 하늘을 볼 수 있는 시기이기 때문이다. 가을 크루즈는 광활한 풍경을 볼 수 있는 시기로서 많은 사랑을 받고 있다.

캐나다의 성 로렌스 바닷길을 통한 크루즈 여정은 역사적인 도시인 퀘벡과 거대 도시인 몬트리올 그리고 역동적인 풍경을 연출하는 가스페 반도를 경유하고 있다. 몬트리올은 1642년 프랑스 이주자들에 의하여 건설된 도시이며, 크루즈 선창을 통해 보이는 이 도시의 역사적인 배경은 코발트색 거리와 신고딕 양식의 노트르담성당을 포함하고 있다. 퀘백시는 북아메리카 지역에서

담장으로 둘러싸인 도시이며, 좁고 바람이 부는 거리를 거니는 것은 뉴 프랑스의 수도였던 17세기로 거슬러 올라가게 만든다. 크루즈 승객들은 식민지 요새를 정복하기 위해서 보내졌던 영국 병사들에 의해서 1759년 건설된 절벽의 아래에서 출항을 시작한다. 좁은 길을 따라 늘어선 3세기 전의 건축 양식을 엿볼 수 있는 프랑스 레스토랑과 쇼핑거리들이 늘어서 있다.

프랑스인들이 동 캐나다에 정착했을 때 영국인들은 엘리자베스 여왕의 후원을 받은 월터 랠라이 경이 신세계의 해안에 발을 디뎌, 엘리자베스 1세를 기리기 위해 버지니아라는 이름을 부여한 후에 남부 지역에 식민지를 건설하기 시작하였다. 영국인들의 작은 정착마을들은 점차적으로 뿌리를 형성하였으며 이러한 도시들은 미국의 가장 오래된 도시를 형성하고 있다. 북동쪽의 여러 주들은 여전히 뉴잉글랜드로 불러지고 있으며 19세기의 부유한 이들의 여름 휴식을 위한 리조트로 유명한 메인 주의 바하버와, 롱펠로우의 유명한 시인 'midnight ride'를 탄생하게 했던 미국 혁명의 리더들의 추억을 간직한 폴리버 하우스가 있는 유명한 역사적 도시인 보스턴이 기항지이다. 로드아일랜드에 위치한 뉴포트는 19세기 거대한 저택의 리조트들이 많이 있다.

1624년 네덜란드인들이 건설한 중요한 항구도시인 뉴욕은 문화 음식, 엠파이어스테이트 빌딩과 자유의 여신상과 같은 유명한 건축물들이 많이 있는 도시 중의 하나이다. 더 남쪽으로 내려가면, 윌리암스 버그라고 불렸던 식민 미국의 버지니아와 사바나 오래된 집과 음울한 거리를 자랑하는 조지아를 볼 수 있다.

(14) 북아메리카 리버 크루즈

자연의 아름다움과 개척의 역사를 가진 북아메리카의 리버 크루즈는 지금 크루즈 여행객들에서 강한 매력을 주는 유럽의 리버 크루즈 루트와 경쟁 관계에 있다. 고전적인 증기선으로 디자인 된 현대적인 배들은 대륙의 강을 따

라 안락하고 편안하게 승객들을 실어 나르고 있다. 미시시피, 콜롬비아와 성 세인트 로렌스는 다양한 일정을 포함하고 있는 리버 크루즈이다.

몇 개의 페달로 움직이는 배들은 3일에서 16일간의 다양한 크루즈를 통해 미국의 심장부를 운항한다. 미시시피, 알칸사스, 테네시, 오하이오와 콤보랜드 강들은 우아한 여행을 제공한다. 선상 가이드는 남북전쟁의 역사를 담고 있는 남부 저택과 마크 트웨인을 연결하는 이 지역의 역사에 대해서 승객들에게 자세히 설명해 주고 있다.

콜롬비아와 오레곤, 워싱턴, 아이다호를 관통하는 스네이크 리버를 운항하는 배들은 승객들에게 그 지역의 협곡과 계곡을 탐험할 수 있는 기회를 제공해 준다.

(15) 파나마 운하

세계에서 가장 위대한 대역사의 하나인 파나마 운하는 수천 명의 목숨을 앗아간 엄청난 노동력이 투입되고 20년이 넘는 기간이 걸려 1914년에 완성되었다. 파나마 운하의 개통은 배들이 대서양으로부터 태평양을 거쳐 남아메리카로 가기 위해 케이프혼을 거쳐야 했던 불편함에 종지부를 찍었다.

운하에 있는 6개의 잠금 장치를 통해서 8시간의 운항을 하는 배들은 85피트 높이를 오르락내리락 하게 된다. 운하를 움직이는 이들의 조직은 각각의 조정실에서 기능을 다하고 있고, 파나마 운하를 통한 항해의 또 하나의 매력은 승객에게 열대림과 이국적 생물들을 볼 수 있는 기회를 제공하는 섬으로

연결된 가툰 호수(Gatun Lake)를 통과한다는 것이다.

오래전 1524년 스페인의 찰스 5세는 더 빠르고 더 안전한 항로를 찾기 위해 파나마 운하의 조사를 명령했다. 프랑스 공화국은 운하의 첫 단계를 땅 아래로 파내려가는 시도와 더불어 1881년 처음으로 운하건설 시도를 했다. 수에즈 운하를 건설한 페르난도 레셉스(Ferdinand de Lesseps)의 의해 주도된 이 시도는 프랑스에게는 재정 파탄과 국가적 비극으로 막을 내렸다. 프랑스가 운하를 건설하는 동안에 질병으로 인해 2만 명의 목숨이 사라졌으며, 수천의 중산계급 투자자들은 레셉스회사(Lesseps Company)의 파산으로 인해 그들의 저축을 모두 날리게 되었다.

그 이후 또 다시 운하의 건설을 시도한 것은 미국 대통령 테디 루즈벨트(Tedy Roosevelt)가 운하 건설의 임무를 맡은 1904년이었다. 미국의 운하건설은 이전 콜롬비아의 주 소속에서 새롭게 건설된 파나마 공화국으로부터 땅을 임대함으로써 개시되었다.

파나마 운하 지역으로 명명된 이 땅은 운하의 양 측면으로부터 5마일이 확장되었으며, 낮은 지역으로 둘러싸여 있지만, 수풀이 무성한 언덕은 크루즈 승객들에게 잊지 못할 풍경을 만끽할 수 있는 즐거움을 제공해 준다. 이 지역은 미군이 말라리아와 열병을 전염시키는 모기가 살기에 좋은 조건인 수풀을 잘라내고 늪지에 물을 빼내기 전까지는 말라리아와 열병 때문에 대단히 위험한 지역이었다. 쿨레브라 컷(Culebra Cut) 지역의 미끄러움으로 인해 운하 건설은 계속해서 반복되었다.

운하 준공 후 파나마 운하는 미국에 의해서 관리되었으며 1979년 협정을 통해 파나마 운하는 파나마로 인도되었다. 파나마 운하에서 가까운 유명한 항구에는 해발 3,800피트에 위치한 코스타리카의 수도인 산 호세(San Jose)에서 내륙 여행을 위해 승객들이 하선하는 푸에프토 칼데라(Puerto Caldera)가 있다.

수풀이 무성한 계곡과 열대처녀림으로 둘러싸인 코스타리카의 화산들은 풍부한 식물군과 동물군을 제공해 주며 전체 면적의 1/4이 국립공원으로 지정돼 보호받고 있다. 남아메리카에서 가장 정치적으로 안정된 코스타리카는 군대가 없고 좋은 도로와 안전하게 마실 수 있는 물을 보유한 민주정부이다.

(16) 스칸디나비아와 발틱

아름답고 가파른 풍경과 바다의 끝에 위치한 깨끗한 도시들은 스칸디나비아를 매력적인 크루즈 목적지로 만들고 있다. 크루즈 승객들은 한 세기가 바뀌기 전부터 노르웨이의 협만을 방문하기 시작했으며, 그러한 방문은 아직도 계속되고 있다. 여름에는 이곳을 방문하기에 최적의 조건을 제공한다. 낮의 길이가 길고 따뜻한 해류는 노르웨이의 해변도시들과 마을에 따뜻하고 습한 기후를 제공하기 때문이다. 섬들이 연결된 발틱해의 주변에는 러시아의 피터 왕(Peter the Great)에 의해서 건설된 성 페테르부르그(St. Petersburg)와 스칸디나비아의 수도가 있다.

덴마크

덴마크의 수도인 코펜하겐은 11세기부터 무역과 어업의 중심지였다. 코펜하겐은 덴마크 왕족의 궁전과 11세기의 궁전, 광장과 항구를 가진 매력적인 도시이다. 랑제리니 프로멘나데(Langelinie Promenade)의 분수대 옆에 위치한 안데르센의 인어공주 동상은 코펜하겐의 유명한 상징이다.

핀란드

노르웨이 협만을 순항하는 배들은 종종 승객들이 고산지대의 호수, 빙하와 폭포를 관광할 수 있도록 정박한다. 나무로 지어진 빌딩과 오래된 자갈로 만들어진 도로가 황홀한 광경을 보여준다.

게란저(Geiranger) 항구는 깎아지른 듯한 절벽의 협만과 폭포 그리고 하얀 눈이 덮인 산이 있는 푸른 계곡에 자리 잡고 있다.

노스 케이프(North Cape)는 유럽 대륙의 북쪽 끝에 위치하고 있다. 이곳에서 관광객들은 1,000피트 절벽에 서서 대서양 위에 떠 있는 한밤중의 태양(백야)을 볼 수 있다.

현재의 수도인 오슬로는 아직까지 존재하는 중세의 건물과 현대의 예술이 어우러져 강한 인상을 주는 도시이며 9세기 바이킹의 배들은 지방의 박물관에서 찾아볼 수 있다.

10세기에 건설된 트론드하임(Trondheim)에서 중세시대의 교회와 오래된 목조건물을 볼 수 있다.

러시아

성 페테르부르그(St. Petersburg : 이전 명칭 레닌그라드(Leningrad))는 위대한 러시아 작가인 푸쉬킨과 토스토예프스키 그리고 톨스토이에 의해서 불멸화된 도시이다.

혁명 전 러시아에서 세계 문화의 중심지 중 하나였던 도시이다. 키로브 발레단의 고향인 성 페테르부르그에는 대학과 유명한 극장, 박물관이 있다. 페테르부르그의 역사적인 건축물에는 바로크 양식의 윈터 궁전(Winter Palace), 성 피터 성당(Cathedral of Saint Peter)과 성 파울 성당(St. Paul)이 있다. 그 유명한 운둔자의 집 박물관은 새로운 고전 스타일로 재건축되었으며 오늘날 세계에서 으뜸가는 예술로 자리매김하고 있다. 6월과 7월에 성 페테르부르그에 떠 있는 새별들은 하얀 밤으로 불리워진다.

스웨덴

스웨덴의 수도인 스톡홀름 항구는 몇 개의 섬과 반도 위에 건설되었다. 낚시로 유명한 마을에 13세기 중엽 건설된 현대의 스톡홀름은 잘 계획 건설된 가옥과 넓은 도로, 수많은 공원으로 세계에서 가장 살기 좋은 도시로 기억되고 있다. 도시의 역사적인 풍경에는 성 니콜라스 교회와 광활한 왕국이 있다.

유럽 강 리버 크루즈

많은 유럽의 역사는 유럽에 있는 강변을 따라 전개되어 왔다. 제국의 흥망성쇠, 유명한 지도자의 부흥과 몰락 그리고 그 모든 것은 유럽의 강들이 산에서부터 바다로 흘러가는 것과 함께 해왔다. 수세기에 걸쳐 굽이쳐 흐르는 강물을 따라 펼쳐진 풍경은 많이 변해 왔다.

언덕은 경작되어졌고 다리가 건설되었으며, 도시들은 새롭게 태어났다. 유럽의 강을 따라 펼쳐지는 크루즈는 시간과 위대한 세기를 거슬러 오르는 여행이다. 그것을 통해 끝없이 이어지는 물결로 자연적 아름다움을 즐길 수 있다.

기항지 관광은 리버 크루즈여행 패키지의 한 부분인데 이는 많은 구경을 하고 난 후 버스에 승객들을 태우고 배에 다시 탑승하게 된다.

크루즈가 경유하는 강에는 라인강, 모셀강, 마인강, 다뉴브강, 엘바강, 론강, 센느강 등이 있고 선상에선 기항지에 대해 설명을 하는 에스코트는 전문적인 지역의 역사와 유명한 경치에 관한 이야기를 해주며 승객들에게 도움을 준다. 절벽 꼭대기에 있는 성과 등나무로 덮인 언덕과 담으로 둘러쳐진 마을의 풍경을 볼 수 있다.

크루즈가 항구에 정착하면 도시의 풍경은 로마의 멸망부터 바로크 양식의 수도원까지 펼쳐져 감상하게 한다. 암스테르담은 폴란드 운하를 항해하거나 라인 강변에 위치한 항구를 지나갈 때 가게 되는 항구이다. 반 고흐를 기념하는 박물관과 안네 프랑크의 집 그리고 세계에서 가장 거대한 램브란트의 작품을 볼 수 있는 곳이다.

라인강은 스트라스버그와 퀼른과 같은 역사적 도시들을 따라 흐른다. 프랑스 북동부 알사스 지역에 위치한 스트라우스버그는 로마시대에 건설되었고, 홀로랑더, 이태리, 중유럽의 사이에 위치함으로써 이 도시를 중요한 상업도시로 만들었다. 한편, 프랑코와 프러시아 사이의 전쟁으로 인해 1871년 독일에 양도되었고 제1차 세계대전 이후 1919년에 프랑스에 의해 다시 회복되었다. 오늘날 스트라우스버그는 맥주와 거위간 요리로 유명하다.

그러나 이 도시의 유명한 이정표인 유럽에서 가장 큰 고딕 양식의 성당은 1248년에 와서야 건설이 시작되었으며 이 성당의 본당과 첨탑은 1800년대 말에 추가로 건설되었다. 스위스의 도시 바젤은 라인강 상류에 위치에 있으며, 교황 피우스가 2세기 1460년에 대학을 건설함으로써 가장 오래된 지식의 본산지의 하나가 되었다. 이 도시에 중세시대의 문과 16세기의 시청은 지방 건축물의 본보기이다.

라인강 지류에 위치한 모셀강은 독일 룩셈부르크의 경계를 따라 남서쪽 방향으로 흐르고 북동 프랑스에 위치한 보스제 산에 도착하는 경로로 흐른다. 계곡은 포도밭으로 둘러싸여 있고 항구는 코블렌츠를 포함하는데 코블렌츠는 2000년 정도 오래되었고 라인강과 모셀강 사이에 위치해 있다.

또한 강둑에는 400피트 높이의 에렌 브라이스타인 성 타워가 웅장하게 서 있다. 아름다운 코첸 도시는 자갈을 깐 길과 중세시대 유적들 사이 벽돌집이 있고 룩셈부르크 변방 근처 트라이러는 독일의 가장 오래된 도시 중 하나이다. 모셀 지역은 로마시대 기념비적 건축물이 많은데 성문과 원형경기장과 교회당이 그것이다. 또 다른 역사적 관광물은 고딕 형식의 교회와 지금은 박물관으로 사용되는 칼 막스의 생가이다.

라인강의 마인-다뉴브 운하는 1992년에 완성되었다. 마인강 크루즈에서 가장 인상적인 부분은 로첸버그에 거의 완벽하게 보전된 중세시대의 마을을 관람하는 것과 로마네스크 양식, 고딕 양식, 르네상스와 바로크 양식의 건축물들이 있는 아스차펜부르그, 웰텐버그와 우에르쯔부르그를 관람하는 것이다. 이러한 모든 건축 양식들은 종종 독일의 가장 아름다운 도시로 묘사되는 뱀베르그에서 발견할 수 있다. 이 도시에 13세기 성당은 독일에서 가장 중세적인 건물로 간주되며 구시가의 시청 정면은 프레스코 화법으로 그림이 그려져 있다.

중부와 남동부 유럽에서 가장 큰 강인 아름다운 다뉴브강은 검은 숲(Black Forest)에서 발원하여 바로크 양식의 궁전과 가옥, 분수대가 있는 가장 아름다운 도시 중의 하나인 오스트리아의 파우사우(Passau)로 흘러들어간다. 오스트리아의 와인 생산지인 와차우 계곡(Wachau Valley)을 지나는 크루즈 그 도시 위의 봉우리에 서 있는 멜크의 대 수도원의 멋진 풍경을 볼 수 있게 해주며, 대수도원과 두룬스타인의 벽으로 둘러싸인 오래된 마을과 라이언하트의 리차드가 잡혀 있었던 감옥인 12세기 쿠에린저 성을 관망할 수 있다. 함스부르그 제국의 중심이었고 음악의 도시인 오스트리아 수도 비엔나는 대궁정과 성당으로 채워져 있다.

헝가리의 수도 부다페스트는 2개의 도시로 구성되어 있으며 강을 중심으로 오른쪽 둑에는 부다, 왼쪽 둑에는 페스트가 위치해 있다. 1873년에 2개의 도시가 통합되었고 8개의 다리로 연결된 이 아름다운 도시의 궁전들과 공원들은 오스트로-헝가리안 제국의 수도였었다.

엘바강의 급경사는 독일의 함부르그 항구에서부터 시작하며 함부르그는 독일에서 두 번째로 큰 도시이며, 북해로부터 들어오는 초입에 위치한 가장 분주한 항구이기도 하다. 우아하고 현대적이며 문화의 중심인 함부르그는 작곡가 멘델스존과 브람스가 태어난 도시이고 유명한 건축물인 바로크 양식의 성 미첼 교회가 있다. 엘바강은 지금은 박물관으로 사용되는 마틴 루터의 생가와 세계 2차 대전 중에 많은 부분이 유실된 바로크 양식과 로코코 양식이 혼합된 건축물인 독일의 오페라 센터인 드레스덴이 있는 환상적인 윈텐 베르그를 흘러 지나간다. 엘바강의 지류에 위치한 프라하까지 흐르는 이곳은 체코의 수도이고 아름다운 건축물의 보고이며 모차르트는 이곳에서 돈 지오바니를 작곡하였다.

론강을 흐르는 크루즈는 양질의 프랑스 와인 지역 코테드본네와 코트도르를 지나간다. 각 들르는 곳마다 포도밭과 아름다운 계곡이 관광객을 즐겁게 한다.

센느강을 경유하는 크루즈는 파리에서 노르망디 해변에 있는 홍플로우를 경유한다. 크루즈는 영국 해협을 지나 영국의 내류를 따라 크루즈는 지나가고 조지아 마켓, 짚으로 엮은 오두막 그리고 화려한 저택을 지나 아일랜드를 굽이쳐 흐른다.

(17) 흑해 연안 크루즈

이스탄불

성 소피아 사원, 히포드럼, 블루 모스크, 톱카피 궁전을 관광하며 그랜드 바자르에서 자신들만의 소중함을 간직한다.

바르나

흑해의 여왕이라 불리는 바르나는 고대 유물과 유적을 박물관에서 볼 수 있고, 로마시대 공중목욕탕, 고대 그리스도교 사원 유적을 관광한다.

오데사

흑해의 진주라 불리는 오데사는 바로크 양식으로 지어진 오페라 발레 극장, 푸시킨 박물관, 고고학 박물관이 볼만하다.

얄 타

흑해 연안의 최고 휴양지로서 1945년 얄타협정이 열렸던 리바디아 궁전과 스카조크를 관광하고 우크라이나식의 식사와 문화 쇼를 통해 문화적 체험을 할 수 있다.

에페소

잘 정비된 유적들은 로마 초기 시대의 상황을 보여주고 크리스트교의 가장 신성한 장소에는 항상 그곳을 관광하는 관광객들로 가득 차 있다.

오늘날 많은 관광객들의 관심을 모으는 새로운 일정들이 속속 개발되고 있다. 8만 톤을 비롯 15만 톤까지의 대형 선박들이 계속 제작되어 오늘날 작고 노후한 크루즈 선박들을 대체하게 된다. 전 세계에 운항되는 선박의 수는 별 차이가 없으나 그 톤수와 객실수로는 엄청난 증가율을 보이고 있다.

최근의 통계에 의하면 2002년 기준 전 세계 크루즈 인구, 즉 매년 탑승하는 고객은 6백만 명을 넘고 있다. 즉, 매년 고객의 증가율은 연 5~6%가 증가되고 있으나 앞으로 5년 이내에 제작 운행될 크루즈의 객실 증가율은 매년 30%에 이르고 있다. 그러므로 각 크루즈 선사에서는 새로운 기항지를 찾기 위해 노심초사하고 있다.

오늘날 새로 개발된 크루즈의 일정들을 살펴보면 괄목할 만한 것이 있다.

2 주요 상품

Table 7-1 파나마 운하 크루즈 11일

일자	장소 및 기항지	교통편	시간	관광일정
제1일	포트 라더데일 (플로리다)	크루즈	 17:00	· 항구로 이동하여 승선 수속 · 출항 · 승선 수속은 오후 1시부터 가능하다. · 늦어도 출항하기 3시간 전에는 수속 완료해야 한다.
제2일	전일항해	크루즈	전일	· 크루즈 내 각종 프로그램을 즐기며 전일 항해
제3일	오쵸 리오스 (자메이카)	크루즈 전용버스 크루즈	10:00 18:00	· 자메이카 오쵸 리오스 기항 · 선내 상품 선택하여 기항지 관광 · 출항
제4일	전일항해	크루즈	전일	· 크루즈 내 각종 프로그램을 즐기며 전일 항해
제5일	파나마 운하 크리스토벌 (파나마 운하)	크루즈 전용버스 크루즈	07:00 15:30 16:00 20:00	· 파나마 운하 입항 : CRUISINGONLY · 호수를 관망하며 항해 · 출항 · 파나마 운하 크리스토벌 기항 · 선내 상품 선택하여 기항지 관광 · 출항
제6일	리 몬 (코스타리카)	크루즈 전용버스 크루즈	06:30 19:00	· 코스타리카 리몬 기항 · 선내 상품 선택하여 기항지 관광 · 출항
제7일	전일항해	크루즈	전일	· 크루즈 내 각종 프로그램을 즐기며 전일 항해
제8일	그랜드 케이먼 (케이먼 섬)	크루즈 전용버스 크루즈	07:00 15:00	· 케이먼 섬 그랜드케이먼 기항 : 텐더링 · 선내 상품 선택하여 기항지 관광 · 출항
제9일	코즈멜 (멕시코)	크루즈 전용버스 크루즈	09:00 19:00	· 멕시코 코즈멜 기항 : 텐더링 · 선내 상품 선택하여 기항지 관광 · 출항

제10일	전일항해	크루즈	전일	· 크루즈 내 각종 프로그램을 즐기며 전일 항해
제11일	포트 라더데일 (플로리다)	크루즈	07:00	· 플로리다 포트 라더데일 기항 및 하선 · 하선 수속은 늦어도 정오까지는 완료해야 한다. · 늦어도 출항하기 3시간 전에는 수속 완료해야 한다.

*상기 일정은 항공 및 현지 사정에 맞추어 조정될 수 있다.

*기항지 관광은 선택 관광이며 기항지 관광요금은 별도다.

*선내 TIP은 1인당 1일 US$11이다.

Table 7-2 동 캐리비안 크루즈 8일

일자	장소 및 기항지	교통편	시간	관광일정
제1일	포트 라더데일 (플로리다주)	크루즈	 17:00	· 항구로 이동하여 승선 수속 · 프린세스 크루즈 승선 · 출항 · 승선 수속은 오후 1시부터 가능하다. · 늦어도 출항하기 3시간 전에는 수속 완료해야 한다.
제2일	전일항해	크루즈	전일	· 크루즈 내 각종 프로그램을 즐기며 전일 항해
제3일	전일항해	크루즈	전일	· 크루즈 내 각종 프로그램을 즐기며 전일 항해
제4일	성 마틴 (네덜란드령)	크루즈 전용버스 크루즈	07:00 17:00	· 네덜란드령 성 마틴 기항 · 선내 상품 선택하여 기항지 관광 · 출항
제5일	성 토마스 (미국령)	크루즈 전용버스 크루즈	07:00 18:00	· 미국령 성 토마스 기항 · 선내 상품 선택하여 기항지 관광 · 출항
제6일	전일항해	크루즈	전일	· 크루즈 내 각종 프로그램을 즐기며 전일 항해
제7일	프린세스 케이 (바하마)	크루즈 전용버스 크루즈	09:00 16:00	· 바하마 프린세스 케이 기항 : 텐더링 · 선내 상품 선택하여 기항지 관광 · 출항
제8일	포트 라더데일 (플로리다주)	크루즈	07:00	· 플로리다주 포트 라더데일 기항 및 하선 · 하선 수속은 늦어도 정오까지는 완료해야 한다. · 늦어도 출항하기 3시간 전에는 수속 완료해야 한다.

*상기 일정은 항공 및 현지 사정에 맞추어 조정될 수 있다.
*기항지 관광은 선택 관광이며 기항지 관광요금은 별도다.
*선내 TIP은 1인당 1일 US$11이다.

Table 7-3 동남 아시아와 인도 아프리카 30일

일자	장소 및 기항지	교통편	시간	관광일정
제1일	인 천 싱가포르	 항 공 전용버스 크루즈	06:30 09:00 14:15 18:00	· 인천 국제공항 3층 "동쪽 만남의 장소" 집결 · 인천 출발→싱가로프 행 · 싱가포르 국제공항 도착 · 간단한 시내 관광 후 항구로 이동 · 프린세스 크루즈 승선 · 출항
제2일	쿠알라룸푸르 (말레이시아)	크루즈 전용버스 크루즈	08:00 09:00 18:00	· 말레이시아 쿠알라룸푸르 켈랑 항 기항 · 하선하여 가이드 미팅 · 기항지 선택 관광 · 출항
제3일	전일항해	크루즈		· 한국영화 감상, 노래방 및 선내 다양한 시설 및 프로그램을 즐기며 항해
제4일	전일항해	크루즈		· 한국영화 감상, 노래방 및 선내 다양한 시설 및 프로그램을 즐기며 항해
제5일	전일항해	크루즈		· 한국영화 감상, 노래방 및 선내 다양한 시설 및 프로그램을 즐기며 항해
제6일	마드라스 (인 도)	크루즈 전용버스 크루즈	08:00 09:00 18:00	· 인도 마드라스 첸나이 항 기항 · 하선하여 가이드 미팅 · 기항지 선택 관광 · 출항
제7일	전일항해	크루즈		· 한국영화 감상, 노래방 및 선내 다양한 시설 및 프로그램을 즐기며 항해
제8일	콜롬보 (스리랑카)	크루즈 전용버스 크루즈	07:00 08:00 16:00	· 스리랑카의 수도 콜롬보 항 기항 · 하선하여 가이드 미팅 · 기항지 선택 관광 · 출항
제9일	전일항해	크루즈		· 한국영화 감상, 노래방 및 선내 다양한 시설 및 프로그램을 즐기며 항해
제10일	전일항해	크루즈		· 한국영화 감상, 노래방 및 선내 다양한 시설 및 프로그램을 즐기며 항해

제11일	전일항해	크루즈		· 한국영화 감상, 노래방 및 선내 다양한 시설 및 프로그램을 즐기며 항해
제12일	마 해 (인 도)	크루즈 전용버스 크루즈	12:00 13:00 19:00	· 인도 마해 항 기항 · 하선하여 가이드 미팅 · 기항지 선택 관광 · 출항
제13일	전일항해	크루즈		· 한국영화 감상, 노래방 및 선내 다양한 시설 및 프로그램을 즐기며 항해
제14일	전일항해	크루즈		· 한국영화 감상, 노래방 및 선내 다양한 시설 및 프로그램을 즐기며 항해
제15일	몸바사 (케 냐)	크루즈 전용버스 크루즈	07:00 08:00	· 케냐 몸바사 항 기항 · 하선하여 가이드 미팅 · 기항지 선택 관광 · 크루즈 승선 〈케냐 몸바사에서 CRUISE OVER NIGHT〉
제16일	몸바사 (케 냐)	크루즈 전용버스 크루즈	08:00 18:00	· 하선하여 가이드 미팅 · 기항지 선택 관광 · 출항
제17일	잔지바르	크루즈 전용버스 크루즈	07:00 08:00 13:00	· 잔지바르 항 기항 · 하선하여 가이드 미팅 · 기항지 선택 관광 · 출항
제18일	전일항해	크루즈		· 한국영화 감상, 노래방 및 선내 다양한 시설 및 프로그램을 즐기며 항해
제19일	전일항해	크루즈		· 한국영화 감상, 노래방 및 선내 다양한 시설 및 프로그램을 즐기며 항해
제20일	전일항해	크루즈		· 한국영화 감상, 노래방 및 선내 다양한 시설 및 프로그램을 즐기며 항해
제21일	더 반 (남 아프리카)	크루즈 전용버스 크루즈	12:00 13:00 19:00	· 남 아프리카 더반 항 기항 · 하선하여 가이드 미팅 · 기항지 선택 관광 · 출항

제22일	전일항해	크루즈		· 한국영화 감상, 노래방 및 선내 다양한 시설 및 프로그램을 즐기며 항해
제23일	전일항해	크루즈		· 한국영화 감상, 노래방 및 선내 다양한 시설 및 프로그램을 즐기며 항해
제24일	케이프타운 (남 아프리카)	크루즈 전용버스	05:00 08:00 19:00	· 아프리카 대륙 최남단 도시 케이프타운 기항 · 조식 후 하선 수속 · 하선하여 가이드 미팅 · 바다 물개섬, 절벽산, 펭귄 서식지, 희망봉, 시몬의 마을 등 관광 · 석식 후 호텔 투숙
제25일	케이프타운 요하네스버그	크루즈 전용버스 SA 348	08:00 15:40 17:40 19:00	· 호텔 조식 후 · 테이블 마운틴, 워터프런트 등 관광 · 중식 후 · 케이프타운 출발 · 요하네스버그 도착 · 석식 후 호텔 투숙
제26일	요하네스버그 빅토리아 폭포	크루즈 전용버스 SA 040	07:00 09:15 11:00 14:00 19:00	· 호텔 조식 후 공항으로 이동 · 요하네스버그 출발 · 빅토리아 폭포 도착 후 중식 · 민속촌 및 빅토리아 폭포 관광(잠베지강 크루즈 관광) · '보마' 바비큐 석식 및 호텔 휴식
제27일	빅토리아 폭포 요하네스버그	 전용버스 SA 041 전용버스	07:00 11:45 13:25 19:00	· 호텔 조식 · 잠베지강 국경 다리에서 폭포 관광 · 빅토리아 폭포 출발 · 요하네스버그 도착 · 중식 후 요하네스버그 시내 관광 · 석식 후 호텔 투숙
제28일	요하네스버그 선시티	 전용버스	08:00 오 전 오 후 19:00	· 호텔 조식 · 금광도시 이동하여 금광광산 관광 · 선시티 도착 · 리조트 부대시설 이용(카지노, 워터파크 등)하여 휴식 · 석식 후 호텔 투숙

제29일	선시티		오 전	· 호텔 조식
		전용버스		· 휴식 및 자유시간
			13:30	· 중식 후 공항으로 이동
	요하네스버그		17:10	· 요하네스버그 출발 〈기내 숙박〉
제30일	홍 콩		12:25	· 홍콩 도착
		항 공	16:20	· 홍콩 출발 → 인천 행
	인 천		20:50	· 인천 국제공항 도착

*상기 일정은 항공 및 현지 사정에 따라 변경될 수 있다.

*기항지 관광은 선택 관광이며 요금은 별도다.

*선내 및 관광 TIP은 1인당 1일 US$11이다.

Table 7-4 지중해 크루즈 15일

일자	장소 및 기항지	교통편	시간	관광일정
제1일	인 천		10:00	· 인천 국제공항 3층 동쪽 만남의 장소 집결
		항 공	12:45	· 인천 국제공항 출발→암스테르담 행
	암스테르담		16:50	· 암스테르담 도착 및 경유
	(네덜란드)	항 공	20:40	· 암스테르담 출발
	베니스		22:30	· 베니스 도착하여 입국 수속
	(이탈리아)	전용버스		· 가이드 미팅 후 이동
				· 항구로 이동하여 승선 수속
		크루즈	24:00	· 프린세스 크루즈 승선 〈크루즈 : 베니스에서 OVERNIGHT〉
선 내 숙 박				· 석식 : 선내식
제2일	베니스	크루즈	08:00	· 하선하여 산마르코 항구에서 가이드 미팅
		도 보		· 오전 산 마르코 광장 및 성당, 종탑, 탄식의 다리, 콜레오니 기마상, 유리 세공 공장 등 관광
		크루즈	12:00	· 승선
			13:00	· 출항
선 내 숙 박				· 조식 : 선내식 / 중식 : 선내식 / 석식 : 선내식
제3일	전일항해	크루즈	전 일	· 크루즈 내 각종 프로그램을 즐기며 전일 항해
선 내 숙 박				· 조식 : 선내식 / 중식 : 선내식 / 석식 : 선내식
제4일	피레우스	크루즈	06:00	· 그리스 아테네 피레우스 항 기항
	(그리스)	전용버스	08:00	· 하선하여 가이드 미팅
	아테네			· 아테네로 이동
			09:00	· 전일 무명용사의 묘, 국회의사당, 파르테논 신전, 아크로폴리스, 근대 올림픽 경기장 등 시내 관광
	피레우스	크루즈	17:00	· 피레우스 귀환하여 승선
			17:45	· 출항
선 내 숙 박				· 조식 : 선내식 / 중식 : 선내식 / 석식 : 선내식
제5일	쿠사다시	크루즈	07:00	· 터키 쿠사다시 항 기항
	(터키)	전용버스	08:00	· 하선하여 가이드 미팅
	에페소			

				· 에게해 최대의 잠자는 유적지 고대도시 에페소로 이동 · 터키 최대의 대극장, 아름다운 건축물 세루시우스 도서관, 하드리아누스 신전 등 관광 및 사도 요한 교회와 성모 마이라 집 관광
	쿠사다시	크루즈	12:00 13:00	· 쿠사다시 귀환하여 승선 · 출항
	선 내 숙 박			· 조식 : 선내식 / 중식 : 선내식 / 석식 : 선내식
제6일	이스탄불	크루즈 전용버스	08:00 09:00	· 터어키 이스탄불 항 기항 · 하선하여 가이드 미팅 · 전일 히포드럼, 톱카피 궁전(보석관 포함), 블루모스크, 지하 궁전, 성 소피아 성당, 그랜드 바자르 등 시내 관광
		크루즈	17:00 18:00	· 항구로 이동하여 승선 · 출항
	선 내 숙 박			· 조식 : 선내식 / 중식 : 선내식 / 석식 : 선내식
제7일	미코노스 (그리스)	크루즈 전용버스 크루즈	12:00 19:00	· 그리스 미코노스 항 기항 : TENDERING · 선내 기항지 상품 이용하여 관광 · 출항
	선 내 숙 박			· 조식 : 선내식 / 중식 : 선내식 / 석식 : 선내식
제8일	전일항해	크루즈	전 일	· 크루즈 내 각종 프로그램을 즐기며 전일 항해
	선 내 숙 박			· 조식 : 선내식 / 중식 : 선내식 / 석식 : 선내식
제9일	나폴리 (이탈리아) 폼페이 쏘렌토	크루즈 전용버스	07:00 08:00	· 이탈리아 나폴리 항 기항 · 세계 3대 아름다운 항구 나폴리, 산타루치아 항구, 2000년 전 베스비오스 화산 대 폭발로 인한 비운의 도시 폼페이, 쏘렌토 파노라마 투어 〈선택 관광 : 카프리 섬 관광〉
	나폴리	크루즈	18:00 19:00	· 나폴리 귀환하여 보메르 언덕에서의 전경 조망 · 출항
	선 내 숙 박			· 조식 : 선내식 / 중식 : 선내식 / 석식 : 선내식

제10일	치비타베키아	크루즈	07:00	· 이탈리아 치비타베키아 항 기항
		미니버스	08:00	· 하선하여 가이드 미팅
	로 마		09:30	· 로마 도착
				· 전일 바티칸 시국 및 박물관, 성 베드로 성당, 원형경기장, 콜로세움 외부, 진실의 입, 전설로 유명한 트레비 분수, 스페인 계단 등 시내 관광
			16:30	· 로마 출발
	치비타베키아	크루즈	18:00	· 치비타베키아 귀환하여 승선
			19:00	· 출항
	선 내 숙 박			· 조식 : 선내식 / 중식 : 선내식 / 석식 : 선내식
제11일	리보르노	크루즈	06:30	· 이탈리아의 리보르노 항 기항
		전용버스	08:30	· 가이드 미팅 후 이동
	피 사			· 피사로 이동하여 피사의 사탑 관광
	플로렌스			· 꽃의 도시 플로렌스 도착
				· 두오모, 단테의 집, 베키오 다리, 세뇨리아 광장
	리보르노	크루즈	17:00	· 리보르노 귀환하여 승선 준비
			18:00	· 출항
	선 내 숙 박			· 조식 : 선내식 / 중식 : 선내식 / 석식 : 선내식
제12일	마르세이유 (프랑스)	크루즈	07:00	· 프랑스 마르세이유 항 기항
		전용버스	08:00	· 하선하여 가이드 미팅
				· 간단히 사크레 쾨르인 노틀담 라 가르드 사원, 팔레 롱샹 등 시내 관광
			09:00	· 마르세이유 출발(약 1시간 30분 소요)
				· 근교 "아를르를 보지 못하고 프랑스를 보았다고 말하지 말자."
			10:30	· 라고 말할 정도로 유명한 관광지 아를르 도착
				· 유네스코에서 세계문화유산으로 지정한 도시 자체의 로마 유적지와 로마 원경경기장 관광
			12:00	· 반 고호가 그린 카페드뉴 식당에서 중식
				· 아비뇽으로 출발(약 1시간 소요)

			13:00	· 프로방스 지방의 유명한 관광지 중 하나이며 특히 교황이 있었던 유적지로 더 유명한 아비뇽에서 유네스코가 인류 문화유산으로 지정했고 거대한 탑들과 매우 독특하고 인상적인 성벽으로 유명한 아비뇽 교황청 외부 등 관광
			15:00	· 아비뇽 출발(약 1시간 30분 소요)
		크루즈	16:00	· 마르세이유 귀환하여 승선 준비
			17:00	· 출항
선 내 숙 박				· 조식 : 선내식 / 중식 : 선내식 / 석식 : 선내식
제13일	바르셀로나 (스페인)	크루즈 전용버스	03:30 09:00	· 스페인 바르셀로나 항 기항 · 하선하여 가이드 미팅 · 전일 람블라스 거리, 보께리아 시장, 항구, 몬주익 언덕, 대성당 등 시내 관광 · 오후 구엘 공원, 성 가족 성당 등 시내 관광
			18:00	· 석식 후 호텔 투숙
HOTEL : BARCELO HOTEL SANTS				· 조식 : 선내식 / 중식 : 선내식 / 석식 : 선내식
제14일	바르셀로나	전용버스	07:00	· 호텔 조식
			08:00	· 공항으로 이동
		항 공	10:35	· 바르셀로나 공항 출발→암스테르담 행
	암스테르담		13:00	· 암스테르담 도착 및 경유
	(네덜란드)	항 공	16:50	· 암스테르담 출발→인천 행
선 내 숙 박				· 조식 : 선내식 / 중식 : 선내식 / 석식 : 선내식
제15일	인 천		10:05	· 인천 국제공항 도착

*상기 일정은 항공 및 현지 사정에 맞추어 조정될 수 있다.
*기항지 관광은 선택 관광이며 기항지 관광 요금은 1인당 EUR 800이다.
*선내 TIP은 1인당 1일 US$11이다.
*바르셀로나 출발은 역순 일정이다.
*항공 기착지는 암스테르담 이외의 어느 도시든 괜찮다.

Table 7-5 알래스카 인사이드 패시지 9일

일자	장소 및 기항지	교통편	시간	관광일정
제1일	인 천 시애틀	 항 공 전용버스	15:00 18:00 12:05 16:00	· 인천 국제공항 3층 “동쪽 만남의 장소” 집결 · 인천 출발→시애틀 행 · 시애틀 도착 후 부두로 이동 · 승선 수속 후 프린세스 크루즈 승선 · 출항
제2일	전일항해	크루즈		· 인사이드 패시지 알래스카와 캐나다 협곡을 따라 항해
제3일	쥬 노		12:30 22:00	· 기항 · 시내 관광 및 빙산 골프 · 출항
제4일	스케그 웨이	크루즈	05:00 20:45	· 기항 · 시내 관광 · 출항
제5일	트레이시 암	크루즈	11:00 15:00	· 도착 : CRUISE ONLY · 경이로운 빙하 조망 · 출발
제6일	케치칸	크루즈	06:00 00:30	· 기항 · 시내 관광 · 출항
제7일	빅토리아 (캐나다)	크루즈	07:00 11:59	· 기항 · 영국풍의 BC 주도 · 출항
제8일	시애틀	크루즈 전용버스 항 공	오 전 14:05	· 기항 및 하선 · 공항으로 이동 · 시애틀 출발→인천 행
제9일	인 천		17:05	· 인천 국제공항 도착 후 각자 해산

*상기 일정은 현지 사정에 의하여 변경될 수도 있다.
*기항지 관광 및 골프는 선택이며 요금은 별도다.
*선내 및 관광 TIP은 1인당 1일 US$11이다.

Table 7-6 알래스카 사우스바운드 9일

일자	장소 및 기항지	교통편	시간	관광일정
제1일	인 천		16:00	· 인천 신공항 "B" 카운터 앞 "동쪽 만남의 장소" 안내데스크 집결
	앵커리지	항 공	18:55	· 인천 출발 → 앵커리지 향발
		전용차량	09:35	· 앵커리지 도착 후 세계 최대의 수상 경비행 기장인 LAKE HOOD 등 시내 관광
				· 중식 후 위티어 항으로 이동(약 2시간 소요)
		크루즈	18:00	· 프린세스 크루즈 승선
				· 환상의 크루즈 관광 시작
			22:00	· 출항
제2일	칼리지 피요르드	크루즈	06:30	· 기항
				· 경이로운 16개 만년 빙하의 장관을 조망하며 선상활동
			09:30	· 출항
제3일	글레시아 베이	크루즈	10:30	· 기항
				· 세계적인 빙하의 장관으로 알려진 글레시아 국립공원을 통과하며 만년 빙하 관광 및 선상활동
			20:30	· 출항
제4일	스캐그웨이	크루즈	06:30	· 기항
				· 서부 개척기의 유콘 기차를 타고 대자연의 경이를 맛볼 수 있고 에스키모, 인디언 박물관 등 선택 관광
			20:00	· 출항
제5일	쥬 노	크루즈	06:30	· 기항
				· 알래스카 주도, 화려했던 황금광산 도시의 유적을 관광하고 멘덴홀 빙하 관광, 세계 유일의 빙하 옆 GOLF 등 선택 관광
			16:00	· 출항

제6일	케치칸	크루즈	08:30 17:45	· 기항 · 알래스카 최남단 빙하도시, 연어의 고향으로 유명한 강줄기를 따라 삭스만 계곡의 인디언 토템 유적, 현대적 틸링키드 인디언 마을 등 선택 관광 · 출항
제7일	인사이드 패세지	크루즈	전 일	· 울창한 숲과 섬들, 다양한 조류 및 동물, 각종 고래군들의 행진을 밴쿠버만을 끼고 항해 · 선내 각종 프로그램 참가하며 자유시간
제8일 (토)	밴쿠버	전용차량 항 공	08:00 11:50	· 기항 및 하선 후 공항으로 이동 · 밴쿠버 출발→인천 향발
제9일	인 천		16:35	· 인천 국제공항 도착 후 각자 해산

*상기 일정은 현지 사정에 의하여 변경될 수도 있다.
*기항지 관광요금(약 300$ 정도)은 별도다.
*선내 TIP은 1인당 1일 US$11이다.
*NORTH BOUND는 역순이다.

Table 7-7 알래스카 크루즈 기차여행 14일

일자	장소 및 기항지	교통편	시간	관광일정
제1일	인 천 밴쿠버	 항 공 크루즈	15:00 18:25 12:40 17:30	· 인천 국제공항 3층 "동쪽 만남의 장소" 안내데스크 집결 · 인천 출발→밴쿠버 향발 · 밴쿠버 공항 도착 후 밴쿠버 항으로 이동 · 프린세스 크루즈 탑승 · 출항
제2일	인사이드 패세지	크루즈	전 일 항 해	· 각종 선상 프로그램 참가 및 "가라오께(한국 노래방)" 등을 즐기며 자유 휴식
제3일	케치칸	크루즈	06:30 14:30	· 알래스카 최남단 빙하도시 케치칸 기항 · 기항지 관광: 삭스만 원주민 마을과 TOTEM BIGHT STATE 공원 등 선택 관광 · 출항
제4일	쥬 노	크루즈	07:00 19:30	· 알래스카의 주도 쥬노 기항 · 기항지 관광: 멘데일홀 빙하, 연어 부화장, 로버트 마운틴 케이블카 관광 및 세계 유일의 빙하 옆 골프 등 선택 관광 · 출항
제5일	스캐그웨이	크루즈	07:00 20:00	· 아름다운 스캐그웨이 기항 · 기항지 관광: 스캐그웨이 시내 관광 및 100여 년 전 골드 러쉬 때에 만들어진 협궤철도 WHITE PASS를 자연경관 바라보며 통과, 헬리콥터 타고 빙하 탐방하며 환상적인 에스키모 개썰매 관광 등 선택 관광 · 출항
제6일	글레시아 베이	크루즈	06:00 15:00	· 알래스카 최고의 글레시아 베이 국립공원 입항 · 세계적인 빙하군들이 모여 있는 빙하의 장관으로 유명한 글레시아 베이 국립공원을 통과하며 MARGERIE 빙하가 폭음을 내며 바다에 떨어지는 장관 등 거대한 빙하 관광을 즐기며 항해 · 출항

제7일	칼리지 피요르드	크루즈	15:00 18:00	· 아름다운 칼리지 피요르드에 입항 · 16개의 빙하군을 조망하며 항해 · 출항
제8일	위티어 앵커리지 앵커리지 탈게트냐 데날리 국립공원	전용차량 항 공 전용차량 관광열차	오전 04:25 (7/18) 06:20 (7/19)	· 위티어 항 기항 · 조식 후 하선 수속 · 버스 편으로 앵커리지로 이동 ** A 팀 ** · 앵커리지 도착 후 자유시간 [그룹 시 간단한 시내 관광, 석식 후 공항으로 이동] · 앵커리지 출발→인천 향발 · 인천공항 도착 후 해산 ** B 팀 ** · 앵커리지 도착 후 기차역으로 이동 · 천장이 투명한 유리폼 기차(MIDNIGHT SUN EXPRESS)를 타고 아름다운 자연경관을 조망하여 탈케트냐 경유 · 데날리 국립공원 도착(약 9시간 소요) 후 프린세스 로지 호텔 체크인 · 석식 후 휴식
제9일	데날리 국립공원 멕킨리 산장	전용차량	오 전 오 후	· 조식 후 데날리 국립공원 관광(약 4시간 소요) · 맥킨리산 프린세스 로지 호텔로 이동 · 호텔 투숙 및 휴식
제10일	멕킨리	전용차량	전 일	· 조식 후 · 자유 휴식 또는 선택 관광 · 호텔 투숙 및 휴식
제11일	멕킨리	전용차량	오 전	· 조식 후 · 자유 휴식 또는 선택 관광

	앵커리지		오 후	· 탈게트나 이동(약 1시간 20분 소요) · 기차를 타고 아름다운 경관을 조망하며 앵커리지로 이동(약 4시간 소요) · 앵커리지 도착 · 석식 후 호텔 투숙 및 휴식
제12일	앵커리지 밴쿠버	전용차량 항 공	오 전	· 조식 후 공항으로 이동 · 앵커리지 출발→밴쿠버 행 · 밴쿠버 도착 · 석식 후 호텔 투숙 및 휴식
제13일	밴쿠버	전용차량 항 공	오 전	· 조식 후 공항으로 이동 · 밴쿠버 출발→인천 행
제14일	인 천			· 인천 국제공항 도착 후 각자 해산

*상기 일정은 현지 사정에 의하여 변경될 수도 있다.
*기항지 관광은 선택 관광이다.
*선내 TIP은 1인당 1일 US$11이다.

Table 7-8 아시아 환상의 7개국 19일

일자	장소 및 기항지	교통편	시간	관광일정
제1일	인 천			· 인천 국제공항 "3층 동쪽 만남의 장소" 집결
		항 공	10:30	· 인천 출발→북경 행
	북 경		11:40	· 북경 도착
	(중 국)	전용버스		· 시내 관광
				· 호텔 투숙 및 휴식
HOTEL				· 중식 : 현지식 / 석식 : 현지식
제2일	북 경	전용버스		· 호텔 조식
	신 강			· 시내 관광
			15:00	· 신강 부두로 이동하여 크루즈 승선 수속 후
		크루즈	17:00	· 프린세스 크루즈 탑승
선 내 숙 박				· 조식 : 호텔식 / 중식 : 현지식 / 석식 : 선내식
제3일	전일항해	크루즈	전 일	· 선상의 각종 프로그램 즐기며 전일 항해(한국영화 상영)
선 내 숙 박				· 조식 : 호텔식 / 중식 : 현지식 / 석식 : 선내식
제4일	나가사끼	크루즈	09:00	· 나가사끼 기항
	(일 본)	전용버스		· 가이드 미팅 후 시내로 이동
				· 시내 관광
		크루즈		· 선착장 이동 후 크루즈 탑승
			18:00	· 출항
선 내 숙 박				· 조식 : 호텔식 / 중식 : 현지식 / 석식 : 선내식
제5일	전일항해	크루즈	전 일	· 선상의 각종 프로그램 즐기며 전일 항해(한국영화 상영)
선 내 숙 박				· 조식 : 호텔식 / 중식 : 현지식 / 석식 : 선내식
제6일	상 해	크루즈	07:00	· 상해 기항
	(중 국)	전용버스		· 가이드 미팅 후 시내로 이동
				· 시내 관광
		크루즈		· 선착장 이동 후 크루즈 탑승
			18:00	· 출항
선 내 숙 박				· 조식 : 호텔식 / 중식 : 현지식 / 석식 : 선내식

제7일	전일항해	크루즈	전 일	· 선상의 각종 프로그램 즐기며 전일 항해(한국영화 상영)
선 내 숙 박				· 조식 : 호텔식 / 중식 : 현지식 / 석식 : 선내식
제8일	오키나와 (일 본)	크루즈 전용버스 크루즈	07:00 16:00	· 오키나와 기항 · 가이드 미팅 후 시내로 이동 · 시내 관광 · 선착장 이동 후 크루즈 탑승 · 출항
선 내 숙 박				· 조식 : 호텔식 / 중식 : 현지식 / 석식 : 선내식
제9일	타이페이 지 룽 (대 만)	크루즈 전용버스 크루즈	09:00 18:00	· 타이페이 지룽 항 기항 · 가이드 미팅 후 시내로 이동 · 시내 관광 · 선착장 이동 후 크루즈 탑승 · 출항
선 내 숙 박				· 조식 : 호텔식 / 중식 : 현지식 / 석식 : 선내식
제10일	전일항해	크루즈	전 일	· 선상의 각종 프로그램 즐기며 전일 항해(한국영화 상영)
선 내 숙 박				· 조식 : 호텔식 / 중식 : 현지식 / 석식 : 선내식
제11일	홍 콩	크루즈 전용버스 크루즈	08:00 18:00	· 홍콩 기항 · 가이드 미팅 후 시내로 이동 · 시내 관광 · 선착장 이동 후 크루즈 탑승 · 출항
선 내 숙 박				· 조식 : 호텔식 / 중식 : 현지식 / 석식 : 선내식
제12일	전일항해	크루즈	전 일	· 선상의 각종 프로그램 즐기며 전일 항해(한국영화 상영)
선 내 숙 박				· 조식 : 호텔식 / 중식 : 현지식 / 석식 : 선내식
제13일	나트랑 (베트남)	크루즈 전용버스 크루즈	07:00 18:00	· 나트랑 기항 · 가이드 미팅 후 시내로 이동 · 시내 관광 · 선착장 이동 후 크루즈 탑승 · 출항

선 내 숙 박				· 조식 : 호텔식 / 중식 : 현지식 / 석식 : 선내식
제14일	호치민 시 붕 따우	크루즈 전용버스 크루즈	07:00 19:30	· 호치민 시 붕 따우 항 기항 : 텐터링 · 가이드 미팅 후 시내로 이동 · 시내 관광 · 선착장 이동 후 크루즈 탑승 · 출항
선 내 숙 박				· 조식 : 호텔식 / 중식 : 현지식 / 석식 : 선내식
제15일	전일항해	크루즈	전 일	· 선상의 각종 프로그램 즐기며 전일 항해(한국영화 상영)
선 내 숙 박				· 조식 : 호텔식 / 중식 : 현지식 / 석식 : 선내식
제16일	싱가포르	크루즈 전용버스 크루즈	08:00 18:00	· 싱가포르 기항 · 가이드 미팅 후 시내로 이동 · 시내 관광 · 선착장 이동 후 크루즈 탑승 · 출항
선 내 숙 박				· 조식 : 호텔식 / 중식 : 현지식 / 석식 : 선내식
제17일	전일항해	크루즈	전 일	· 선상의 각종 프로그램 즐기며 전일 항해(한국영화 상영)
선 내 숙 박				· 조식 : 호텔식 / 중식 : 현지식 / 석식 : 선내식
제18일	방콕 람차방 (태 국)	 전용버스	오 전	· 방콕 람 차방 항 기항 및 하선 · 시내 관광 · 공항으로 이동
선 내 숙 박				· 조식 : 호텔식 / 중식 : 현지식 / 석식 : 선내식
제19일	방 콕 인 천	KE 654	01:25 08:35	· 방콕 출발 → 인천 행 · 인천 국제공항 도착 후 각자 해산

*상기 일정은 항공 및 현지 사정에 맞추어 조정될 수 있다.

*TIP은 1인당 1일 US$11이다.

Table 7-9 멕시코 크루즈 9일

일자	장소 및 기항지	교통편	시간	관광일정
제1일	인 천		13:00	· 인천 국제공항 3층 "동쪽 만남의 장소" 집합
		항 공	15:00	· 인천 출발 → 로스앤젤레스
	로스앤젤레스		08:50	· 로스앤젤레스 도착
				· 항구로 이동
		크루즈		· 승선 수속 후 프린세스 크루즈 승선
			16:00	· 출항(늦어도 출항 3시간 전 탑승 완료)
제2일	전일항해	크루즈		· 선상의 각종 시설 이용하며 휴식 · 수영장, 체육실, 극장, 영화관 등 각종 행사 참여
제3일	전일항해	크루즈		· 선상의 각종 시설 이용하며 휴식 · 수영장, 체육실, 극장, 영화관 등 각종 행사 참여
제4일	벨라르타	크루즈	08:00	· 기항
				· 기항지 관광
			18:00	· 출항
제5일	마사틀란	크루즈	07:00	· 기항
				· 기항지 관광
			17:00	· 출항
제6일	카보 산 루카스	크루즈	07:00	· 기항 : TENDERING
				· 기항지 관광
			14:00	· 출항
제7일	전일항해	크루즈		· 선상의 각종 시설 이용하며 휴식 · 수영장, 체육실, 극장, 영화관 등 각종 행사 참여
제8일	로스앤젤레스	크루즈	07:00	· 기항 및 하선
				· 기항지 관광
				· 석식 후 공항으로 이동
		항 공	00:10	· 로스앤젤레스 출발 → 인천 행
제9일	인 천		16:30	· 인천 국제공항 도착

*상기 일정은 항공 및 현지 사정에 맞추어 조정될 수 있다.
*기항지 관광은 선택 관광이며, 기항지 관광요금은 별도다.
*선내 TIP은 1인당 1일 US$11이다.

Table 7-10 남태평양 및 타히티 크루즈 17일

일자	장소 및 기항지	교통편	시간	관광일정
제1일	인 천	항 공	18:00 21:10	· 인천 국제공항 3층 "만남의 장소" 집결 · 인천 국제공항 출발 → 오클랜드 행
제2일	오클랜드 (뉴질랜드)	전용버스	11:30	· 오클랜드 공항 도착 · 반딧불 석회동굴인 와이토모 동굴 등 관광 · 석식 후 호텔 투숙
제3일	오클랜드	전용버스	09:00 14:00	· 호텔 조식 후 · 에덴동산, 하버 브리지 등 오클랜드 시내 관광 후 크루즈 승선을 위해 항구로 이동 후 승선 수속 · 크루즈 승선을 위해 항구로 이동 후 승선 수속 · 프린세스 크루즈 승선 · 출항
제4일	전일항해	크루즈	전 일	· 선상의 각종 프로그램 즐기며 전일 항해
제5일	전일항해	크루즈	전 일	· 선상의 각종 프로그램 즐기며 전일 항해
제6일	수 바 (피 지)	크루즈	11:00 16:30	· 피지의 수도 수바에 기항 · 피지 박물관 등 선택 관광 · 출항
제6일	전일항해	크루즈	전 일	· 날짜변경선 지나면서 선상의 각종 프로그램 즐기며 전일 항해
제7일	파고파고 (미국령 사모아)	크루즈	10:00 17:00	· 미국령 사모아 섬 파고파고 항 기항 · 선택 관광 · 출항
제8일	전일항해	크루즈	전 일	· 선상의 각종 프로그램 즐기며 전일 항해
제9일	전일항해	크루즈	전 일	· 날짜변경선 지나면서 선상의 각종 프로그램 즐기며 전일 항해
제10일	보라보라 (폴리네시아)	크루즈	10:00 18:00	· 프랑스령 폴리네시아 섬들 중 가장 아름다운 섬 보라보라 섬 기항 · 모터보트 타고 상어 먹이주기 등 섬 주변 등 선택 관광 · 출항

	라이아테	크루즈	23:00	· 라이아테 섬 기항 〈크루즈 라이아테 섬에서 OVER NIGHT〉
제11일	라이아테	크루즈	 23:00	· 섬 주변 관광 등 선택 관광 · 출항
제12일	모레아	크루즈	08:00 17:00 20:00	· 모레아 섬 기항 · 벨베데레, 티키 빌리지, 폴리네시안 전통민속 쇼 등 선택 관광 · 출항 · 타히티 섬 파피트 항 기항
제13일	파피트 (타히티)	크루즈	09:00	· 조식 후 하선 수속 · 아라호호 BLOW HOLE, 고갱 박물관, 보타닉 가든, 미라 동굴, 비너스 포인트 등 타히티 일주 관광 등 선택 관광 · 석식 후 호텔 투숙
제14일	파피트	전용버스 NZ 041	 06:25	· 휴식 후 공항으로 이동 · 파피트 공항 출발→오클랜드 행 〈날짜변경선 통과〉
제15일	오클랜드 로토루아	전용버스	10:30 19:00	· 오클랜드 도착하여 가이드 미팅 · 온천의 도시 로토루아로 이동 · 뉴질랜드 원주민 마오리의 생활상을 엿볼 수 있는 와카레 · 와레와 민속촌 관광 · 온천지대의 흔적들이 나타나 있는 간헐천, 진흙열탕 등 관광 · 폴리네시안 풀 온천욕(*수영복 준비) · 마오리 전통민속 쇼를 감상하며 항이 디너 · 호텔 투숙
제16일	로토루아	전용버스	10:30	· 기상 및 조식 후 레드우드 산림욕 · 뉴질랜드 대표적인 관광지 아그토들 농장 관광 · 양털깎이 쇼, 양몰이 개의 시범 등 관광

제17일	오클랜드			· 요트의 도시 오클랜드로 이동 · 오클랜드 시내를 한눈에 볼 수 있는 에덴동산, 고급 주택과 카페가 즐비한 미션베이, 와이테마타 함 등 · 스카이 타워 전망대에서 오클랜드 시내 전경 감상 · 석식 후 공항으로 이동
		항 공	22:00	· 오클랜드 출발→인천 행
	인 천		06:55	· 인천 국제공항 도착 후 각자 해산

* 상기 일정은 항공 및 현지 사정에 맞추어 조정될 수 있다.
* 기항지 관광은 선택 관광이며 기항지 관광요금은 별도다.
* 선내 TIP은 1인당 1일 US$11이다.

Table 7-11 남미 일주 및 남극 탐방 크루즈 31일

크루즈 14일＋내륙관광 13일

일자	장소 및 기항지	교통편	시간	관광일정
제1일	인 천			· 인천 국제공항 3층 "동쪽 만남의 장소" 집결
		항 공	15:00	· 인천 출발 → 로스앤젤레스 행
	로스앤젤레스		08:50	· 로스앤젤레스 도착(*비행시간 : 10시간 50분)
		항 공	13:15	· 로스앤젤레스 출발 → 멕시코시티 행
	멕시코시티		18:40	· 멕시코시티 도착(*비행시간 : 3시간 30분)
	(멕시코)			· 석식 후 호텔 투숙
	HOTEL : MELIA MELXICO OR SIMILAR			· 석식 : 한식
제2일	멕시코시티			[문명의 나라 멕시코]
				· 호텔 조식
		전용버스	전 일	· 중미 최대의 도시국가 데오티와칸으로 이동
				· 해외 피라미드, 달의 피라미드, 사자의 거리 등 마지막 고대 문명인 아즈텍 문명 관광
				· 멕시코시티로 귀환
				· 대통령 궁, 소깔로 광장, 과달루페 사원 등 시내 관광
				· 석식 후 공항 이동
		항 공	20:45	· 멕시코시티 출발
	HOTEL : SHERATON OR SIMILAR			· 조식 : 호텔식 / 중식 : 현지식 뷔페 / 석식 : 기내식
제3일	산티아고			[세계 3대 미항인 리우]
	(칠 레)		08:15	· 산티아고 도착(*비행시간 : 8시간 20분)
			오 전	· 간단한 시내 관광
				· 중식 후 호텔 체크 인
			오 후	· 휴식
	HOTEL : MARRIOT OR SIMILAR			· 조식 : 기내식 / 중식 : 한식 / 석식 : 한식
제4일	산티아고	전용버스	오 전	· 호텔 조식 후 공항 이동
		항 공	07:30	· 산티아고 출발
	리 우		13:50	· 세계 최고의 미항 리우데자네이루 도착
	(브라질)			· 중식 후

		전용버스		· 슈가로프산 케이블카 등정 후 리우 경관 감상 · 석식 후 호텔 투숙 〈OPTION : 리우 카니발의 진수를 그대로 재현한 삼바 쇼 관광 : US$70.00〉
HOTEL : INTER-CONTINENTAL OR SIMILAR				· 조식: 호텔식/ 중식: 현지식 뷔페/ 석식: 기내식
제5일	리 우		오 전	· 호텔 조식 · 코르코바도 언덕의 예수상, H. STERN 보석 박물관, 중앙성당, 삼보드로모, 꼬빠까바나, 이빠네마 해변, 마라까낭 축구 스타디움 등 리오 시내 관광 · 석식 후 호텔 투숙
HOTEL : INTER-CONTINENTAL OR SIMILAR				· 조식: 호텔식/ 중식: 현지식 뷔페/ 석식: 기내식
제6일	리 우 이과수 (브라질)	항 공 전용버스	10:10 13:35 오 후	[세계 최대의 이과수 폭포] · 호텔 조식 후 공항 이동 · 리우 출발 · 이과수 도착(*비행시간 : 3시간 15분) · 브라질 편 이과수 폭포 관광 · 석식 후 호텔 투숙 〈OPTION : 사파리 투어와 보트 투어가 접목된 마꾸꼬 사파리 관광 : US$55.00〉
HOTEL : BOURBON GOLF RESORT OR SIMILAR				· 조식: 호텔식/ 중식: 현지식 뷔페/ 석식: 기내식
제7일	이과수 부에노스아이레스 (아르헨티나)	전용버스 항 공	오 전 전 일	[탱고의 도시 부에노스아이레스] · 호텔 조식 · 아르헨티나 편 이과수(악마의 숨통) 폭포 관광 · 공항 이동 · 이과수 출발 · 부에노스아이레스 도착(*비행시간 : 1시간 50분) · 석식 후 호텔 투숙 〈OPTION : 탱고의 발상지 아르헨티나에서만 볼 수 있는 전통 탱고 쇼 관광 : US$50.00〉
HOTEL : INTER-CONTINENTAL OR SIMILAR				· 조식 : 기내식 / 중식 : 한식 / 석식 : 한식

제8일	부에노스아이레스	전용버스 크루즈	전 일 17:00	[프린세스 크루즈로 이동] · 호텔 조식 후 · 국회의사당, 탱고의 발상지 보카지구, 대통령궁, 레틀레타 묘지 등 시내 관광 후 크루즈 탑승 장소로 이동 · 프린세스 크루즈 탑승 및 출항
제9일	우루과이 몬테비데오	크루즈	07:00 14:00	· 우루과이 몬테비데오 항 기항 · 선택 관광 · 몬테비데오 항 출항
제10일	전일항해	크루즈	전 일	· 선내 프로그램 이용하며 전일 항해(한국영화 감상, 노래방 등)
제11일	아르젠틴 프에르토 마드린	크루즈	06:00 17:00	· 아르젠틴 푸에르토 마드린 항 기항 · 세계 최대의 펭귄 서식지 푼타톰보에서 수많은 마젤란 펭귄 무리의 장관을 보고, 도중에 전통적인 영국 마을 게이먼의 찻집에서 스넥 곁들여 티 타임 · 프에르토 마드린 항 출항
제12일	전일항해	크루즈	전 일	· 선내 프로그램 이용하며 전일 항해(한국영화 감상, 노래방 등)
제13일	포트 스텐리	크루즈	08:00 18:00	· 영국령 포크랜드 섬의 포트 스텐리 항 기항 · 대성당, 전쟁 기념관 등 1982년 아르헨티나와 전쟁으로 유명했던 포크랜드 섬 관광 · 포트 스텐리 출항
제14일	전일항해	크루즈	전 일	· 선내 프로그램 이용하며 전일 항해(한국영화 감상, 노래방 등)
제15 ~ 18일	남 극	크루즈	전 일	· ELEPHANT 섬, ANTARTIC SOUND, DECEPTION 섬, GERLACHE 해협, NEUMAYER 운하, SCHOOLAERT 운하, SIGMA 섬 그리고 BOYD 해협 등을 지나며 아름다운 남극의 빙산과 절경을 감상 · 또한 황제 펭귄, 물개, 바다표범 등 여러 야생 바다 동물을 관광

제19일	아르젠틴 케이프 혼	크루즈	전 일	· 남미 최남단 도시 케이프 혼을 바라보며 통과
제20일	아르젠틴 우스아이아	크루즈	05:00 14:00 15:45~ 18:45	· 아르젠틴 우스아이 항 기항 · 카나마란 〈쌍동선〉을 타고 물개 떼와 바다 사자, 각종 새들이 몰려 있는 섬 주변을 돌며 관광하고 협해 기차를 타고 티에라델 휴에고 국립공원의 자연경관을 감상 · 우스아이아 항 출항 · 비글운하 통과(3시간 소요)하며, 빙하 관광
제21일	칠 레 푼타 아레나스	크루즈	06:00 19:00	· 칠레 푼타 아레나스 항 기항 · 남미 최남단 최대 도시 푼타 아레나스 하이라이트 관광 또는 "남극 대 탐험" · 푼타 아레나스 항 출항
제22일	칠 레 피요르드	크루즈	전 일	· 전일 항해하며 수십개의 폭포가 이어지는 아름다운 피요르드 관광
제23일	칠 레 차카 부코	크루즈	10:00 17:00	· 칠레 아름다운 차카 부코 항 기항 · 시내 관광 · 차카 부코 항 출항
제24일	칠 레 푼타 아레나스	크루즈	07:00 18:00	· 칠레 푸에르토 몬트 항 기항 · 아름답고 거대한 에메랄드 호수를 카타마란을 타고 그림 같은 독일 정착촌 마을을 관광하고, 페트로에 강의 아름다운 폭포 · 관광 후 프에르토 바라스 시내 관광 · 푸에르토 몬트 항 출항
제25일	전일항해	크루즈	전 일	· 선내 프로그램 이용하며 전일 항해(한국영화 감상, 노래방 등)
제26일	칠 레 발파라이소	전용버스	09:00	· 발파라이소 항구 기항 후 하선 수속 · 비냐델마르, 세계 문화유산으로 지정된 발파라이소 등 산티아고 위성 해변도시 관광 후 산티아고 시내로 이동

	산티아고	항 공	22:40 00:20+1	· 중식 후 모네다 궁전, 대통령 궁, 아르마스 광장 등 관광 · 석식 후 공항 이동 · 산티아고 출발 · 리마 도착(*비행시간 : 3시간 45분) · 호텔 투숙
	HOTEL : SHERATON OR SIMILAR			· 조식 : 선상식 / 중식 : 현지식 / 석식 : 현지식
제27일	리 마 (페 루) 꾸스꼬 우루밤바	항 공 전용버스	11:30 12:45 오 후	[옛 잉카제국의 수도 꾸스꼬] · 호텔 조식 후 공항 이동 · 리마 출발 · 꾸스꼬 도착(*비행시간 : 1시간 10분) · 삭사이와만, 켄코, 탐보마차이 등 잉카 유적지, 산토도밍고 성당 관광 후 우루밤바로 이동 · 석식 후 호텔 투숙 〈꾸스꼬는 고산지대이므로 격렬한 운동이나 음주는 피하는 것이 좋다〉 〈두통약 및 혈압약 등 상비약 준비〉
	HOTEL : BEST WESTERN INCALAND OR SIMILAR			· 조식 : 호텔식 / 중식 : 현지식 / 석식 : 호텔식
제28일	우루밤바 마추픽추 꾸스꼬	전용버스 관광열차	전 일	[잃어버린 공중도시 마추픽추 관광] · 호텔 조식 후 · 잉카 시대의 역참 마을 또는 요새인 오얀타이탐보 마을을 둘러서 기차역으로 이동 · 마추픽추 역 도착(*소요시간 : 기차로 1시간 30분) · 잃어버린 공중 도시 마추픽추 관광 〈왕녀의 궁전, 신성한 광장, 3개의 창문이 있는 궁전, 콘도르 신전 등 관광〉 · 중식 후 기차 편으로 꾸스꼬로 귀환 · 석식 후 호텔 투숙
	HOTEL : NOVOTEL OR SIMILAR			· 조식: 호텔식/ 중식: 현지식 뷔페/ 석식: 현지식
제29일	꾸스꼬	항 공	11:35	[과거와 현재가 공존하는 도시 리마] · 호텔 조식 후 공항 이동 · 꾸쓰꼬 출발

	리 마	전용버스	13:00 오 후	· 리마 도착(*비행시간 : 1시간 20분) · 구시가지, 신시가지, 대통령 궁, 리마 대성당, 황금 박물관, 미라폴로레스 지역 등 시내 관광 · 석식 후 공항 이동
HOTEL : 기내숙박				· 조식 : 호텔식 / 중식 : 한식 / 석식 : 한식
제30일	리 마 로스앤젤레스	항 공 항 공	01:30 07:10 12:10	[서울(인천 국제공항)로 출발] · 리마 출발 · 로스앤젤레스 도착(*비행시간 : 8시간 40분) · 로스앤젤레스 출발 *날 짜 변 경 선 통 과*
제31일	인 천		18:35	· 인천 국제공항 도착 후 해산(*비행시간 : 13시간 20분)

*상기 일정은 항공 및 현지 사정에 따라 변경될 수 있다.

*기항지 관광은 선택 관광이며 현재 약 US$600로 예상된다.

*선내 TIP은 1인당 1일 US$11이다.

Table 7-12 크루즈 지역별 여행시기

No.	크루즈 지역	1월	2월	3월	4월	5월	6월	7월	8월	9월	10월	11월	12월
1	지중해					최적기							
2	북유럽						최적기						
3	북 극												
4	알라스카						최적기						
5	캐리비안	최적기											최적기
6	타히티 & 남태평양				최적기								
7	파나마 운하	최적기			최적기								최적기
8	아시아												
9	호주 & 뉴질랜드				최적기								
10	캐나다 & 단풍												
11	남 미	최적기											
12	아프리카												
13	동남아												

여행가능시기
최 적 기

Cruise Tour

부 록

크루즈 용어

A

AFT : 배 후미

ALLEYWAY : 선상의 모든 통로

AMIDSHIP : 선박의 앞쪽과 뒤쪽 사이의 중간 부분

B

BEAM : 가장 넓은 부분을 기준으로 한 선박의 넓이. 선박에서 가장 넓은 부분을 의미하는데, 대부분 크루즈의 뱃머리가 가장 넓다. 타원형의 모양으로 설계되기 때문이다.

BELOW : 아래 위치한 갑판

BOAT : 선박에서 싣고 다니는 보트(예를 들면 구명보트)

BOW : 선박의 앞쪽 부분

BRIDGE : 선박의 가장 위쪽에 위치해 있는 주조정실

BERTH : 2가지의 의미로 사용되는데, 첫 번째 의미는 크루즈 선박이 정박할 때에 부두에 닻을 놓는 위치로 쓰인다. 두 번째 의미는 선실의 침대를 의미한다. 벌쓰라는 단어는 기차나 선박에서 주로 사용되는 용어인데, 2층 침대를 일컫는다.

BULKHEAD : 선박을 다양한 공간으로 나누는데 사용되는 칸막이 벽

BUOY : 위험한 물속, 연안에서 안전을 위해 잡도록 설치한 물에 떠 있는 물체(부표)

C

CABIN : 승객과 승무원들을 위한 객실

CREW AREA SUPERVISOR : 승무원들의 숙박, 객실, 열쇠 등을 관리할 책임이 있으며 객실이 문제가 있을 때 그/그녀에게 보고한다.

CREW MESS : 승무원들을 위해 하루 24시간 동안 음식을 제공하는 곳

CREW OFFICE : 우표, 환전, 유니폼, 안전 입금봉투 등을 얻을 수 있는 곳. 공지된 사무실 이용시간을 참고하기 바람.

CREW POOL : 모든 선박에서 이용 가능하며 선박에 따라 위치는 다르다.

CREW REC ROOM : 바, 라운지, 승무원 인터넷, 승무원 도서관을 포함한다.

CROSS ALLEYWAY : 선박의 한쪽 부분과 다른 부분을 연결하는 짧은 복도

D

DECK : 사전적 의미로는 갑판이란 의미도 있는데, 선상에서는 DECK의 의미를 층수로 쓰고 있다. 예를 들어 7 DECK 268호 객실은 7층에 있는 268호 객실을 의미한다. 선박에 따라서 DECK에 숫자를 부여하지 않고 이름을 붙이는 경우가 많다. SUN DECK, MOON DECK, FLOWER DEC 등의 경우 고유의 층 이름이 붙여져 있는 것이다.

DECKHEAD : 갑판이나 선박을 나누는 데 이용되는 칸막이 윗부분

DISEMBARK : 선박에서 내려 육지나 해변가로 가는 것

DOCK : 엄격한 항해상의 의미로는 부둣가에 바닷물이 있는 공간으로 짐을 싣거나 내릴 때 배가 떠있는 선창이나 방파제. 일반적으로 배가 항구에 있을 때 배를 묶는 시설을 나타내기 위해 DOCK, PIER, WHARF, QUAY가 같은 의미로 사용된다.

DRAFT : 배가 잠기는 물의 깊이, 선박의 맨 밑으로부터 물이 잠기는 부분까지를 의미하는데, 항구에 정박할 때 매우 중요한 수치를 의미하고 있다. 드

래프트보다 낮은 수심의 지역을 항해할 때에 크루즈가 물에 잠겨 있는 한계선으로부터 크루즈의 가장 낮은 부분까지를 측정하는 것으로 크루즈가 해저층에 닿지 않고 항해하기 위해 필요한 수심을 말한다.

E

EMBARK : 여정을 시작하기 위해 선상에 오르는 일

F

FORWORD : 선상의 앞쪽

FREEPORT : 면세품을 파는 항구에 정해진 지역

G

GALLEY : 선상의 부엌, 크루즈를 움직이는 곳은 기관실이지만, 크루즈여행을 진행시키는 곳은 주방으로부터 시작된다고 말씀드려도 과언이 아닐 만큼 주방에서는 많은 직원들이 중요한 일을 하고 있다. 2천 명이 훨씬 넘는 승객들의 음식을 준비하기 위해서 주방은 24시간 풀 가동되며, 식재료를 주문하고, 식사의 품질과 청결성을 유지하기 위해 항상 분주한 곳이다.

GANGWAY : 일반적으로 출구는 EXIT으로 표현되지만 지상과 크루즈를 연결하는 출구는 GANGWAY로 표시된다. 크루즈의 2~3층이다.

GELM : 선박의 타륜이나 타륜이 부착되어 있는 기둥을 일컫는 포괄적인 용어이다.

GROSS TONE : 선박 전체의 부피를 나타내는 톤은 일반적으로 무게로 표기한다. 그래서 1톤은 100세제곱피트(2.83㎥)를 의미한다. 몇 만 톤급의 크루즈냐에 따라서 결국 크기가 결정되는 것이다. 톤의 용어는 과거 초창기 대

영제국시대에 프랑스로부터 와인을 운반하면서 사용되었다. 과세를 목적으로 표준 사이즈의 통에 와인을 저장하여 운반하였는데, 이 표준 크기를 토노라 불렀다. 그 당시 40개의 통을 운반하는 선박을 40톤이라 측정하였으며, 세금은 이 톤수에 따라 부과되었다고 한다.

H

HOLD : 화물이 보관된 아래쪽 갑판의 내부

HULL : 선박의 주 몸체

I

IPM : IN PORT MANNING. 선박이 정박해 있을 때 발생할 비상사태를 대비하기 위해 선상에 몇 명의 승무원들이 남아 있는 업무의 형태

K

KNOT : 1시간에 1해리(6,080피트)를 진행하는 속도. 20노트로 항해하는 선박의 경우 1시간에 20마일을 이동할 수 있다는 의미이다. 현재 최고의 속도로 운항하는 선박은 쿠나드(CUNARD LINE)의 퀸 메리 2호로 32노트로, 54킬로미터로 항해한다.

M

MIDSHIP : 선상의 앞쪽과 뒤쪽으로부터 같은 거리에 위치에 있는 배의 중간.

MILE : 항해 마일은 지구의 원주를 1/60로 나눈 것이다. 1항해 마일은 1,852킬로미터를 의미한다(항해 마일은 일반적으로 육상에서 사용되는 마일(mile)과 차이가 있다. 육상에서의 1마일은 1.609킬로미터).

MUSTER STATION : 영화에서 보듯 비상 시에 각 객실별로 모이는 장소가 있다. 이것은 선박에 탑승하자마자 받게 되는 비상 시 대처요령 교육인데 비상 시에 각 선실별로 지정된 장소에 모여 보트를 타고 내리기 위한 장소다. 위치는 선실 문 안쪽에 안내되어 있어 누구나 쉽게 이해할 수 있다.

N

NAUTICAL MILE : 위도의 1분의 거리, 약 6,080피트로 5,280피트의 statue 마일보다 1/8 정도 더 길다.

O

OFFICERS MESS : 사무원들의 식당. 승무원 이용시간을 확인

OVERBOARD : 배의 바깥쪽이나 배 밖

P

PIER : 해안가 모퉁이에 짐을 싣기 위해 연장된 승강장

PORT : 앞쪽에서 선박을 보았을 때 배의 왼쪽 부분

PORT OF CALL : 크루즈가 항해하며 들르는 정박지를 말한다. 기항지는 대부분이 국가에서 가장 아름답고 무역 등 해운이 발달한 항구가 되는데, 초대형 크루즈를 유치하기 위해서는 수심이 깊고 안전하게 정박할 수 있는 부둣가 필요하다. 기항지에서는 매우 다채로운 환영 행사와 많은 볼거리들이 기다리고 있다.

PSD : PASSENGER SERVICES DIRECTOR. 모든 호텔 업무를 돌보는 사무원

PULLMAN BED : 벽에 붙어 있는 보조침대로 3인 1실이나 4인 1실의 객실에서 볼 수 있다. 사용할 때에는 벽에 부착되어 있는 침대를 옆으로 내릴 수

있고, 사용하지 않을 때에는 다시 벽에 부착시켜 공간을 확보할 수 있는 침대이다. 주로 선박이나 기차 같은 곳에서 많이 사용된다.

PURSER : 회계업무와 승객의 복지를 위해 대기하는 사무원

S

SCUPPERS : 선박의 난간 밑에 있는 좁은 배수로

SETTING : 선상에 정찬 레스토랑에는 지정좌석 배치가 되어있는데, 좌석배치 및 서비스에 따라 오픈 시팅(Open Seating), 싱글 시팅(Single Seating), 투 시팅(Two Seating)으로 나누어진다. 일반적으로 오픈 시팅 혹은 싱글 시팅으로 정찬 서비스가 진행되며, 대형 크루즈의 경우는 투 시팅인 경우가 많다.

SOUNDING : 물의 깊이

STABILIZER : 더 안정감 있는 항해를 위해 배 양쪽에서 위치한 접었다 펼 수 있는 안전장치

STARBOARD : 앞쪽에서 선박을 보았을 때 배의 오른쪽 부분

STERN : 배의 뒷부분

T

TENDERING : 크루즈는 초대형 선박에 속하기 때문에 일반 부두에 정박이 불가능할 경우가 있다. 이럴 경우 항구로부터 멀리 떨어진 곳에 정박한 뒤 크루즈 내에 있는 텐더링 선박으로 기항지를 관광할 승객들 또는 기항 관광을 끝낸 뒤 선박으로 돌아오는 승객들을 실어 나르는 것을 '텐더링'이라 부른다. 캐리비안 해안의 경우 크루즈가 수심이 낮은 지역으로의 정박이 불가능하기에 텐더링을 한다.

TOPSIDE : 위쪽 갑판

U

UNDERWAY : 배가 움직일 때 필요한 용어는 아니며 닻이 올려지고 밧줄이 항해하기 위해 올려지는 등 크루즈가 움직일 준비를 하는 상황

W

WAKE : 배의 모터가 돌아갈 때 배 뒤쪽에서 만들어지는 거품이 일어난 물결

WEIGH ANCHOR : 닻을 올리는 것

WINDWARD : 바람이 부는 방향

크루즈 목적지 지역명

밴쿠버Vancouver
케치칸Ketchikan
주노Juneau
스캐그웨이Skagway
글레시어 베이 내셔널 파크(빙하만 국립공원)Glacier Bay National Park
컬리지 피오르드Clleage Fjord
위티어Whittier
앵커리지Anchorage
트레이시 암Tracy Arm
페어뱅크스Fairbanks
디날리Denali
맥킨리 산Mt. Mckinley
쿠퍼 리버Cooper River
케나이Kenai
오사카Osaka
나가사키Nagasaki
블라디보스톡Vladivostok
상하이Shanghai
다롄Dalian
베이징Beijing
쿠안탄Kuantan
나트랑Nha trang
호치민 시Ho chi minh city
오키나와Okinawa
페트로파블로프스크Petropavlosk
미드웨이 아일랜드Midway Island
마주로(마유로) 산호섬Majuro atoll
마샬군도Marshall Islands
호니아라Honiara
솔로몬제도Solomon Islands
과달카날Guadalcanal
라바울Rabaul
이오지마IwoJima
코친Cohin
뭄바이Mumbai
세이셸 아일랜드Seychelles Island
잔지바르Zanzibar
탄자니아Tanzania
더반Durban
신강Xingang
만리장성Great Wall

명・청시대 황릉(자금성)Imperial Tombs
천안문 광장Tiananmen Square
천단Temple of Heaven
금단의 도시Forbidden City
호바트Hobart
태즈메이니아Tasmania
피오르드 국립공원Fiordland National Park
더니든Dunedin
찰머스 항Port Chalmers
더니든Dunedin
크라이스트처치Christchruch
라이텔튼Lyttelton
타우랑가Tauranga
오크랜드Auckland
케언스Cairns
그레이트 베리어 리프Great barrier reef
더반Durban
갈레Point des Galets
리유니온섬Reunion Island
포트 루이스Port louis
모리셔스Mauritius
퍼스Perth
프리멘틀Fremantle
애들레이드Adelaide
버니Burnie
뉴포트Newport

로드 아일랜드Rhode Island
메사추세츠Massachsetts
바하버Bar Harbor
메인Maine
뉴브런즈윅New Brundswick
핼리팩스Halifax
노바스코샤Nova scotia
코너브룩Corner Brook
사게네 강Saguenay River
노퍽Norfolk
버지니아Virginia
찰스톤Charleston
포트 라더데일Ft. Lauderdale
세인트 토마스St. Thomas
세인트 마틴St. Maarten
프린세스 케이Princess cay
산후앙San juan
안티과Antigua
코주멜Cozumel
그랜드 케이먼Grand Cayman
오코리오스Ocho Rios
갤버스턴Galveston
벨리세시티Belize City
코스타 마야Costa Maya
바베이도스Barbados
세인트 루시아St. Lucia

카라카스Caracas
아루바Aruba
쿠라카오Curacao
마가리타섬ISla Magarita
세인트 빈센트St. Vincent
마티니크Martinique
토톨라Tortola
트리니데드Trinidad
보나이르Bonaire
그레나다Grenada
쿠사다시Kusadasi
에페수스Ephesus
미코노스Mykonos
치비타베키아Civitavecchia
플로렌스Florence
리보르노Livorno
마르세유Marseille
프로방스Provence
두브로브니크Dubrovnik
코르푸Cofru
카타콜론Katakolon
로도스Rohodes
산토리니Santorini
몬테 카를로Monte carlo
비고Vigo
칸Cannes

코르시카Corsica
지브롤터Gibraltar
세빌Seville
카디스Cadiz
사르디니아Sardinia
알게로Alghero
마르요카Mallorca
팔마Palma
아조레스제도Azores Island
폰타델가다Ponta delgada
치비타베키아Civitavecchia
리보르노Livorno
르아브르Le Havre
브뤼셀Brussels
브뤼주Bruges
제브뤼헤Zeebrugge
그단스크Gdansk
그디니아Gdynia
헬싱괴르Helsingor
홀리헤드Holyhead
웨일스Wales
벨파스트Belfast
글래스고Glasgow
그리녹Greenock
커크월Kirkwall
오크니Orkney

에든버러Edinburgh
퀸스페리Queensferry
상트 페테르부르크St. Petersburg
그단스크Gdansk
그디니아Gdynia
오슬로Oslo
마나우스Manaus
보카 데 발레리아Boca de valeria
레시페Recife
다카르Dakar
아가디르Agadir
카사블랑카Casablanca
지브롤터Gibraltar
알리칸테Alicante
함부르크Hamburg
베르겐Bergen
노르망디Normandy
르아브르Le Havre
포트 로더데일Ft. Lauderdale
아조레스 군도Azores Island
폰타델가다Ponta Delgada
레이캬비크Reykjavik
아이슬란드Iceland
아쿠레이리Akureyri
페로이제도Faroe Island
셰틀랜드Shetland islands

러윅Lerwick
플롬Flaam
비크Vik
스타방게르Stavanger
도버Dover
콰코르톡Qaqortoq
세인트 존스 뉴 펀드랜드St john's New foundland
비고Vigo
라로셸La Rochelle
건지, 해협제도Guernsey, channel islands
제이랜저Geiranger
트론헤임Trondheim
막달레나 피요르드Magdalena fjord
니알슨Ny Alesund
스피츠베르겐Spitsbergen
노르캅Honningsvage
트롬소Tromso
코크Cork
프린스 크리스찬 선드Prins Christian Sund
대성당Duomo
밀라노Milan
시에나Siena
부다페스트Budapest
호프부르크Hofburg palace
프라하Prague

베네딕트 사원Benedictine abbey
다뉴브 강Danube
흐라드차니 궁Hradcany castle
성비투스 성당St. Vitus cathedral
샤논Shannon
버레티성Bunraty castle
킬라니Killarney
링 오브 케리Ring of kerry
먹크로스Muckross
클립스 오브 모허Cliffs of moher
푸에트로 바야르타Puerto Vallarta
마사틀란Mazatlan
카보 산 루카스Cabo san lucas
오초 리오스Ocho rios
파나마 운하Panama canal
가툰 호Gatun lake
콜론Colon
크리스토발Cristobal
리몽Limon
카탈리나 섬Catalina island
렉스타파Lxtapa
지화타네호Zihuatanejo
아카풀코Acapulco
후아툴코Huatulco
푼타레나스Puntarenas
푸에르토 퀴에트잘Puerto quetzal

과테말라Guatemala
니카라과Nicaragua
포르테 아마도르Fuerte Amador
트리니다드Trinidad
토바고Tobago
데빌스 아일랜드Devil's island
프랑스령 기아나French Guiana
아일랜드 로얄Isle Royale
산타렘Santarem
보카 데 발레리아Boca da Valeria
마나우스Manaus
산티아고Santiago
발파라이소Valparaiso
라세레나Le serena
코킴보Coquimbo
아리카Arica
산 마르띤San martin
마추피추Machu picchu
카야오Callao
만타Manta
키토Quito
카르타헤나Cartagena
부에노스 아이레스Buenos Aires
산 텔모San telmo
벨렘Belem
포르탈레자Fortaleza

레시페Recife
푸에르토몬트Puerto Montt
칠레피요르드Chilean fjords
푼타아레나스Punta arenas
비글해협Beagle channel
우수아이아Ushuaia
푸에르토마드린Puerto madryn
몬테비데오Montevideo
남극반도Antarctic peninsula
차까부꼬Chacabuco
파페에테Papeete
후아힌Huahine
라로통가Rarotonga
라이아테아Raiatea
타하Tahaa
보라보라 섬Bora bora
모레아섬Moorea

투아모트 산호섬Tuamotu atolls
누쿠히바 섬Nuku hiva
히바오아 섬Hiva oa
랑기로아 섬Rangiroa
힐로Hilo
카우아이 섬Kauai
수바Suva
파고파고Pago pago
아메리칸 사모아(미국령 섬나라)America samoa
라하이나Lahaina
나윌리윌리Nawiliwili
엔세나다Ensenada
호바트Hobart
피오르드랜드국립공원Fiordland national park
더니든Dunedin

References

국내서적

김천중(1999), 크루즈 사업론, 학문사.

류기환 · 오필립(2003), 유람선여행, 대왕사.

문형진(1998), 유람선 대학 이야기, 제삼기획.

이경모(2004), 크루즈산업의 이해, 대왕사.

하인수(2004), 크루즈산어의 이해, 현학사.

하인수(2006), 크루즈선에서의 고용 및 경력기회, 대왕사.

황진회 · 홍장원 · 김은수(2006), 크루즈 관광산업 발전기반 조성방안, 한국해양수산개발원.

국내간행물

국내입항크루즈관광객만족도조사결과보고서, 한국관광공사, 2007.

국내입항크루즈관광객만족도조사결과보고서, 한국관광공사, 2008.

국내입항크루즈관광객만족도조사결과보고서, 한국관광공사, 2009.

부산크루즈산업 활성화 방안 포럼, 신라대학교, 2009.

외래관광객 유치증진을 위한 크루즈 관광시장 기초조사, 한국관광공사, 2006.

크루즈아카데미, 한국관광공사, 2007.

크루즈산업 육성을 위한 관광진흥계획, 문화관광부, 2006.

크루즈산업의 현황과 전망 그리고 인천의 과제, 인천광역시, 2007.

한국관광총회 자료집, 한국관광공사, 2008.

Seatrade Cruise Shipping convention Conference 자료 모음집, 한국관광공사, 2007.

국외서적

Dervaes, Claudine, Selling Cruises, Thomson Delmer Learning, 2003.

Dickinson, Bob & Andy Vladimir, Selling the Sea : an inside look at the cruise industry, John Wiley & Sons, Inc., 1997.

Ethel Blum, The Total Traveler by Ship, Graphic Arts Center Publishing Company, 2000.

Ward, Douglas, Ocean Cruising & Cruiseships, Berlitz, 2003.

WTO, Worldwide Cruise Ship Activity, World Tourism Organization, 2003.

국외간행물

Cunard Voyages(2010~2011), Cunard Line.

Cruise Atlas(2010~2011), Princess Cruises.

Costa Annual Brochure(2010), Costa Cruises.

여행 / 크루즈 관련 웹사이트

http://freespace.virgin.net

http://www.virtualtourist.com

http://www.travelandleisure.com

http://www.businesstraveller.com

http://www.nationalgeographic.co.kr

http://www.concierge.com/cntraveler

http://www.departures.com

http://www.porthole.com

http:/www.Cruise-Information-Center.com

http://www.cruisemagazine.net

http://www.cruisereviews.com

http://www.cybercruises.com

http://www.prowsedge.com
http://www.cruisemagonline.com
http://cruises.about.com
http://cruises.about.com
http://www.cruise-information-center.com
http://www.cruisereviews.com
http://www.yandellmedia.com/cruise.html
http://www.cruisemagonline.com
http://www.porthole.com
http://www.prowsedge.com
http://www.cybercruises.com
http://www.concierge.com
http://www.cruising.org
http://www.louiscruises.com
http://www.stepsofpaul.gr
http://www.mccruises.gr
http://www.cruising.org
http://ww.tourdemonde.com
http://www.travelg.co.kr
http://www.traveltimes.co.kr
http://www.tourmedia.co.kr
http://www.travelinfo.co.kr
http://www.bezzange.com
http://www.ktsketch.com
http://travel.chosun.com

Profile

류기환

1997년 경희대 경영대학원 관광경영학과(관광경영전공) 경영학 석사
2003년 경희대 정경대학원 무역학과(국제경영전공) 경영학박사
1997~1998년 여행신문 취재부장
1999~2001년 세계여행신문사 대표이사 겸 발행인
2001~현재 크루즈씨씨케이 대표이사
2006~현재 광운대학교 경영대학원 서비스경영학과 지도교수
2007~현재 극동방송 운영위원
2007~현재 한중외식업협회 자문위원
2008~현재 씨밀래운동본부 위원
2009~현재 재단법인 고양국제꽃박람회 이사
2010~현재 사단법인 월드프로골프협회 자문위원
2010~현재 여행미디어 편집주간

학회활동

한국관광무역학회 부회장 겸 사무총장
한국컨벤션학회 이사
한국호텔외식경영학회 이사

주요저서

유람선여행(대왕사, 2003)
컨벤션산업론(석학당, 2004)
투어컨덕터실무론(대왕사, 2005)
관광사업론(백산출판사, 2006)

크루즈여행 실무론

2010년 4월 30일 초판 1쇄 발행
2013년 8월 25일 초판 2쇄 발행

저 자 류 기 환

발행인 寅製 진 욱 상

발행처 백산출판사

서울시 성북구 정릉3동 653-40
등 록 : 1974. 1. 9. 제 1-72호
전 화 : 914-1621, 917-6240
FAX : 912-4438
http://www.ibaeksan.kr
editbsp@naver.com

값 18,000원
ISBN 978-89-6183-311-0